全国电力行业"十四五"本科规划教材

电厂化学水样垢样分析及诊断案例

编著　汪红梅　杨　胜　廖冬梅
主审　陈绍艺　田　利

中国电力出版社
CHINA ELECTRIC POWER PRESS

内 容 提 要

本书主要介绍电厂、环境、化工、能源等企业的水（汽）样、固体（水垢、腐蚀产物）等样品的综合分析的一般程序、测定方法和生产中样品检测诊断案例。本书注重理论知识与实际操作紧密结合性，以火力发电厂化学水样和垢样测试指标的检测为视角，从样品的采集、制备、分析化验、结果分析诊断、提出处理意见等方面进行阐述，以指导电力、化工、环境保护等企业实际生产。

本书可作为高等院校应用化学（电力化学方向）、环境工程、化学工程与工艺等相关专业的本科生、研究生的专业实训教材；也可供从事电力化学、水处理相关的技术人员阅读。

图书在版编目（CIP）数据

电厂化学水样垢样分析及诊断案例/汪红梅，杨胜，廖冬梅编著. —北京：中国电力出版社，2023.2
全国电力行业"十四五"本科规划教材
ISBN 978-7-5198-6649-5

Ⅰ. ①电… Ⅱ. ①汪… ②杨… ③廖… Ⅲ. ①火电厂－电厂化学－水垢－案例－高等学校－教材 Ⅳ. ①TM621.8②TQ085

中国版本图书馆 CIP 数据核字（2022）第 055026 号

出版发行：中国电力出版社
地　　址：北京市东城区北京站西街 19 号（邮政编码 100005）
网　　址：http://www.cepp.sgcc.com.cn
责任编辑：吴玉贤（010-63412540）
责任校对：黄　蓓　郝军燕
装帧设计：赵姗姗
责任印制：吴　迪

印　　刷：望都天宇星书刊印刷有限公司
版　　次：2023 年 2 月第一版
印　　次：2023 年 2 月北京第一次印刷
开　　本：787 毫米×1092 毫米　16 开本
印　　张：12.5
字　　数：309 千字
定　　价：40.00 元

前言

本书是以长沙理工大学 2015 年校级立项规划教材《应用化学专业实训指导书》为蓝本编著而成，主要介绍电厂、环境、化工、能源等企业的水（汽）样、固体（水垢、金属腐蚀产物）等样品的综合分析的一般程序、测定方法和样品检测诊断案例。本书注重理论知识与实际操作紧密结合性，以火力发电厂化学水样和垢样测试指标的检测为视角，从样品的采集、制备、分析化验、结果分析诊断、提出处理意见等方面进行阐述，以指导电力、化工、环境保护等企业实际生产。

本书可作为高等院校应用化学、环境工程、化学工程与工艺等相关专业的本科生、研究生的专业实训教材；也可作为从事电力化学、水处理相关的工程人员、研究人员等学习、培训教材和参考用书。

长沙理工大学汪红梅担任本书主编，负责编写了第 1~4 章并负责统稿，国家能源集团科学技术研究院有限公司杨胜、武汉大学廖冬梅编写了第 5 章。

东北电力大学孙墨杰、上海电力大学吴春华、国能安顺发电有限公司高与菌、广西防城港核电有限公司刘琦、国家能源集团科学技术研究院有限公司成都分公司潘彦霖等在本书编写过程中提出了修改意见，长沙理工大学张玲、张芳、孟维鑫、汤高、廖建国、欧阳晨昕、李玉云、王妍、陈康道等也为本书的出版付出了辛勤的劳动，在此谨表示衷心的感谢。

本书的出版得到了长沙理工大学 2015 年校级立项规划教材《应用化学专业实训指导书》立项、应用化学"十三五"校级专业综合改革项目和 2021 年国家一流建设专业——应用化学专业的经费资助。

由于编者水平所限，书中可能存在不妥之处，恳请专家、同行和读者给予批评和指正。

汪红梅

2023 年 1 月

目 录

1

样品分析概述

本章主要以火力发电厂水、汽样、垢和腐蚀产物样品为例，介绍样品分析的总则和一般规定。化工、环保、石油等企业相关样品分析可以借鉴。

1.1 样品分析测定总则及一般规定

1.1.1 总则

1. 装置

实验室应具有化学分析的一般仪器和设备，如分析天平、分光光度计、电导仪、pH 计、pNa 计、离子计等仪器，高温炉、电热板、水浴锅、电炉、烘箱、计算器、电冰箱等设备，以及常用的玻璃仪器和所需等级的各种化学药剂。此外实验室还应具备通风设备及存放各类分析记录的专用档案柜。

2. 环境

试验室环境应整洁，并有良好的通风设备和防火、防爆安全设施。

3. 仪器

使用贵重精密仪器或进行痕量分析时，为了保证仪器的灵敏度和分析数据的可靠性，必须采取防尘、防震、防电磁，以及防止酸、碱气体腐蚀的有效措施。温度、湿度符合实验要求。实验室使用的各种仪器设备应根据不同类别按国家标准或行业有关规定进行计量检定或校验。

4. 制度

实验室应建立能保证实验室正常工作秩序和分析数据可靠性的各种制度，如取样制度、化验操作制度、药品管理制度、人员培训制度、分析数据的校验和审核制度、各种仪器的维修和使用制度、废液处理制度及各类分析结果的记录、报表、资料档案的保管制度等。

5. 使用化学危险品、有毒试剂时的安全防护措施

使用对人体有毒的化学试剂（如汞、氢氟酸及有毒害的有机试剂等）时，应采取必要的防护和保健措施。对含有毒害物质的废液应进行处理后才能排放，具体按 GB 15603《常用化学危险品储存通则》有关要求执行。

6. 分析操作者

为了保证分析数据的质量，分析操作者应掌握各种分析方法的基本原理和基本操作技能，并对所测试的结果能进行计算和初步审核。所有的分析人员应通过培训，合格后方能

上岗。

1.1.2 一般规定

1. 仪器校正

为了保证分析结果的准确性，实验室使用的各种仪器原则上都要校正。分析天平及其砝码每经 1～2 年应进行一次校正；仪器分析使用的仪器，如分光光度计的波长刻度、pH 计或离子计的毫伏刻度、高温电炉的热电偶等可根据说明书要求进行校验；容量仪器的容积校正，如对滴定管、移液管、容量瓶等，可根据实验室的要求进行校正。

2. 试剂要求

（1）纯度。使用的试剂应符合中华人民共和国国家标准对有关化学试剂规格的规定。其纯度应能满足水、汽质量分析需要。在测定中若无特殊指明者，则均用分析纯（AR）。标定溶液浓度时，基准物质应是保证试剂或一级试剂优级纯（GR）。当试剂不合要求时，可将试剂提纯使用或采用更高级别的试剂。

（2）配制。测定中所用试剂的配制除有明确规定外，均为水溶液。

（3）加入量。试剂加入量一般以毫升（mL）表示，如以滴数表示，其加入量应按在常温下每 20 滴相当于 1mL 计算。

3. 几个基本操作含义

（1）空白试验。空白试验分单倍试剂空白试验和双倍试剂空白试验两种。

在一般测定中，为提高分析结果的准确度，以空白水代替水样，用测定水样的方法和步骤进行测定，其测定值称为空白值。然后以此结果对水样测定结果进行空白值校正。

在痕量成分比色分析中，为校正试剂水中待测成分含量，需进行单倍试剂及双倍试剂的空白试验。单倍试剂空白试验与一般空白试验相同。双倍试剂空白试验是指试剂加入量为测定水样所用试剂量的 2 倍（若酸、碱数量加倍后会改变反应条件，则酸、碱数量可不加倍），用测定水样的步骤进行测定。根据单、双倍试剂空白试验的结果对水样测定结果进行空白值校正。由于单、双倍试剂加入量不一致，校正时还应作为体积因素校正。或者采用少加试剂水的方法，使单、双倍试剂空白试验的最终体积一致。具体表述为

$$A_单 = A_水 + A_试 \tag{1-1}$$

$$A_双 = A_水 + 2A_试 \tag{1-2}$$

$$A_试 = A_双 - A_单 \tag{1-3}$$

$$A_水 = 2A_单 - A_双 \tag{1-4}$$

式中：$A_单$ 为单倍试剂空白的吸光度；$A_双$ 为双倍试剂空白的吸光度；$A_试$ 为试剂的吸光度；$A_水$ 为试剂水的吸光度。

（2）蒸发浓缩。当溶液的浓度较低时，可取一定量溶液先在低温电炉上进行蒸发，浓缩至体积较小后，再移至水浴锅里进行蒸发。在蒸发过程中，应注意防尘和爆沸溅出。

（3）灰化。在重量分析中，沉淀物进行灼烧前，必须在电炉上将滤纸彻底灰化后，方可移入高温炉燃烧。在灰化过程中应注意不得有着火现象发生，必须盖上坩埚盖，但为了有足够的氧气进入坩埚，坩埚盖不应盖严。

（4）恒重。测定中规定的恒重是指在灼烧（烘干）和冷却条件相同的情况下，最后两

次称量之差不大于 0.4mg。如在测定中另有规定者，不受此限定。

（5）干燥。为了防止室温中湿气对试样的干扰，需将其放入干燥器、现有市售的插电的加热恒温试剂柜或净气型药品柜中存储，干燥器内一般用氯化钙或变色硅胶作为干燥剂。当氯化钙干燥剂表面有潮湿现象或变色硅胶颜色变红时，表明干燥剂失效，应进行更换。

（6）标准溶液标定。标准溶液的标定一般应取两份或两份以上试样进行平行试验，只有当平行试验的相对偏差在 0.2%～0.4% 时，才能取平均值计算其浓度。

（7）工作曲线的制作和校核。用分光光度法测定水样时，只有测定 5 个以上标准溶液的吸光度值，才能制作工作曲线。有条件时应使用计算机对数据进行回归处理，以便提高工作曲线的可靠性。工作曲线视测定要求，应定期校核。一般可配制 1～3 个标准液，先对工作曲线进行校核，再进行水样测定。

制作工作曲线时，要用移液管准确吸取标准溶液，标准溶液的体积大小一般应保留三位有效数字。

4. 试剂水

试剂水指配制溶液、洗涤仪器、稀释水样以及做空白试验所使用的水。根据试剂水的质量和制备方法不同，试剂水分为三类，如表 1-1 所示。由于在一级水、二级水的纯度下，难于测定其真实的 pH，因此，对于一级水、二级水的 pH 范围不进行规定。在一级水的纯度下，难于测定可氧化物质和蒸发残渣，对其限量不进行规定。可用其他条件和制备方法来保证一级水的质量。一级试剂水供痕量成分（μg/L 级）测定使用，二、三级试剂水供一般分析测定使用。

表 1-1   试 剂 水 的 分 类

项 目	一级	二级	三级
pH（25℃）	—	—	5.0～7.5
电导率（25℃，μS/cm）	≤0.01	≤0.1	≤0.50
可氧化物质（以 O 计，mg/L）	—	<0.08	<0.40
吸光度（254nm，1cm 光程）	≤0.001	≤0.01	—
蒸发残渣（105℃±2℃，mg/L）	—	≤1.0	≤2.0
可溶性硅（以 SiO_2 计，mg/L）	<0.01	<0.02	—
制备方法	二级水经石英设备蒸馏或离子交换混床处理后，用 0.2μm 微孔滤膜过滤	多次蒸馏或离子交换	蒸馏或离子交换

5. 溶液浓度的表示方法

溶液的浓度是表示一定量的溶液所含溶质的量。在实际应用中，都是根据需要来配制各种浓度的溶液。根据我国法定计量单位规定，可用物质的量浓度、质量分数、体积比浓度等表示。

（1）物质的量浓度。物质的量浓度是指 1L 液体中含溶质的物质的量，单位为 mol/L。标准滴定溶液、基准溶液的浓度应表示为物质的量浓度。

物质的量浓度简称浓度，以前称为（体积）摩尔浓度和当量浓度。它是用物质 B（也称溶质 B）的物质的量除以溶液的体积，用符号 c_B 表示，在化学中也表示成 [B]。即

$$[B] = \frac{\text{溶质B的物质的量}}{\text{溶液的体积} V} \tag{1-5}$$

其单位为摩尔每升（mol/L）或毫摩（尔）每升（mmol/L）或微摩尔每升 μmol/L。

摩尔是一系统的物质的量。该系统中所含的基本单元数与 0.012kg 碳-12 的原子数目相等；在使用摩尔时，基本单元应予指明，可以是原子、分子、离子、电子及其他粒子或是这些粒子的特定组合。若不指明基本单元，所说的摩尔就没有明确的意义。如，说硫酸的浓度为 1mol/L，便是错误的，应指明 $c(H_2SO_4)$=1mol/L 或 $c(1/2H_2SO_4)$=1mol/L。前者指明，H_2SO_4 的摩尔质量即 $M(H_2SO_4)$=98.07g/mol；后者指明，其摩尔质量 $M(1/2H_2SO_4)$=49.04g/mol。圆括号中的（H_2SO_4）或（$1/2H_2SO_4$）便是硫酸物质的基本单元。

（2）体积比浓度。体积比浓度是指液体试剂与溶剂按一定的体积关系配制而成的溶液，符号为"V_1+V_2"或"稀释 $V_1 \rightarrow V_2$"。凡溶质是液体，溶剂也是液体的溶液可采用体积比浓度。其中：V_1+V_2 表示将体积为 V_1 的特定溶液加入体积为 V_2 的溶剂中；也有采用符号为（$m+n$），如硫酸溶液（1+4），是指 1 体积的浓硫酸与 4 体积的试剂水混合配制而成的硫酸溶液。稀释 $V_1 \rightarrow V_2$ 表示将体积为 V_1 的特定溶液稀释为总体积为 V_2 的最终混合物。

注意这里的特定溶液一般指试剂规格的酸、氨水、过氧化氢及有机溶剂。

（3）质量浓度。质量浓度也称体积分数，以单位体积溶液中含有的元素、离子、化合物或官能团的质量来表示浓度，用符号 ρ_B 表示，等于溶质 B 的质量除以溶液的体积（V），即

$$\rho_B = \frac{\text{溶质B的质量}}{\text{溶液的体积}} \tag{1-6}$$

其单位可用百分数表示，也可用克每升（g/L），或毫克每升（mg/L），或微克每升（μg/L）表示。

（4）质量分数。溶质 B 的质量与溶液的质量之比，无量纲量，通常用%或 g/kg，曾称为重量百分浓度，用符号 W_B 表示，表示溶质 B 的质量与溶液的质量比，即

$$W_B = \frac{\text{溶质B的质量}}{\text{溶液的质量}} \tag{1-7}$$

习惯上为方便起见也可用百分数（%）表示。

（5）滴定度。指 1mL 标准滴定液相当于被滴定物质的质量，单位为 mg/mL 或 μg/mL。注意：滴定度和质量浓度在形式上很相似，但不能把它看成质量浓度，因为这里的质量是指被滴定物质的质量。

6. 分析结果的表示方法

（1）分析结果的单位。使用的单位为国家规定的法定单位。某些不属于法定单位的特定单位需说明。

（2）分析结果的计算。根据被测试样的质量或体积、测量所得数据和分析过程中有关的计量关系，可计算试样中被测组分的含量。在表述分析结果时，应给出计算公式、公式中符号的含义和单位。

（3）有效数字。有效数字是表示有意义的数字。分析工作中的有效数字是指实际能测定的数字，通常包括全部准确数字和一位不确定的可疑数字。有效数字不仅表示数值的大小，而且还表示测定结果的准确度。一个分析数据只允许最后一位是可疑数字，对

可疑数字后的 位数字应根据数字修约规则，一次修约成只保留一位可疑数字的分析结果数据。

（4）精密度的表示。

重复性：在同一实验室，由同一操作者使用相同设备，按相同的测试方法，并在短时间内从同一被测对象取得相互独立测试结果之间的一致程度。

再现性：在不同的实验室，由不同的操作者，按相同的测试方法，从同一被测对象取得测试结果之间的一致程度。

允许差：允许差是表达精密度的一种简单直观的方法，它是指同一试样两次平行测定结果之间允许的最大误差，即两次平行测定结果的绝对误差。当置信概率为95%时，允许差为

$$I_r = 2.83 S_r \tag{1-8}$$

$$I_R = 2.83 S_R \tag{1-9}$$

式中：I_r 为重复性测定的允许差，又称重复性限；I_R 为再现性测定的允许差，又称再现性限；S_r 为重复性标准偏差；S_R 为再现性标准偏差。

（5）测定次数。在一般情况下，应取两次平行测定值的算术平均值作为分析结果报告值。若两次平行测定结果的绝对误差超过允许差，则要进行第三次测量；若第三次的测定值与前两次测定值的绝对误差都小于允许差，则取三次测定值的算术平均值为分析结果的报告值；若第三次的测定值与前两次测定值的其中一个绝对误差小于允许差，则取该两数值算术平均值为分析结果的报告值，另一测定数据舍去；若三次平行测定值之间的绝对误差均超过允许差，则数据全部作废，查找原因后进行测定。

7. 水质分析的代表符号和使用单位

火力发电厂水、汽分析项目、代表符号及单位如表 1-2 所表示。表 1-2 中分析项目的代表符号是根据如下原则确定的：①用元素符号或化学式表示；②用国际通用的符号表示，如 pH、COD 等；③不属于前两项的符号，系采用分析项目的汉语名称中两个有代表意义的字的汉语拼音的头一个声母的大写表示。

表 1-2 火力发电厂水、汽分析项目、代表符号及单位

项　目	符　号	单　位	
		单位名称	单位符号
全固体	QG	毫克/升	mg/L
悬浮固体	XG	毫克/升	mg/L
溶解固体	RG	毫克/升	mg/L
灼烧减少固体	SG	毫克/升	mg/L
灼烧残渣	SZ	毫克/升	mg/L
电导率	DD	微西/厘米	μS/cm
pH	pH	—	—
二氧化硅	SiO_2	毫克/升，微克/升	mg/L，μg/L
钙	Ca	毫克/升	mg/L

项　　目	符　　号	单　位	
		单位名称	单位符号
硬度（1/2Ca，1/2Mg）	YD	毫摩尔/升，微摩尔/升	mmol/L，μmol/L
镁	Mg	毫克/升	mg/L
氯化物	Cl^-	毫克/升	mg/L
铝	Al	毫克/升	mg/L
酸度	SD	毫摩尔/升	mmol/L
碱度	JD	毫摩尔/升，微摩尔/升	mmol/L，μmol/L
硫酸盐	SO_4^{2-}	毫克/升	mg/L
磷酸盐	PO_4^{3-}	毫克/升	mg/L
铜	Cu	微克/升	μg/L
铁	Fe	微克/升	μg/L
氨	NH_3	毫克/升	mg/L
联氨	N_2H_4	毫克/升，微克/升	mg/L，μg/L
溶解氧	O_2	微克/升	μg/L
钠	Na	微克/升	μg/L
游离二氧化碳	CO_2	毫克/升	mg/L
硝酸盐	NO_3^-	毫克/升	mg/L
亚硝酸盐	NO_2^-	毫克/升	mg/L
游离氯（余氯）	Cl_2	毫克/升	mg/L
化学耗氧量	COD	毫克/升	mg/L
安定性质数	AX	—	—
浊度	ZD	福马肼	FTU
硫酸盐凝聚剂	LN	毫摩尔/升	mmol/L
铁铝氧化物	R_2O_3	毫克/升	mg/L
透明度	TD	厘米	cm
腐植酸盐	FY	—	—
油	Y	毫克/升	mg/L

1.2　水质分析的工作步骤及其结果的校核

1.2.1　水质分析的工作步骤

水质分析时，应做好分析前的准备工作。根据试验的要求和测定项目，选择适当的分析方法，准备分析用的仪器和试剂，然后再进行分析测定。测定时应注意下列事项：

（1）开启水样瓶封口前，应先观察并记录水样的颜色、透明程度和沉淀物的数量及其他特征。

（2）透明的水样在开瓶后，应先辨识气味，并且立即测定 pH、氨、化学耗氧量、碱度、亚硝酸盐和亚硫酸盐等易变项目；然后测定全固体、溶解固体、悬浮固体和二氧化硅、铁、铜、铝、钙、镁、硬度、硫酸盐、氯化物、磷酸盐、硝酸盐等项目。

（3）对浑浊的水样，应取两瓶水样，其中一瓶取上层澄清液测定 pH、残余氯、碱度、亚硝酸盐和亚硫酸盐等易变项目，过滤后测定碱度、氯化物等项目。将另一瓶浑浊的水样混匀后立即测定化学耗氧量，并测定全固体、悬浮固体、溶解固体、二氧化硅、铁、氯、铜、钙、镁、pH 等项目。

（4）在水样全分析时，开启瓶封后对易变项目的测定会有影响，为尽可能减少影响，开启瓶封后要立即测定，并在 4h 内完成这些项目的测定。

（5）在水样 pH 大于 8 的情况下，给水、炉水、疏水等水样中含有的铁、铜等杂质，且有相当一部分以胶体、悬浮固体的形式存在，要获得有充分代表性的水样较为困难。取样方法规定，为了防止胶体物质，悬浮固体影响水样的代表性，系统查定时，要充分冲洗管道，冲洗后应根据具体条件间隔适当时间才能取样。

水质分析的结果必须进行校核，只有当误差符合规定要求时，才能出具水质分析的报告。当误差超过规定时，应查找原因后重新测定，直到符合要求。

1.2.2 水质全分析结果的校核

1. 校核原理

应对水质全分析的结果进行必要的校核。分析结果的校核分为数据检查和技术校核两方面。数据检查是为了保证数据不出差错；技术校核是根据分析结果中各成分的相互关系，检查是否符合水质组成的一般规律，从而判断分析结果是否准确。

2. 阳离子和阴离子物质的量总数的校核

根据物质是电中性的原则，水中正负电荷的总和相等。因此，水中各种阳离子和各种阴离子的物质的量总数必然相等，即

$$\Sigma c_{阳} = \Sigma c_{阴} \qquad (1-10)$$

式中：$\Sigma c_{阳}$ 为各种阳离子浓度之和，mmol/L；$\Sigma c_{阴}$ 为各种阴离子浓度之和，mmol/L。

在测定各种离子时，由于各种原因会导致分析结果产生误差，使得各种阳离子浓度总和（$\Sigma c_{阳}$）和各种阴离子浓度总和（$\Sigma c_{阴}$）往往不相等（按一价基本单元计），但是当水样中阴阳离子的总含量大于 5.00mmol/L 时，$\Sigma c_{阳}$ 与 $\Sigma c_{阴}$ 的差（δ）应小于 2%。δ 可由式（1-11）计算得出：

$$\delta = [(\Sigma c_{阳} - \Sigma c_{阴}) / (\Sigma c_{阳} + \Sigma c_{阴})] \times 100 < \pm 2\% \qquad (1-11)$$

在使用式（1-11）时应注意：分析结果均应换算成以毫摩尔/升（mmol/L）表示。各种离子的浓度单位，毫克/升（mg/L）与毫摩尔/升（mmol/L）的换算系数列于表 1-3 中。注意：由 SiO_2 换算成 SiO_3^{2-} 的系数为 1.266。

表 1-3　　　　　　　　毫克/升（mg/L）与毫摩尔/升（mmol/L）换算系数

离子名称（基本单元）	将 mmol/L 换算成 mg/L 的系数	将 mg/L 换算成 mmol/L 的系数	离子名称（基本单元）	将 mmol/L 换算成 mg/L 的系数	将 mg/L 换算成 mmol/L 的系数
$Al^{3+}(1/3\,Al^{3+})$	8.994	0.111 2	$H_2PO_4^-(H_2PO_4^-)$	96.99	0.010 31
$Ba^{2+}(1/2\,Ba^{2+})$	68.67	0.014 56	$HS^-(HS^-)$	33.07	0.030 24
$Ca^{2+}(1/2\,Ca^{2+})$	20.04	0.049 90	$H^+(H^+)$	1.008	0.992 1
$Cu^{2+}(1/2\,Cu^{2+})$	31.77	0.031 48	$K^+(K^+)$	39.10	0.025 5 8
$Fe^{2+}(1/2\,Fe^{2+})$	27.92	0.035 81	$Li^+(Li^+)$	6.941	0.144 1
$Fe^{3+}(1/3\,Fe^{3+})$	18.62	0.053 72	$Mg^{2+}(1/2\,Mg^{2+})$	12.15	0.082 29
$CrO_4^{2-}(1/2\,CrO_4^{2-})$	58.00	0.017 24	$Mn^{2+}(1/2\,Mn^{2+})$	27.47	0.036 40
$F^-(F^-)$	19.00	0.052 64	$Na^+(Na^+)$	22.99	0.043 50
$HCO_3^-(HCO_3^-)$	61.02	0.016 39	$NH_4^+(NH_4^+)$	18.04	0.554 4
$Sr^{2+}(1/2\,Sr^{2+})$	43.81	0.022 83	$NO_3^-(NO_3^-)$	62.00	0.016 13
$Zn^{2+}(1/2\,Zn^{2+})$	32.69	0.030 60	$OH^-(OH^-)$	17.01	0.058 80
$Br^-(Br^-)$	79.90	0.125 2	$PO_4^{3-}(1/3\,PO_4^{3-})$	31.66	0.031 59
$Cl^-(Cl^-)$	35.45	0.028 21	$S^{2-}(1/2\,S^{2-})$	16.03	0.062 38
$CO_3^{2-}(1/2\,CO_3^{2-})$	30.00	0.033 33	$SiO_3^{2-}(1/2\,SiO_3^{2-})$	38.04	0.026 29
$HSO_3^-(HSO_3^-)$	81.07	0.012 34	$HSiO_3^-(HSiO_3^-)$	77.10	0.012 98
$HSO_4^-(HSO_4^-)$	97.07	0.010 30	$SO_3^{2-}(1/2\,SO_3^{2-})$	40.03	0.024 98
$I^-(I^-)$	126.9	0.007 880	$SO_4^{2-}(1/2\,SO_4^{2-})$	48.03	0.020 82
$NO_2^-(NO_2^-)$	46.01	0.021 74	$HPO_4^{2-}(1/2\,HPO_4^{2-})$	47.99	0.020 84

　　若钠、钾离子是根据阴、阳离子差值而求得的，则式（1-11）不能应用。钾的含量可根据多数天然水中钠和钾的比例 7:1（摩尔比）近似估算。

　　若 δ 超过 2%，则表示分析结果不正确，或者分析项目不全面。表 1-4 是某次水质全分析数据，需采用阴、阳离子正负电荷总和的方法进行阴、阳离子的平衡计算。

表 1-4　　　　　　　　　　　某次水质全分析数据　　　　　　　　　　　　　　　mmol/L

阳离子 $c(Me^+)$			阴离子 $c(A^-)$		
基本单元	A 样	B 样	基本单元	A 样	B 样
$1/2Ca^{2+}$	3.80	3.30	$1/2SO_4^{2-}$	1.10	0.90
$1/2Mg^{2+}$	0.65	0.65	Cl^-	3.40	2.80
Na^+	3.90	2.70	HCO_3^-	3.90	3.05
K^+	0.15	0.15	$HSiO_3^-$	0.10	0.05
$\Sigma c(Me^+)$	8.50	6.80	$\Sigma c(A^-)$	8.50	6.80

$$\sum c(Me^+) = c(1/2\,Ca^{2+}) + c(1/2\,Mg^{2+}) + c(Na^+) + \cdots$$

$$\sum c(\mathrm{A}^-) = c(\mathrm{HCO}_3^-) + c(1/2\mathrm{CO}_3^{2-}) + c(1/2\mathrm{SO}_4^{2-}) + c(\mathrm{Cl}^-) + \cdots$$
$$\sum c(\mathrm{Me}^+) = \sum c(\mathrm{A}^-)$$

3. 总含盐量与溶解固体的校核

水的总含盐量是水中阳离子和阴离子浓度（mg/L）的总和，即

$$总含盐量 = \sum B_阳 + \sum B_阴 \tag{1-12}$$

通常溶解固体的含量可以代表水中的总含盐量。若测定溶解固体含量时有二氧化碳等气体损失，用溶解固体含量来检查总含盐量时，还需校正。

（1）碳酸氢根浓度的校正。在溶解固体的测定过程中发生如下反应：

$$2\mathrm{HCO}_3^- \longrightarrow \mathrm{CO}_3^{2-} + \mathrm{CO}_2 \uparrow + \mathrm{H}_2\mathrm{O} \uparrow$$

由于 HCO_3^- 变成 CO_2 和 $\mathrm{H}_2\mathrm{O}$ 挥发而损失，其损失量约为

$$(\mathrm{CO}_2 + \mathrm{H}_2\mathrm{O})/2\mathrm{HCO}_3^- = 62/122 \approx 1/2$$

（2）其他部分的校正。溶解固体除包括阳离子和阴离子浓度的总和外，还包括胶体硅酸等，因而需要校正，即

$$RG = (\mathrm{SiO}_2)_全 + R_2O_3 + \sum O_{有机物} + \sum B_阳 + \sum B_阴 - \frac{1}{2}\mathrm{HCO}_3^- \tag{1-13}$$

$$(RG)_校 = RG - (\mathrm{SiO}_3)_全 - R_2O_3 - \sum O_{有机物} + \frac{1}{2}\mathrm{HCO}_3^- \tag{1-14}$$

式中：$(\mathrm{SiO}_2)_全$ 为全硅含量（过滤水样），mg/L；$\sum B_阳$ 为阳离子浓度之和，mg/L；$\sum B_阴$ 为除活性硅外的阴离子浓度之和，mg/L；$(RG)_校$ 为校正后的溶解固体含量，mg/L；$\sum O_{有机物}$ 为有机物浓度之和，mg/L。

由于大部分天然水中，水溶性有机物的含量都很小，因此计算时可忽略不计。

用式（1 15）校核分析结果时，溶解固体校正值 $(RG)_校$ 与阴阳离子总和之间的相对误差不应大于 5%。即

$$|[(RG)_校 - (\sum B_阳 + \sum B_阴)]/(\sum B_阳 + \sum B_阴)|\times100 \leqslant 5\% \tag{1-15}$$

对于含盐量小于 100mg/L 的水样，该相对误差可放宽至 10%。

4. pH 的校核

对于 pH 小于 8.3 的水样，其 pH 可根据重碳酸盐和游离二氧化碳的含量按式（1-16）算出：

$$pH = 6.37 + \lg c_{\mathrm{HCO}_3^-} - \lg c_{\mathrm{CO}_2} \tag{1-16}$$

式中：$c_{\mathrm{HCO}_3^-}$ 为重碳酸盐浓度，mol/L；c_{CO_2} 为游离 CO_2 含量，mol/L。

pH 计算值与实测值的差应小于 0.2。

5. 碱度的校正

OH^-、CO_3^{2-}、HCO_3^- 浓度的计算：

（1）有游离的 OH^- 存在且 $2(JD)_酚 > (JD)_全$ 时：

$$A=(JD)_酚 - 1.074[1/3\,\mathrm{PO}_4^{3-}] - 1.94[1/2\mathrm{SiO}_3^{2-}] - 0.898[\mathrm{NH}_3] - 0.075[1/2\mathrm{SO}_3^{2-}] \tag{1-17}$$

$$B = (JD)_全 - (JD)_酚 - 0.926[1/3\mathrm{PO}_4^{3-}] - 0.06[1/2\mathrm{SiO}_3^{2-}]$$
$$- 0.102[\mathrm{NH}_3] - 0.925[1/2\mathrm{SO}_3^{2-}] - (FY)' \tag{1-18}$$

式中：A 为校正后的 $\mathrm{OH}^- + 1/2\mathrm{CO}_3^{2-}$ 碱度，mmol/L；B 为校正后的 $1/2\mathrm{CO}_3^{2-}$ 浓度，mmol/L；

[1/3 PO$_4^{3-}$]为磷酸盐总浓度，[1/3 PO$_4^{3-}$]=PO$_4^{3-}$ (mg/L)/95.0，mmol/L；[1/2SiO$_3^{2-}$]为硅酸盐总浓度，[1/2SiO$_3^{2-}$]=SiO$_3^{2-}$ (mg/L)/76.1 或 SiO$_2$ (mg/L)/60.1，mmol/L；[1/2SO$_3^{2-}$]为亚酸盐总浓度，[1/2SO$_3^{2-}$]=SO$_3^{2-}$ (mg/L)/80.1，mmol/L；[NH$_3$]为氨的浓度，mmol/L；(FY)′为校正后的腐植酸盐，mmol/L；FY 为按容量法测出未经校正原腐植酸盐浓度，mmol/L；(FY)′=FY−0.926[1/3 PO$_4^{3-}$] −0.06 [1/2SiO$_3^{2-}$]−0.102[NH$_3$]−0.925[1/2SO$_3^{2-}$]。

$$[OH^-] = (A-B) \times 17.0 \, mg/L \tag{1-19}$$

$$[CO_3^{2-}] = 2B \times 30.0 \, mg/L \tag{1-20}$$

若用上法计算所得 A 或 A−B 为负值，说明无游离 OH$^-$ 存在，则应按式（1-21）和式（1-22）计算。

（2）无游离 OH$^-$ 存在且 2(JD)$_{酚}$＞(JD)$_{全}$，但 A 或 A−B 为负值；2(JD)$_{酚}$＜(JD)$_{全}$，且 pH≥8.3 时：

$$A' = (JD)_{酚} - \{[OH^-]_{原} + [1/3 PO_4^{3-}]_{原} - [H_2PO_4^-]_{原} + [H_2PO_4^-]_{8.3} + 2[1/2 SiO_3^{2-}]_{原}$$
$$+ [HSiO_3^-]_{原} - [HSiO_3^-]_{8.3} + [NH_3]_{原} - [NH_3]_{8.3} + [1/2 SO_4^{2-}]_{原} - [1/2 SO_3^{2-}]_{8.3}\} \tag{1-21}$$

$$B' = (JD)_{全} - (JD)_{酚} - 0.926[1/3 PO_4^{3-}] - 0.06[1/2SiO_3^{2-}] - 0.102[NH_3]$$
$$- 0.925[1/2 SO_3^{2-}] - FY = (JD)_{全} - (JD)_{酚} - FY \tag{1-22}$$

式中：A′为校正后的[1/2CO$_3^{2-}$]碱度，mmol/L；B′为校正后的[1/2CO$_3^{2-}$+HCO$_3^-$]碱度，mmol/L；有注脚"8.3"的指 pH 为 8.3 时的平衡浓度；[OH$^-$]$_{原}$为由原溶液测出的 pH 算出，例如原溶液 pH=10.8 即 pOH=3.2，故[OH$^-$]$_{原}$=10$^{-3.2}$×10^3=10$^{-0.2}$=0.631mmol/L；[1/3PO$_4^{3-}$]$_{原}$为 [1/3PO$_4^{3-}$]乘原溶液 pH 时，PO$_4^{3-}$ 所占浓度的百分比；[NH$_3$]$_{原}$为[NH$_3$]乘原溶液 pH 时，[NH$_3$]所占总浓度的百分比；[1/2SO$_4^{2-}$]$_{原}$为[1/2SO$_4^{2-}$]乘原溶液 pH 时，1/2SO$_4^{2-}$ 所占总浓度的百分比；[HSiO$_3^-$]$_{原}$为[HSiO$_3^-$]乘原溶液 pH 时，HSiO$_3^-$ 所占总浓度的百分比；[H$_2$PO$_4^-$]$_{原}$为[1/3PO$_4^{3-}$]乘原溶液 pH 时，H$_2$PO$_4^-$ 所占总浓度的百分比；[H$_2$PO$_4^-$]$_{8.3}$为[1/3PO$_4^{3-}$]乘原溶液 pH 为 8.3 时，H$_2$PO$_4^-$ 所占总浓度的百分比。

$$[CO_3^{2-}] = 2A' \times 30.0 \, mg/L \tag{1-23}$$

$$[HCO_3^-] = (B'-A') \times 61.0 \, mg/L \tag{1-24}$$

酸碱平衡体系中，通常同时存在多种酸碱组分，这些组分的浓度随溶液中 H$^+$ 浓度的改变而变化。溶液中某酸碱组分的平衡浓度占其总浓度的分数称为分布分数，分布分数决定于该酸碱物质的性质和溶液中 H$^+$ 的浓度而与其总浓度无关。分布分数的大小能定量说明溶液中的各种酸碱组分的分布情况。知道了分布分数，便可求得溶液中酸碱组分的平衡浓度。

1.3 火力发电厂垢和腐蚀产物分析方法概述

1.3.1 垢和腐蚀产物分析的任务

对于垢和腐蚀产物的分析是火力发电厂化学监督的重要内容之一，热力设备一旦发生结垢和腐蚀，将严重危害热力设备的安全、经济运行。由于垢和腐蚀产物大多是成分复杂的化合物或混合物，进行垢样和腐蚀产物分析的任务和宗旨，就是要确定各化学成分在试样中所占的百分组成，了解垢和腐蚀产物的成分和形成原因，在热力系统上正确地采取防止结垢和腐蚀的措施，为进行必要的化学清洗提供可靠的数据。

1.3.2 术语和定义

（1）水垢：自水溶液中直接析出并沉积在金属表面的物质。

（2）盐垢：锅炉蒸汽中含有的盐类在热力设备中析出并形成的固体附着物。

（3）水渣：在锅炉炉水中析出呈悬浮状态或在锅炉炉水流动缓慢部位沉淀的固体物质沉积物。

（4）生物沉积：细菌、生物体等在热力设备中形成的附着物。

（5）腐蚀产物：金属与介质发生化学反应或电化学反应的产物。

（6）试样溶解：将固体试样用物理或化学方法分解，使待测定的成分（元素）溶解到溶液中。

（7）多项分析试液：试样溶解后得到的用于多种成分测定的溶液。多项分析试液也称待测液。

（8）人工合成试样：利用标准溶液或标准物质，模拟垢和腐蚀产物的主要成分，配制出已知各成分含量的试样。

（9）试样和分析试样：从热力设备中采集到的样品称为试样。经过加工（破碎、缩分、研磨）制得的样品称为分析试样。实际使用中，在无须特别指明的情况下，分析试样也常称试样。

1.3.3 一般规定

规定内容如下：

（1）对仪器校正、试剂纯度、空白试验和空白水的要求，炭化、恒重、试剂配制方法，溶液浓度表示方法，有效数字取位、试剂加入量等的规定应与 1.1 相同。制作工作曲线时，要用移液管准确吸取标准溶液，标准溶液的体积数一般应保留三位有效数字。

（2）试剂水指配制溶液、洗涤仪器、稀释水样及做空白试验所使用的水，一般为符合 GB/T 6682—2008《分析实验室用水规格和试验方法》要求的二级试剂水。

（3）应简要叙述方法的基本原理，必要时应写出化学方程式。

（4）试样及制备时应说明样品的来源与特征，如颜色、形态等。采集到的样品应具有代表性和均匀性，将采集到的样品经干燥（除去试样的外观水分）、研磨或进行处理后混合均匀，装入广口瓶中备用。

垢和腐蚀产物的各分析测定项目是单独进行的，对测定顺序无一定要求，各测定项目可平行测定。其中，关于氧化钙、氧化镁的测定，由于选用方法和加掩蔽剂的数量与氧化铁、氧化铜的数量有关，通常在测定氧化铁、氧化铜之后，再进行氧化钙、氧化镁的测定。在盐垢分析中，为了减少空气中二氧化碳的影响，制备好待测试液后，应立即测定碱、碳酸盐和重碳酸盐含量。通过以下分析方法对样品进行分析：

（1）半定量分析：使用荧光能谱分析仪对组成垢的各元素进行分析。

（2）定量分析：根据要求选定一系列分析方法对垢样的主要化学成分进行定量分析，垢和腐蚀产物的分析程序如图 1-1 所示。可溶性垢的分析程序如图 1-2 所示。

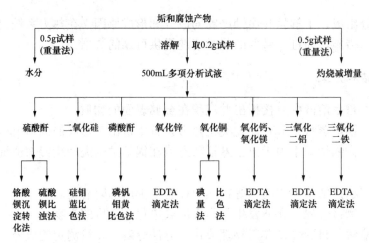

注：这里分析试样进行的是化学分析方法，如有条件可直接使用原子吸收和等离子
发射光谱法测定试样中阳离子。EDTA指乙二胺四乙酸二钠盐。

图 1-1 垢和腐蚀产物的分析程序

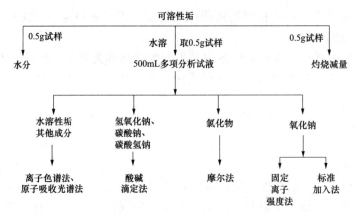

图 1-2 可溶性垢的分析程序

（3）物相分析：根据元素分析结果，使用 X 射线荧光分析仪对垢样的物相进行分析。但对于非晶形物质（如无定形 SiO_2），使用此方法则无法测定。对含油、灰的垢样应先灼烧，然后溶样，否则溶样后上方漂浮一层悬浮物，影响分光光度分析。

1.3.4 试验结果的表述

试验结果包括样品的信息、物理特性和分析结果的校核。垢样分析报告中应包含的各项组分见表 1-5。

表 1-5 垢样分析报告中应包含的各项组分 %

测定项目	化学式	测定项目	化学式
三氧化二铁	Fe_2O_3	氧化镁	MgO
三氧化二铝	Al_2O_3	氧化钠	Na_2O
氧化钙	CaO	氧化钾	K_2O

测定项目	化学式	测定项目	化学式
氧化铜	CuO	硫酸酐	SO_3
氧化锌	ZnO	氯	Cl
二氧化硅	SiO_2	灼烧增减量（950℃）	—
磷酸酐	P_2O_5		

（1）样品的信息：机组名称、机组容量、垢样名称、采样部位、采样日期、采样数量、采样人、厂名等。

（2）样品的物理特性：包括垢样的颜色、形态等物理特性。

（3）分析结果的校核：一个完整的垢样全分析包括表 1-5 中的内容，将表 1-5 中各项分析结果换算成高价氧化物表示的百分含量（$X\%$）的总和，再进行灼烧减（增）量（$S\%$）的校正后，应在 $100\%\pm5\%$ 之内，即

$$\Sigma X \pm S = 100\% \pm 5\% \qquad (1\text{-}25)$$

样品的采集和处理

合理采集和保存样品，是保证检验结果能正确地反映被检测对象特性的重要环节。为了取得具有代表性的样本，在样本采集前，应根据被检测对象的特征拟定样本采集方案，确定采样地点、采样时间、样本数量和采样方法，并根据检测项目决定样本保存处理方法。力求做到所采集的样本的组成成分或浓度与被检测对象一样，并在测试工作开展以前，各成分不发生显著的改变。本章主要介绍锅炉用水和冷却水分析水样的采集方法、锅炉蒸汽的采集、火力发电厂排水水质采集与处理和火力发电厂热力设备内的垢和腐蚀产物采集和处理。

2.1 火力发电厂水、汽样品的采集

水质全分析中样品的采集（包括运送和保管）是保证分析结果准确性极为重要的一个步骤。必须使用设计合理的取样器，选择有代表性的取样点，并严格遵守有关采样、运送和保管的规定，才能获得符合要求的样品。从炉水及蒸汽中采集到的水样，必须是可以代表不同采样位置的给水、炉水及蒸汽。因此必须使用设计合理的取样器，选择有代表性的取样点，并严格遵守有关采样、运输和保管的规定才能获得符合要求的样品。

2.1.1 一般规定

1. 取样装置

（1）取样器的安装和取样点的布置，应根据机炉的类型，参数，水、汽监督的要求（或试验要求）进行设计、制造、安装和布置，以保证采集的水、汽样品有充分的代表性。

（2）电站锅炉除氧水、给水和蒸汽的取样管，均应采用不锈钢管。

（3）除氧水、给水、炉水、蒸汽和疏水的取样装置，必须安装冷却器。取样冷却器应有足够的冷却面积和连续供给的水源。在有条件的情况下可采用除盐水作为冷却水，以保证取样冷却器具有良好的换热效率。

（4）取样冷却器应定期检修和清除水垢。机炉大修时，应安排检修取样器和所属阀门。取样管道应定期冲洗（至少每周一次）；进行系统定期腐蚀检查时，取样前要冲洗有关取样管道，并适当延长冲洗时间。冲洗后水样流量稳定后方可取样，以确保样品有充分的代表性。

（5）测定溶解氧的除氧水和汽轮机凝结水，其取样门的盘根和管路应严密不漏空气。

2. 水、汽样品的采集方法

（1）采集接有取样冷却器的水样时，应调节取样阀门开度，使水样流量在 500～

700mL/min，并保持流速稳定，同时调节冷却水量，使水样温度为 30～40℃。对于蒸汽样品的采集，应根据设计流速取样。

（2）给水、炉水和蒸汽样品，应保持常流。采集其他水样时，应把管道中的积水放尽并冲洗后方能取样。

（3）盛水样的容器（采样瓶）必须是硬质玻璃瓶或聚乙烯瓶（测定硅或微量成分分析的样品，必须使用聚乙烯瓶）。采样前应先将采样瓶清洗干净，采样时再用水样冲洗三次（方法中另有规定者除外）才能收集样品，采样后应迅速盖上瓶盖。试验项目和采样瓶的选择如表 2-1 所示。

表 2-1　　　　　　　　　　　　　　试验项目和采样瓶的选择

试 验 项 目	采 样 瓶
硬度、硅、碱度、总蒸发残留物、氯化物离子	聚乙烯瓶
铁、铜	硬质玻璃瓶
pH、电导率、联氨、磷酸根离子	聚乙烯瓶或者各个试验方法规定的采样瓶
油脂类、溶解氧、亚硫酸根离子	各分析方法规定的采样瓶

（4）在生水管路上取样时，应在生水泵出口处或生水流动部位取样；采集井水样品时，应在水面下 50cm 处取样；采集城市自来水样时，应先冲洗管道 5～10min 后再取样；采集江、河、湖和泉中的地表水样时，应将采样瓶浸入水面下 50cm 处取样，并且在不同地点分别采集，以保证水样有充分的代表性。江、河、湖和泉的水样，受气候、雨量等的变化影响很大，采样时应注明这些条件。

（5）所采集水样的数量应满足试验和复核的需要。供全分析用的水样不得少于 5L，水样浑浊时应分装两瓶，每瓶 2.5L 左右。供单项分析用的水样不得少于 0.5L。

（6）采集现场监督控制试验的水样，一般应使用固定的采样瓶。采集供全分析用的水样应粘贴标签，注明水样名称、采样人姓名、采样地点、时间、温度以及其他情况（如气候条件等）。

（7）分析水样中某些不稳定成分（如溶解氧、游离二氧化碳等）时，应在现场取样测定，采样方法应按各分析方法中的规定进行。采集测定铜、铁、铝等的水样时，采样方法应按照各分析方法中的要求进行。

3. 水样的存放与运送

水样在放置过程中，由于种种原因，水样中某些成分的含量可能发生很大的变化。原则上说，水样采集后应及时化验，存放与运送时间尽量缩短。有些项目必须在现场取样测定，有些项目则可以取样后在实验室内测定。若需要送到外地分析的水样，则应注意妥善保管与运送。

水样采集后其成分受水样的性质、温度、保存条件的影响有很大的改变。此外，不同的测定项目，对水样可以存放时间的要求也有很大差异。因此很难绝对规定可以存放的时间，根据一般经验，表 2-2 所列水样可存放的时间可作为参考。

表 2-2　　　　　　　　　　　　　　水 样 可 存 放 的 时 间

水样种类	可存放的时间（h）
未受污染的水	72
受污染的水	12～24

水样存放与运送时，应检查水样瓶是否封闭严密。水样瓶应放在不受日光直接照射的阴凉处。水样运送途中，冬季应防冻、夏季应防曝晒。化验经过存放或运送的水样，应在报告中注明存放的时间和温度条件。

在水样全分析中，开启瓶封后对易变项目的测定就会有影响，为尽可能减少影响，开启瓶封后要立即测定，并在4h内完成这些项目的测定。

在水样pH大于8的情况下，给水、炉水、蒸汽、疏水等水样中含有的铁、铜等杂质，有相当一部分以胶体、悬浮固体的形式存在于其中，要获得有充分代表性的水样是较为困难的。为防止胶体物质、悬浮固体影响水样的代表性，在系统查定时，要充分冲洗管道，间隔适当时间才能取样；也可用薄膜法取水样10～20L，测定滤膜上的铁、铜和滤液中的铁、铜。根据悬浮铁、铜与离子态铁、铜之和求出每升水样中铁、铜含量。

4. 采样报告

采样报告应包括：

（1）注明引用标准，如DL/T 502.2《火力发电厂水汽分析方法　第2部分：水汽样品的采集》；

（2）分析水样的完整标识：包括采样地点、采样日期、采样人、厂名等；

（3）水样名称。

2.1.2　锅炉用水和冷却水分析水样的采集方法

1. 水样容器

硬质玻璃磨口瓶是常用的水样容器之一，但不宜存放测定痕量硅、钠、钾、硼等成分的水样；聚乙烯瓶是使用最多的水样容器，但不宜存放测定重金属、铁、铜、有机物等成分的水样；有些特定的成分测定（如溶解氧、含油量等）需要用特定的水样容器，应遵守有关标准的规定。

2. 水样的采集方法

（1）天然水的取样。采集江、河、湖和泉水等地表水样或普通井水水样时，应根据试验目的，选用表面或不同深度取样器（见图2-1）以及泵式取样器（见图2-2）进行取样。将配有重物的采样瓶瓶口塞住，沉入水中，当采样瓶沉到选定深度时，打开瓶塞，瓶内充满水样后再塞上。

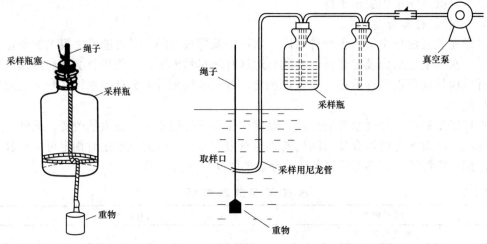

图2-1　表面或不同深度取样器　　　　图2-2　泵式取样器

采集地表水样或普通井水水样时，应将取样瓶浸入水下面 0.5m 处取样，并在不同地点采样混合成供分析用的水样。根据试验要求，需要采集不同深度的水样时，应对不同部位的水样分别采集。

（2）管道或工业设备中水样的采集。工业设备中采样示意图、管道中采样示意图分别如图 2-3 和图 2-4 所示。

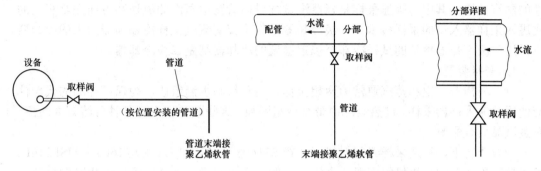

图 2-3　工业设备中采样示意图　　　　图 2-4　管道中采样示意图

取样器应根据工业装置、锅炉类型、参数以及化学监督要求或试验目的等设计、制造、安装和布置水样取样器。其材料选用应符合有关规定，如应使用耐腐蚀的金属材料制造，除低压锅炉外，除氧水、给水的取样器应使用不锈钢制造。

采样时，打开取样阀门，充分冲洗采样管道，必要时采用变流量冲洗。取样时将水样流速调至约 700mL/min 进行采样。

（3）高温、高压装置或管道中取样。高温、高压装置或管道中取样时，必须安装减压和冷却装置，保证水样温度不得高于 40℃。

（4）测定不稳定成分的水样采集方法。测定水样中不稳定成分，应在现场取样，随取随测，或采样后立即将不稳定成分转化为稳定状态再测定。

（5）特殊水样采集方法。测定水样中的有机物，水样采集时应使用玻璃瓶，取样后应尽快测定，否则应将水样加入硫酸调节至 pH=2 以下保存。

测定水样中的铜、铁、铝，水样采集时应使用专用的磨口玻璃瓶，并将其用盐酸（1+1）浸泡 12h 以上，再用一级试剂水充分洗净，然后向取样瓶内加入优级纯浓盐酸（每 500mL 水样加浓盐酸 2mL），直接采取水样，并立即将水样摇匀。

测定水样中的联氨，水样采集时应使用专用的磨口玻璃瓶，每取 100mL 水样预先加入浓盐酸 1mL，水样应充满取样瓶。

3．取样量

采集水样的数量应满足试验和复核需要。供全分析用的水样不得少于 5L，若水样浑浊时，则应分装两瓶。供单项分析用的水样不得少于 0.5L。

4．水样的存放与运送

水样在放置过程中，由于各种原因，其中某些成分可能发生变化。原则上说，采集水样后应及时分析，尽量缩短存放与运送时间。

水样可以存放时间受其性质、温度、保存条件以及试验要求等因素影响，采集水样后应及时分析，如遇特殊情况，存放时间不宜超过 72h。

水样运送与存放时，应注意检查水样瓶是否封闭严密，并应防冻、防晒。经过存放或运送的水样，应在报告中注明存放的时间或温度等条件。

2.1.3 锅炉蒸汽的采样方法

应用专门设计、制造和安装的采样器，以设计的流量从蒸汽管路中采集蒸汽试样。蒸汽试样经过采样器、管路、一级冷却器、减压器、二级冷却器等，冷却成水后得到有代表性的蒸汽试样。其中，等速采样是指蒸汽试样以同管路中蒸汽的流速和方向完全相同的方式进入采样器入口的采样技术。一级冷却器是将采集的蒸汽试样冷却为凝结水的冷却器。将经过一级冷却器冷却的试样冷却至规定温度的冷却器则是二级冷却器。

1. 采样装置

（1）采样器。饱和蒸汽通常为两相流体，由蒸汽和水滴组成，为保证样品的代表性，应使用等速采样器采样。过热蒸汽中带有少量颗粒，这些颗粒会含有各种可溶解性的离子，对蒸汽品质有影响。

一般情况下，等速采样器的材料可选择 S31608（AISI 316）或 S31603（AISI 316L）；用于超临界、超超临界机组高温、高压区段的，也可选择与采样蒸汽管道相同的材料。

等速采样器设计应考虑流量变化、热应力等因素的影响。一般地，等速采样器宜采用锥形的外形，以减少对蒸汽流的扰动。

等速采样器入口的直径按式（2-1）计算，且不小于 3.2mm。

$$D = 1000\sqrt{\frac{4q_\mathrm{m}}{\upsilon \cdot \rho \cdot \pi}} \tag{2-1}$$

式中：q_m 为蒸汽的采样流量（手动采样流量与各种在线分析仪表流量的和），kg/s；D 为采样器入口的直径，mm；υ 为管道中蒸汽的流速（锅炉额定负荷条件下），m/s；ρ 为蒸汽密度，kg/m^3。

等速采样器宜安装在垂直下行的蒸汽管道。当采样器安装在水平管道时，应尽量靠近管道前端且水平安装。

采样器应安装在管道的直管段，远离阻流件（如弯头、三通、阀门、节流孔等）。一般地，直管段长度应满足上游 $35D$（D 为蒸汽管道内径）和下游 $4D$ 的原则。若无法保证此长度的直管段，则应按上、下游直管段长度为 9:1 的原则安装。

安装时，等速采样器的入口朝向与管道中蒸汽的流动方向相反，入口中心线与蒸汽管壁保持一定距离（一般为蒸汽管道内径的 0.12，等速采样器及其安装示意图见图 2-5），使采样器的入口蒸汽流速与管道内的平均流速相同并防止受到管道内壁液膜的影响。

等速采样器从蒸汽管壁插入并焊接在管壁（或管道附件）上，焊接应能满足相应材质的焊接工艺要求，并符合 DL/T 752《火力发电厂异种钢焊接技术规程》或 DL/T 869《火力发电厂焊接技术规程》的规定。等速采样器出口应直接与隔离阀相连。高温、高压环境下，应使用双隔离阀。

（2）试样输送管路。试样输送管路应尽可能短，制作工艺及安装应符合 DL/T 665《水汽集中取样分析装置验收导则》的规定。试样输送管路应使用不锈钢材质，符合 GB/T 14976《液体输送用不锈钢无缝钢管》、DL/T 665 的规定。一般情况下，可选择 S31608（AISI 316）或 S31603（AISI 316L）或 S30408（AISI 304）。等速采样器入口直径、隔离阀、连接至一级冷却器的管路宜采用相同的内径。

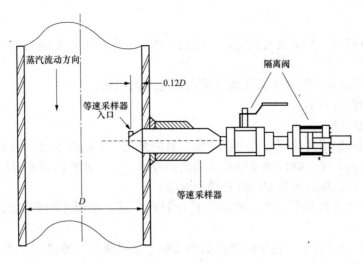

图 2-5　等速采样器及其安装示意图

饱和蒸汽试样输送管路的设计应考虑试样输送过程的影响，防止试样组成变化（如条件许可，采样器出口至一级冷却器的距离在 6m 以内可更好地消除试样输送过程的影响）。

过热蒸汽宜在等速采样器冷却套管中通冷却水使试样冷却为饱和蒸汽，再按饱和蒸汽的方法输送试样（如条件许可，试样从采样器出口经过隔离阀后立即进入一级冷却器可更好地消除试样输送过程的影响）。

试样经过一级冷却器后，输送管路的内径应保证试样有适宜的流速（一般可选择在 1.8m/s 左右）。

蒸汽试样输送管路示意图如图 2-6 所示。

2. 冷凝器

在正常的采样流速下，一级冷却器应满足试样出口温度不高于冷却水入口温度 6.0℃ 的换热能力；二级冷却器应符合 DL/T 665 的规定或在线仪表的入口温度要求。

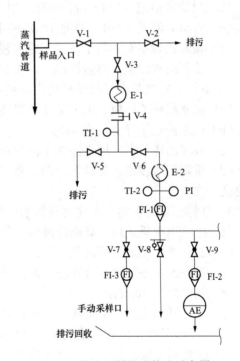

图 2-6　蒸汽试样输送管路示意图

AE—在线分析仪表；FI-1—流量计；FI-2—流量计；
FI-3—流量计；PI—压力表；E-1—一级冷却器；
E-2—二级冷却器；TI-1—温度计；TI-2—温度计；
V-1—隔离阀；V-2—排污阀；V-3—排污切换阀；
V-4—减压阀；V-5—排污阀；V-6—排污切换阀；
V-7—手动采样阀；V-8—背压阀；V-9—流量调节阀；

典型的采样冷凝器为蛇管式冷凝器，冷却盘管应使用不锈钢材质，符合 GB/T 14976、DL/T 665 的规定。一般情况下，可选择 S31608（AISI 316）或 S31603（AISI 316L）或 S30408（AISI 304）。冷却盘管应使用整根管子制造，中间无焊缝及接口，管路的强度能承受采样蒸汽的压力和温度。

3. 采样

（1）试剂与材料。除非另有规定，仅使用分析纯或优级纯，水满足 GB/T 6682—2008 且为一级。

1）硝酸：优级纯硝酸经亚沸蒸馏或采用高纯度的硝酸。

2）盐酸溶液（1+1）。

3）硝酸溶液（1+1）。

4）容量 500mL 或其他规格的聚乙烯瓶、聚丙烯瓶、聚碳酸酯瓶、聚苯乙烯瓶、硬质玻璃（高硼硅玻璃）瓶、螺口硬质玻璃（高硼硅玻璃，带聚四氟乙烯密封垫片）瓶。一次性聚乙烯手套、聚乙烯自封袋、四氟乙烯密封带。

（2）样品容器的选择与处理。根据分析项目的不同，使用不同种类的样品瓶及处理方式。

1）分析痕量金属离子（包括碱金属离子及碱土金属离子）的试样用样品瓶：

（a）应使用聚乙烯瓶、聚丙烯瓶、聚碳酸酯样品瓶；

（b）用盐酸溶液（1+1）浸泡 48h，用水冲洗干净；

（c）用硝酸溶液（1+1）浸泡 48h，用水冲洗干净；

（d）戴聚乙烯手套，用水冲洗干净并浸泡 48h；

（e）重新用水浸泡，旋紧样品盖，密封于聚乙烯袋中备用（浸泡水每周应更换一次）。

2）分析其他痕量离子的试样用样品瓶：

（a）应使用聚乙烯瓶、聚丙烯瓶，以及聚碳酸酯、聚苯乙烯样品瓶；

（b）用水冲洗干净并浸泡 48h；

（c）戴聚乙烯手套，用水冲洗干净并浸泡 48h；

（d）重新用水浸泡，旋紧样品盖，密封于聚乙烯袋中浸泡 1 天后备用（浸泡水每 5 天应更换一次）。

3）分析痕量有机物（中性物质）的试样用样品瓶：

（a）应使用硬质玻璃（高硼硅玻璃）样品瓶；

（b）对新样品瓶应进行老化处理；

（c）用热的洗涤剂水溶液冲洗三遍，用水冲洗干净；

（d）40℃烘干 30min；

（e）盖好样品瓶盖，用聚四氟乙烯密封带封口，冷却后备用。

4）分析痕量挥发性有机物的试样用样品瓶：

（a）应使用带聚四氟乙烯密封垫片的螺口硬质玻璃（高硼硅玻璃）样品瓶；

（b）对新样品瓶应进行老化处理；

（c）用热的洗涤剂水溶液冲洗三遍，用水冲洗干净；

（d）105℃干燥 1h，在密封条件下冷却；

（e）旋紧样品瓶盖，用聚四氟乙烯密封袋封口，备用。

（3）蒸汽样品的采集。对于新投入的采样装置（包括新安装或检修后投入使用），应充分冲洗 24h 后才能采样。蒸汽采样阀门应常开，使试样连续流出。采样区域应保持整洁，避免烟尘、挥发性有机物。蒸汽试样采样时，应至少提前 45min 调节好流量并维持恒定，采样流量控制在 500mL/min。

戴聚乙烯手套拿取样品瓶。将样品瓶用试样冲洗 3 遍，采样至样品瓶的肩部并立即旋紧样品瓶盖，同时取平行试样。采集用于分析痕量金属离子（不包括碱金属离子及碱土金属离子）的试样时，先按每 1mL 对应 500mL 试样的比例在样品瓶中加入硝酸，立即采样并旋紧样品瓶盖，同时取平行试样。采集用于分析痕量挥发性有机物的试样时，应接满样品至溢出，立即盖上聚四氟乙烯密封垫片，旋紧样品瓶盖，同时取平行试样。采样后，样品密封于聚乙烯袋中。

（4）采样量。应根据分析项目确定采样量，宜不少于 500mL。

（5）样品标签。样品应粘贴标签，注明试样名称、采样地点、采样人姓名、时间、温度以及其他信息（如锅炉工况等）。

4. 样品存放与运输

样品采集后应尽快分析。若样品存放超过 24h，则应放在 4℃冷藏存放。分析痕量 NH_4^+、NO_3^-、SO_4^{2-}、PO_4^{3-} 的样品采样应立即在 4℃冷藏存放。

样品存放与运输时，应保证样品瓶封闭严密，存放与运输条件符合相关分析方法的规定。样品在存放与运输时，应在报告中注明存放或运输的时间或温度等条件。样品存放的有效期限应符合相关分析方法的规定。

2.1.4 火力发电厂排水水样的采集和处理

火力发电厂排水包括灰水、酸碱废水、洗炉水、冷却水、煤场排水、含油废水、煤尘水、脱硫废水和生活污水等。火力发电厂排水水质取决于生产的工艺过程和生产的管理情况（如负荷变化、煤质、设备检修、废水溢漏、事故排放和职工人数等），应注意采用正确的采样方法。根据火力发电厂排水的排出情况、成分、浓度以及对分析的要求，要采取相应种类的水样。

1. 水样类型

（1）瞬间排水水样。瞬间排水采样适用于生产工艺过程连续、恒定而且其中成分及浓度不随时间变化而变化的排水水样水质分析，也适用于流程控制分析与自动监测分析，还适用于有特别要求的分析，例如有些火力发电厂灰水平均浓度合格，但高峰排放浓度超标时，可隔一定时间瞬间采样，分别分析。将测得的数据绘制成时间-浓度关系曲线，并计算其平均浓度和高峰排放时的浓度。

火力发电厂的各机组，由于其运行状态不同，排水水质也不同（如锅炉清洗废水、省煤器冲洗水、油罐排水、乙炔站排水和煤尘水等），应瞬时采样。如测定 pH、硫化物等的排水水样，要瞬时采样，尽快分析。

（2）混合排水水样。为了解排水水质的平均浓度，应采集混合排水水样。混合排水水样的采集，应根据排污情况进行。也就是在一个或几个生产或排放周期内，按一定时间间隔分析采样。对于性质稳定的污染物，可将分别采集的水样混合后一次测定；对于不稳定的污染物，也可在分别采样、分别测定后取平均值，作为排水水质的浓度。

在排水排放流量不恒定的情况下，对于一个排污口，可采用平均比例混合排水水样方法，即根据流量的大小，把不同时间采得的排水水样按比例混合，这是取得排水水质平均浓度最常用的方法。对于有几个排污口（例如新扩建过的电厂）的情况，可按各排污口流量比例采样后混合。

平均排水水样采样的时间间隔和采样频率的选择，主要取决于排水水质的均匀程度和对分析的要求。

若测定化学耗氧量（COD）、氟化物、砷、重金属等的排水水样，则可每隔 0.5h 采样一次（最长不应超过 1h），采样延续时间不能少于一个生产周期。

排水水样采集后，可立即混合；也可分批放置，待采样完成后再进行混合。采集的排水水样应保存在避光（特别要避免日光直射）和温度较低处，以减少在储存过程中某些成分发生变化。

2. 采样方法

（1）表层水的采样。采集表层水样，可用瓶、桶类容器进行直接采样。采样器一般要轻轻地进入水面下 30cm，以防水面漂浮物进入采样器，同时还要距水底 30cm 以上（若水深小于 60cm 时，则应采取中间部位的水样），以避免搅动污泥而造成不应有的混浊。另外，采样时还必须防止人为的污染。

（2）深层水的采样。在采集深层水样时，应用深层采样器、抽吸泵等作为采样器，在水域中按不同层次采样。

（3）灰水的采集。对于灰水水样，应在灰场（或沉灰池）排放口溢流水下 15cm 处采集，并应避免漂浮的空心微珠、木块，以及枯草、树枝等进入采样器。采样后要及时盖紧水样瓶口。灰水的 pH、碱度等变化较快，须及时测定。在冲灰沟（管）沿程采集的水样，应及时将悬浮物分离出去（用离心法或过滤法分出），以便准确测得已溶解成分的数据。

（4）含油废水的采样。含油废水应单独采样，采样时，应连同表层水一并采集，并在样品瓶上做一标记，用以确定样品体积，不应使水样充满至瓶口，更不应任意倾出。当只测定水中乳化状态和溶解性油类物质时，要避开漂浮在水体表面的油膜层，在水面下 20～50cm 处取样。

（5）排水管检查井中采样。在排水管道的检查井中采样时，应先将沉砂、淤泥部分清除干净，待水流稳定一段时间后再行采样，同时要注意检查井中的水流产生滞流、旋流的情况，特别是当管道满流而某些漂浮物不能随水流排走时，更应注意避免漂浮物进入采样器。在汇流检查井中采样时，应注意避免不同水流水质的相互影响。

3. 采样点的选择

采样点要根据环保要求，结合火力发电厂实际情况而定，例如厂区各个排水口、储灰场（沉灰池）排水口、油罐区排水口、酸碱中和池排水口、生活污水排水口、储煤场排水口或储煤场废水处理设施排水口、输煤系统煤泥冲洗水排水口、生活污水和锅炉清洗废水排放口等。

4. 采样器

应根据分析的目的、要求以及采样地点的实际条件选择合适的采样器。采样器的材质不应与水样发生作用，应易于洗涤，并容易将水样转移到采样容器内。采样前，应预先将采样器清洗干净。

5. 采样容器

采样容器应使用带瓶塞的硬质玻璃瓶或者聚乙烯塑料瓶（不适用于含油脂类、有机物等的水样）。采样容器使用前必须清洗干净。

6. 采样量

单项分析的排水水样可取 50～2000mL，供全分析用的排水水样的采样量不应少于3000mL。若水样的均匀性较差、干扰物较多，需要改变分析方法或需做重复测定时，则宜多采些水样。

7. 排水样品的保存

各种水质的水样，从采集到分析这段时间里，由于物理的、化学的和生物的作用会发生不同程度的变化，这些变化使得进行分析时的样本已不再是采样时的样本，为了使这种变化降低到最小的程度，必须在采样时对样本加以保护。

水样发生变化的原因包括以下几个方面。

（1）生物作用：细菌、藻类及其他生物体的新陈代谢会消耗水样中的某些组分，产生一些新的组分，改变一些组分的性质，生物作用会对样本中待测的一些项目如溶解氧、二氧化碳、含氮化合物、磷及硅等的含量及浓度产生影响。

（2）化学作用：水样各组分间可能发生化学反应，从而改变某些组分的含量与性质。例如，溶解氧或空气中的氧能使二价铁、硫化物等氧化；聚合物可能解聚；单体化合物可能聚合。

（3）物理作用：光照，温度，静置或振动，以及敞露或密封等保存条件及容器材质都会影响水样的性质。如温度升高或强振动会使得一些物质如氧、氰化物及汞等挥发；长期静置会使 $Al(OH)_3$，$CaCO_3$ 及 $Mg_3(PO_4)_2$ 等沉淀。某些容器的内壁能不可逆地吸附或吸收一些有机物或金属化合物等。水样在储存期内发生变化的程度主要取决于水的类型及水样的化学性质和生物学性质，也取决于保存条件、容器材质、运输及气候变化等因素。必须强调的是，这些变化往往非常快，常在很短的时间里样本就发生了明显变化，因此必须在任何情况下均采取必要的保护措施，并尽快进行分析。

无论是生活污水、工业废水还是天然水，实际上都不可能完全不变化地保存。使水样的各组成成分完全稳定是做不到的，合理的保存技术只能延缓各组成成分的化学、生物学的变化。各种保存方法旨在延缓生物作用、延缓化合物和络合物的水解以及已知各组成成分的挥发。

一般来说，采集水样和分析之间的时间间隔越短，分析结果越叫靠。采样水样的某些成分（如溶解性气体）和物理特性（如温度）应在现场立即测定。水样允许存放的时间，随水样的性质、所要检测的项目和储存条件而定。采样后立即分析最为理想。水样存放在暗处和低温（4℃）环境中可大大延缓生物繁殖所引起的变化。大多数情况下，低温储存可能是最好的方法。当使用化学保存剂时，应在灌瓶前就将其加到水样瓶中，使刚采集的水样得到保存，但所有保存剂都会对某些试剂产生干扰，影响测试结果。没有一种单一的保存方法能完全令人满意，一定要针对所要检测的项目选择保存方法。具体内容如下。

（1）冷藏。水样冷藏时的温度应低于采样时的温度，水样采集后立即放在冰箱或冰—水浴中，置暗处保存，一般 2～5℃冷藏。

（2）冷冻（-20℃）。一般能延长储存期，但需要掌握熔融和冻结技术，以使样品在溶解时能迅速地、均匀地恢复其原始状态。水样结冰时，体积膨胀，一般宜选用塑料容器。

（3）加入保护剂（固定剂和保存剂）。投加一些化学试剂可固定水样中某些待测组分，保护剂应事先加入空瓶中，有些也可在米样后立即加入水样中。经常加入的保护剂有各种酸、碱及生物抑制剂，加入量因需要而异。所加入的保护剂不能干扰待测组分的测定。所加入的保护剂，因体积影响待测组分的初始浓度，在计算结果时应予以考虑，但如果加入足够浓度的保护剂，因加入体积很小则可以忽略其稀释影响。所加入的保护剂有可能改变水中组分的化学和物理性质，因此选用保护剂时一定要考虑到对测定项目的影响，如因酸化会引起胶体组分和悬浮在颗粒物上固态的溶解。若待测项目是溶解态物质，则必须在过滤后酸化保存。

对于测定某些项目所加的固定剂，必须做空白试验，如测微量元素时就必须确定固定剂可引入的待测元素的量，酸类会引入不可忽视量的砷、铅、汞。

（4）常用样品保存技术（见表2-3）。表2-3列出的是有关水样保存技术的保存方法、可保存时间、采样体积等内容。

表2-3　　　　　　　　　　　常用样品保存技术

序号	测定项目	保存方法	可保存时间	采样体积（mL）	容器类别	建议
1	悬浮物		24h		P或G	单独定容采样
2	pH				P或G	现场直接测定
3	氟化物		若样品是中性的，则可保存数月	400	P	
4	砷	加 H_2SO_4，使pH<2；加碱，调节pH=12	数月			不能使用硝酸酸化生活污水和工业废水
5	COD	在2～5℃暗处冷藏	尽快	100	G	若COD是因为存在有机物引起的，则必须加以酸化，COD值低时，最好用玻璃瓶保存
		用硫酸酸化至pH<2	1周	100	G	
		−20℃冷冻（一般不使用）	1月	100	G	
6	BOD	在2～5℃暗处冷藏	尽快	1000	G	BOD值低时，最好用玻璃容器保存
		−20℃冷冻（一般不使用）	1月	1000	G	
7	油	现场萃取	24h			建议于采样后立即加入在分析方法中所用的萃取剂，或进行现场萃取
		冷冻至−20℃	数月			
8	六价铬	用NaOH调节使pH为7～9	尽快		P或G	不得使用磨口及内壁已磨毛的容器，以避免对铬的吸附
9	总磷		24h	100	BG	
		用硫酸酸化至pH<2	数月	100		
10	铅	加硝酸酸化至pH<2	1周		P或G	
11	镉	加硝酸酸化至pH<2	1周		P或G	
12	硫化物	每100mL加2mL、2mol/L的醋酸锌，并加入2mL、2mol/L的NaOH并冷藏	24h			必须现场固定
13	汞	加硝酸至pH<2	2周		P或BG	保存方法取决于分析方法

注　P—聚乙烯；G—玻璃；BG—硼硅玻璃；BOD—生物耗氧量。

2.2　火力发电厂热力设备内垢和腐蚀产物的采集和处理

2.2.1　试样的采集

为保证分析结果如实地反应热力设备的结垢和腐蚀情况，首先要采集有代表性的试样。垢和腐蚀产物通常是非均匀性的物质，在热力设备内的分布往往很不均匀。要采集有充分代表性的试样，必须认真、细致，并严格遵守有关规定。

在热力设备中，凡是垢和腐蚀产物聚集的地方，就是试样采集部位。但由于热力设备种类繁多、参数不一，热力系统内的结垢或腐蚀可能在多处发生。为了采集最有代表性的试样，采样部位应由化学人员根据热力设备腐蚀、结垢的实际情况，以及热力设备的运行工况和历史状况来确定。另外，试样采集部位的确定，还应遵循有关规程、制度的规定和要求。

为了获得具有代表性的试样，采集试样时应遵守如下规定。

1. 试样的代表性

当取样部位的热负荷相同或者为对称部位时，可以多点采集等量的单个试样，并混合成平均样。对同一部位，若垢和腐蚀产物的颜色、坚硬程度明显不同，则不能采集混合样，而应分别采集单个试样。

2. 采集试样的数量

在条件允许的情况下，采集试样的质量宜大于4g。对于呈片状、块状等不均匀的试样，经破碎至规定粒度后逐级缩分的试样，取样量宜大于10g。

3. 采集试样的工具

当采集不同热力设备中聚集的垢和腐蚀产物时，应使用不同的采样工具。常用的采样工具有普通碳钢或不锈钢特制的小铲，以及其他非金属片、竹片、毛刷等。使用采样工具时要注意工具应结实、牢靠，不可过分地尖硬，以防采样时工具本身及金属管壁损坏，造成带入金属屑或其他异物而"污染"试样。

4. 采集式样的方法

挤压采样、割管采样：若试样不易刮取，则可用车床先将试样管的外壁切（削）薄，然后放在台钳上挤压变形，使附着在管壁上的试样脱落，取得试样。

刮取试样：在一般情况下，垢和腐蚀产物试样是在热力设备检修或停机时，通过人工刮取或割管后人工刮取获得的。刮取试样时，可用硬纸或其他类似的物品承接试样，随后装入专用的广口瓶中存放，并粘贴标签，注明设备名称、设备编号、取样部位、取样日期、取样人姓名等事项。

2.2.2 分析试样的制备

一般情况下垢和腐蚀产物的试样数量不多，颗粒大小也差别不大，分析试样被直接破碎成粒度在1mm左右的试样后，用四分法进行缩分（若试样少于8g，则可以不缩分）。取一部分缩分后的试样（不宜少于2g），放在玛瑙研钵中研磨到试样全部通过125μm（120目）筛网。

对于制备好的分析试样，应装入粘贴有标签的称量瓶中备用。对于其余没有研磨的试样，应放回原来的广口瓶中妥善保存，以供复核校对使用。

2.2.3 试样的溶解（多项分析试液的制备）

试样的分解是分析过程中重要的步骤，其目的在于将试样制备成便于分析的溶液。分解试样时，试样溶解要完全，且溶解速度要快，不致造成待分析成分损失及引入新的杂质而干扰测定。常用试样分解方法有酸溶法和熔融法两种，应针对试样种类，选择分解试样的方法。

1. 酸溶样法

试样经盐酸、硝酸溶解后，稀释至一定体积成为多项分析试液。本法对大多数碳酸盐垢、磷酸盐垢可以完全溶解，但对于难溶的氧化铁垢、铜垢、硅垢，往往留有少量酸不溶物，可以用碱熔法将酸不溶物溶解，再与酸溶物合并，并稀释至一定体积，成为多项分析试液。具体内容如下。

（1）酸溶样操作步骤。称取干燥的分析试样 0.2g（称准至 0.2mg），置于 100～200mL 烧杯中，缓慢加入 15mL 浓盐酸，盖上表面皿加热至试样完全溶解，若有黑色不溶物，则可再加浓硝酸 5mL，继续加热至红棕色的二氧化氮气体消失。冷却后加盐酸溶液（1+1）10mL，加热至试样溶解。加试剂水 100mL，若溶液透明，则说明试样已完全溶解。将溶液转入 500mL 容量瓶中，用试剂水稀释，此为多项分析试液。

若经上述加硝酸处理后仍有少量酸不溶物，可按下列（2）法测定酸不溶物含量，也可按下列（3）法完成多项分析试液的制备。

（2）酸不溶物的测定方法。将酸不溶物过滤出，用热试剂水洗涤干净（用 5%硝酸银溶液检验应无氯离子）。将滤液和洗涤液收集于 500mL 容量瓶，用试剂水稀释至刻度，所得溶液为多项分析试液。

将洗干净的酸不溶物连同滤纸放入已恒重的坩埚中，在电炉上彻底灰化，然后放入 800～850℃高温炉中灼烧 30min，取出坩埚，在空气中稍冷后移入干燥器中冷却至室温称重，如此反复操作直至恒重。酸不溶物的含量 X（%）按式（2-2）计算：

$$X = \frac{m_1 - m_2}{m} \times 100\% \qquad (2-2)$$

式中：m_1 为坩埚和酸不溶物的总质量，g；m_2 为坩埚质量，g；m 为试样质量，g。

（3）用碱熔法将酸不溶物分解。将酸不溶物过滤，用热试剂水洗涤数次。将滤液和洗涤液一并转入 500mL 容量瓶中，洗干净的酸不溶物连同滤纸放入坩埚中，经炭化、灰化后，按下列 2. 氢氧化钠熔融法或 3. 碳酸钠熔融法所述操作，将酸不溶物分解，把熔融物提取液合并于上述 500mL 容量瓶中，用试剂水稀释至刻度，此为多项分析试液。

2. 氢氧化钠熔融法

试样经氢氧化钠熔融后，用热试剂水提取，用盐酸酸化、溶解，制成多项分析试液。具体内容如下。

（1）称取干燥的分析试样 0.2g（称准至 0.2mg），置于盛有 1g 氢氧化钠的银坩埚中，加 1～2 滴酒精润湿，手拿坩埚在桌上轻轻地振动，使试样黏附在氢氧化钠颗粒上面。

（2）再覆盖 2g 氢氧化钠，坩埚加盖后置于 50mL 瓷舟中后放入高温炉中，由室温缓慢升温至 700～750℃，在此温度下保温 20min。取出坩埚，并冷却至室温，将银坩埚放入聚乙烯杯中，并置于沸腾的水浴锅里。

（3）在水浴锅里加热 5～10min，充分地浸取熔块。待熔块浸散后，取出银坩埚，用装有热试剂水的洗瓶冲洗坩埚内、外壁及盖子。

（4）在不断搅拌下，迅速加入 20mL 浓盐酸，再继续在水浴里加热 5min。

（5）此时熔块完全溶解，溶液透明。将此溶液冷却后，倾倒入 500mL 容量瓶，用试剂水稀释至刻度，此为多项分析试液。

（6）试液中若有少量不溶物时，可将已溶解的透明清液倾倒入 500mL 容量瓶中，再加 3～5mL 浓盐酸和 1mL 浓硝酸，继续在沸水浴里加热溶解不溶物，待所有不溶物完全溶解后，将此溶液合并于 500mL 容量瓶中，用试剂水（先用盐酸将试剂水调整至 pH≤2）稀释至刻度。此为多项分析试液。

3. 碳酸钠熔融法

试样经碳酸钠熔融分解后，用试剂水浸取熔融物，加酸酸化制成多项分析试液。具体内容如下。

（1）称取干燥的试样 0.2g（称准至 0.2mg），置于装有 1.5g 研细的无水碳酸钠的铂坩埚中，用铂丝把碳酸钠和试样混匀，再用 0.5g 碳酸钠将试样覆盖，加盖后，将铂坩埚置于 30mL 或 50mL 瓷坩埚中后放入高温炉中，由室温缓慢升温至 950℃±20℃，在此温度下熔融 2～2.5h。

（2）取出坩埚，冷却至室温，将铂坩埚放入聚乙烯杯中，加 70～100mL 煮沸的试剂水，置于沸水浴上加热 10min 以浸取熔块。

（3）待熔块浸散后，用装有热试剂水的洗瓶冲洗坩埚内外壁及盖，在搅拌下，迅速加入 10～15mL 浓盐酸，再在水浴里加热 5～10min。

（4）此时，溶液应清澈、透明，冷却至室温后转入 500mL 容量瓶。用试剂水稀释至刻度，此为多项分析试液。若试液中有少量不溶物，可按照 2. 氢氧化钠熔融法中规定加盐酸和硝酸的有关操作进行处理，直到不溶物完全溶解，制成多项分析试液。

4. 偏硼酸锂熔融法

试样经偏硼酸锂熔融分解后，用试剂水浸取熔融物，加酸溶解制成多项分析试液。该方法制成的待测试液除可供测定铁、铝、钙、镁、铜等氧化物外，还可供测定氧化钠、氧化钾。具体内容如下。

（1）称取干燥的分析试样 0.2g（称准至 0.2mg），置于称量瓶中，加入 0.3g 偏硼酸锂，搅拌均匀。

（2）将混合物置于已铺有一层偏硼酸锂的铂坩埚中，并在混合物上盖一层偏硼酸锂，两次偏硼酸锂约为 0.5g。

（3）坩埚加盖后放入高温炉，逐渐升温至 980℃±20℃，保持 15～20min。

（4）取出铂坩埚，趁熔融物还是液态时，摇动铂坩埚，使熔融物分布于坩埚壁上，形成薄层，并立即将坩埚底部浸入水中骤冷，使熔融物爆裂。再加数滴试剂水，水将渗入到裂缝中。

（5）将坩埚盖和坩埚放入 100mL 玻璃烧杯中，在铂坩埚内放一根磁力搅棒，加入 70～80℃盐酸溶液（1+1）25mL。

（6）将烧杯放在能加热的磁力搅拌器上，在加热情况下搅拌 10min。

（7）待熔融物完全溶解后，用水冲洗铂坩埚和盖，再将溶液转入 500mL 容量瓶中，用试剂水稀释至刻度，此为多项分析试液。

以上处理得到的溶液应清澈、透明，无不溶物存在，否则应重新制备。

5. 氢氟酸-硫酸溶解法

在酸溶样或熔融样中，一些成分在溶样时分解而不能测定。因此，除了测定酸溶样外，还需测定水溶解试样，并将这些成分测定出来。这部分样品一般只是采用水溶解，对于不溶于水而又不适合采用常规的酸溶或碱熔融法进行的样品可采用氢氟酸-硫酸溶解法进行分解。制得的待测试液适用于测定除二氧化硅、氢氧化钠、碳酸盐、重碳酸盐等以外所有项目。具体内容如下。

（1）称取 0.5g（称准至 0.2mg）测定过水分的试样，放入 30mL 铂坩埚或铂蒸发皿中。

（2）加入 5mL 浓氢氟酸、5mL 浓硫酸，于通风橱中低温电炉上缓慢加热，直至白烟冒完为止。

（3）将坩埚外部擦干净，放入玻璃烧杯中，加入 100 mL 约 60℃试剂水，浸取干涸物。

（4）待干涸物全部溶解，取出铂坩埚，用 60℃试剂水淋洗坩埚内外壁三次。待溶液自然冷却至室温，转入 500mL 容量瓶中，用试剂水稀释至刻度，摇匀备用。

若确需用酸分解时，则应尽可能减少新的干扰因素。如测定氯离子的试样，不能用盐酸、王水分解试样；测定二氧化硅试液，不能用氢氟酸分解试样。

6. 酸洗法

在管壁垢样量很少，无法按 2.2.1 中"2. 采集试样的数量"采集时，应按 DL/T 1151（所有部分）《火力发电厂垢和腐蚀产物分析方法》相关规定，测定酸洗液成分含量，且减去空白值。

2.2.4　水溶性垢样待测试液的制备

在蒸汽流通的部位，包括过热器、主蒸汽门、调速汽门、汽轮机喷嘴、叶片等沉积的盐类固体附着物有相当一部分是水溶性的垢样。对于这部分样品，一般采用水溶解后进行成分测定的方法。对于不溶于水而又不适合采用常规酸溶或碱熔融法进行的样品，可采用氢氟酸-硫酸溶解法进行分解。

水溶性垢样待测试液的制备步骤：称取 0.5g（称准至 0.2mg）测定过水分的试样，放入 250mL 烧杯中，加试剂水约 100mL，搅拌。冷却至室温，转入 500mL 容量瓶中，用试剂水稀释至刻度，摇匀备用。若溶液不透明，则应过滤后取滤液测定。

— 3 —

火力发电厂水、汽分析方法

　　水、汽指标分析是火力发电厂化学监督的重要内容之一。为了避免或减缓水、汽流动的热力设备的结垢和腐蚀以及汽轮机和过热器积盐，保证火力发电机组的安全经济运行，必需监督水、汽品质，分析指标变化产生的原因，及时采取相应的预防措施，减缓或消除对电力生产的影响。据不完全统计，火力发电厂中有80%左右事故的发生都与水质有着密不可分的关系。目前，随着锅炉机组参数的提高，对水、汽品质监控更加严格。

　　在火力发电厂中，水、汽分析主要的分析方法有化学分析和仪器分析。化学分析法是以物质的化学反应为基础的分析方法，分滴定分析法（又称容量分析法）和重量分析法。其中滴定分析法又可分为四种：酸碱滴定法、络合滴定法、沉淀滴定法和氧化还原滴定法。仪器分析是借助光电仪器测量试样溶液的光学性质（如吸光度或谱线强度）、电学性质（如电流、电位、电导）等物理或物理、化学性质来求出待测组分含量的方法，分电化学分析法、光谱分析法、色谱分析法、热量分析法、放射分析法和流动注射分析法等。其优点是操作简便而快速，检测限低，最适合生产过程中的控制分析。其中电位滴定法、分光光度法、比色分析法、原子吸收法和离子色谱在水、汽分析中应用较广。

　　本章主要介绍表征水、汽品质的电导率、pH、钠、浊度、碱度、总碳酸盐、化学耗氧量、全固体和溶解固体、硬度、钙、二氧化硅、磷酸盐、氯、氨、联氨、残余氯、铁、铜及其他痕量的离子等指标的分析方法，主要依据现行的相关的国家推荐标准、电力行业推荐标准及环境保护标准编写。

3.1　电　导　率

　　酸、碱、盐等电解质溶于水中，离解成带正、负电荷的离子，溶液具有导电的能力。其导电能力的大小，可用电导率来表示。电导率是表示水导电能力的指标，用此指标可以评价水中含盐量的多少。电导率的大小除了和水中离子量有关外，还和离子的种类有关，故单凭电导率不能计算水中含盐量。但当水中各种离子的相对量一定时，则离子总浓度越大，其电导率也就越大。因此在实际应用中可以用电导率表示水中含盐量。当水中杂质组成较稳定时，可以实测这种水的电导率和含盐量的关系曲线，电导率的单位为 S/cm 或 μS/cm。

3.1.1　原理

　　电解质溶液的电导率通常是用两个金属片（即电极）插入溶液中测量两极间电阻率大小来确定的，电导率是电阻率的倒数。根据欧姆定律，溶液的电导（G）与电极面积（A）

成正比，与极间距离（L）成反比。即

$$G = \sigma \frac{A}{L} \tag{3-1}$$

式中：σ 为电导率，它是指电极面积为 $1cm^2$，极间距离为 1cm 时溶液的电导，其单位为西/厘米，用符号 S/cm 表示。除盐水电导率用微西/厘米，μS/cm 表示。对同一电极 L/A 不变，可用 K 表示（K 称为电导池常数）。

因此，被测溶液的电导率和电导的关系为

$$\sigma = G \cdot K \text{ 或 } G = \frac{\sigma}{K} \tag{3-2}$$

对于同一溶液，用不同电极测出的电导值不同，但电导率是不变的。溶液的电导率和电解质的性质、浓度及溶液的温度有关，一般应将测得的电导率换算成 25℃ 时的电导率值来表示。

氢电导率是指被测水样连续地流过氢型阳离子交换树脂或连续电再生阳离子交换器后，对其电导率进行在线监测所得的电导率值。在这一过程中，调节 pH 的化学药剂，如氨和胺都已被除去，剩下的盐类杂质转换成它们的酸形式，由于酸的电导率是相应盐类的 3 倍，可大大提高灵敏度；因此测定氢电导率是提供了一个灵敏、可靠的测定锅炉或蒸汽系统阴离子污染的方法（如氯根、硫酸根、硝酸根、碳酸氢根及甲酸、醋酸根等有机酸），电厂中一般将其称为氢电导率（氢导）。

3.1.2 试剂与仪器

1. 试剂

（1）氯化钾标准溶液：c（KCl）=0.1mol/L。称取在 105℃ 干燥 2h 的优级纯氯化钾（或基准试剂）7.455g，用新制备的 II 级试剂水（20℃±2℃）溶解后移入 1000mL 容量瓶中，并稀释至刻度，混匀。应将其放入聚乙烯塑料瓶或硬质玻璃瓶中，密封保存。或用市售的标准溶液。

（2）氯化钾标准溶液：c（KCl）=0.01mol/L。称取在 105℃ 干燥 2h 的优级纯氯化钾（或基准试剂）0.7455g，用新制备的 II 级试剂水（20℃±2℃）溶解后移入 1000mL 容量瓶中，并稀释至刻度，混匀。应放入聚乙烯塑料瓶或硬质玻璃瓶中，密封保存。或用市售的标准溶液。

（3）氯化钾标准溶液：c（KCl）=0.001mol/L。移取 0.01mol/L 氯化钾标准溶液 100mL，移入 1000 mL 容量瓶中，用新制备的 I 级试剂水（20℃±2℃）稀释至刻度，混匀。

（4）氯化钾标准溶液：c（KCl）=1×10^{-4} mol/L。在 20℃±2℃ 下用移液管量取 10mL 氯化钾标准溶液（0.01mol/L）至 1000 mL 容量瓶中，用 I 级试剂水稀释至刻度，混匀。

以上氯化钾标准溶液在不同温度下的电导率如表 3-1 所示。表 3-1 中的电导率已将氯化钾标准溶液配制时所用试剂水的电导率扣除；若使用市售氯化钾标准溶液，则使用其对应的电导率值。

表 3-1　　　　　　　　　氯化钾标准溶液在不同温度下的电导率

氯化钾标准溶液浓度（mol/L）	温度（℃）	电导率（μS/cm）
1	0	65176
	18	97838
	25	111342

续表

氯化钾标准溶液浓度（mol/L）	温度（℃）	电导率（μS/cm）
0.1	0	7138
	18	11167
	25	12856
0.01	0	773.6
	18	1220.5
	25	1408.8
0.001	25	146.93
$1×10^{-4}$	25	14.89
$1×10^{-5}$	25	1.4895
$1×10^{-6}$	25	$1.4895×10^{-1}$

2. 仪器与材料

（1）测定电导率用的专用仪器：根据待测水样的电导率测量范围，选择合适的电导率仪。测量电导率小于 0.1μS/cm 的水样时，仪器的分辨率为 0.005μS/cm。

（2）电导电极（简称电极）：根据待测水样的电导率测量范围，选择合适的电导电极。测量电导率小于 3μS/cm 的水样时，应采用金属电极或其他电导池常数不大于 $0.01cm^{-1}$ 的电极，并配备密封流动池。

（3）温度计或温度探头：测量电导率大于 10μS/cm 的水样，测定精度为 ±0.5℃；测量电导率不大于 10μS/cm 的水样，测定精度为 ±0.2℃。

（4）阳离子交换柱：阳离子交换柱内径不大于 60mm，高度不小于 500mm，水样流速可达 300mm/min（水样流量与交换柱直径的关系如图 3-1 所示）；柱内要有滤网，可均匀配水，并防止树脂被冲起或从底部漏出。柱内的水可顺流，也可逆流。逆流可自动消除气泡，这对连续使用很有帮助。但是树脂必须填满以免产生树脂层乱层和偏流。顺流可消除树脂浮动，但必须有排气管，排除启动时所有的空气（否则会引起偏流）。应选用树脂胶联度不小于 7%强酸型阳离子交换树脂填柱，宜使用变色氢型树脂，可直观地检测到交换柱中树脂的失效程度。要获得最高的灵敏度，必须对树脂进行彻底冲洗以清除溶出物，并保证水样流速大于 300mm/min。

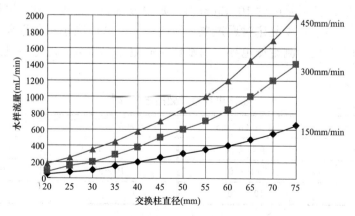

图 3-1　水样流量与交换柱直径的关系

（5）连续电再生阳离子交换器：连续电再生阳离子交换器可直接替换氢电导测量系统中的阳离子交换柱，阳离子去除率应大于 99.9%，交换柱附加误差符合 DL/T 677《发电厂在线化学仪表检验规程》的要求，水样测量流量不应小于 50mL/min（最低水样流量与电导流通池死体积的关系见图 3-2）。

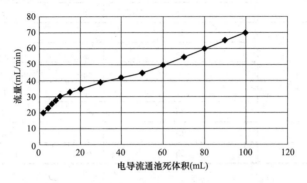

图 3-2　最低水样流量与电导流通池死体积的关系

3.1.3　分析步骤

水样的采集：按 GB/T 6907《锅炉用水和冷却水分析方法　水样的采集方法》规定的方法进行一般水样的采集；对于电导率小于 3μS/cm 的水样采集，应在现场将取样管连接密封流动池，在隔离空气的状况下直接测定。

1. 水样电导率

（1）根据待测水样的电导率测量范围，选择合适的电极（不同电导池常数的电极选用见表 3-2），并选用合适的标准溶液（其相应的电导率参见表 3-1）进行校正，电导率仪和电极的校正、操作、读数应按使用说明书的要求进行。

实验室测量电导率的电极，通常都使用铂电极。铂电极分为两种：光亮电极与铂黑电极。光亮电极适用于测量电导率较低的水样，而铂黑电极适用于测量中、高电导率的水样。电导池常数分为下列三种：即 0.1 以下，0.1～1.0 以及 1.0～10。电导池常数的选用，应满足所用测试仪表对被测水样的要求，例如某电导仪最小的电导率仅能测到 10^{-6} S/cm，而用该仪器测定电导率小于 0.2μS/cm 的高纯水时，就应当选用电导池常数为 0.1 以下的电极；若所用仪表的测试下限可达 10^{-7} S/cm 时，则用该仪表测定高纯水，可用电导池常数为 0.1～1.0 的电极。为了减少测定时通过电导池的电流，从而减小极化现象的发生，通常电导池常数较小的电极适于测定低电导率的水样，而电导池常数大的电极则适于测定高电导率的水样。

表 3-2　　　　　　　　　　　　不同电导池常数的电极选用

电导池常数（cm^{-1}）	电导率（μS/cm）	电导池常数（cm^{-1}）	电导率（μS/cm）
0.001	0.1 以下	1.0～10	100～100 000
0.01	0.1～10	10～50	100 000～50 000
0.1～1.0	10～100		

（2）测量前将电极用 II 级试剂水充分洗净，测量电导率小于 3μS/cm 的水样时，应用 I

级试剂水冲洗干净。

（3）取 50～100mL 水样，放入塑料杯或硬质玻璃杯中，将电极用被测水样冲洗 2～3 次后，浸入水样中进行电导率测定，重复取样测定 2～3 次，同时记录水样温度。

（4）测量电导率小于 3μS/cm 的水样时，应将测量电极插入密封流动池中，并用合适软管连接取样管与流动池，在流动的状态下测量。调整流速，排除气泡，以防止湍流，测量至读数稳定。

（5）电导率仪若带自动温度补偿，应按仪器的使用说明根据所测水样温度将温度补偿调至相应数值；电导率仪若无自动温度补偿，测定数值应按式（3-3）换算为 25℃的电导率。

2. 氢电导率

电导率仪标定的内容如下。

（1）仪器应用标准交流电阻箱或厂方提供的标准电阻箱校准。校准方法按厂方规定或常规标准方法进行，并且在使用过程中要定期检查校准测量仪器，保证测量值的准确性。要注意测量时消除线路或电极产生的电容的影响。

电导池常数可用已知电导池常数的参比电极或氯化钾标准溶液校准。在校准时要注意参比电极或氯化钾标准溶液规定的温度。而且在使用电导池过程中至少半年校核一次电导池常数。

（2）氢电导率测量示意图见图 3-3，可按图 3-3（a）或 3-3（b）组装仪器。

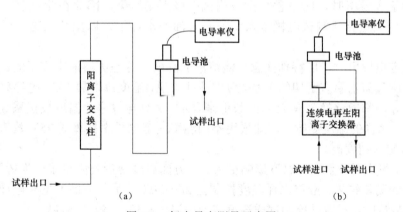

图 3-3　氢电导率测量示意图
（a）阳离子交换树脂法；（b）连续电再生阳离子交换器法

（3）使水样按一定流速流过连续电再生阳离子交换器（使用常规流通池，水样测量流量不应小于 50mL/min）或交换柱（保证水样流速大于 300mm/min）。

（4）进行连续取样和测量电导率。

（5）发电厂的除盐水、凝结水、给水和蒸汽等纯水水样在连续流动状态下脱气氢电导率的测定方法详见 DL/T 1602《发电厂纯水脱气氢电导率在线测量方法》。

3.1.4　数据处理

（1）结果计算。一般水样换算成 25℃时的电导率以 σ（μS/cm）计，按式（3-3）计算：

$$\sigma = \frac{\sigma_t}{1+\beta(t-25)} \tag{3-3}$$

式中：σ 为换算成 25℃时水样的电导率，μS/cm；σ_t 为在测定水温为 t℃时的电导率，μS/cm；t 为测定时水样的温度；β 为温度校正系数（通常情况下 β 的近似值为 0.02）。

纯水水样按 GB/T 6682—2008 附录 C 的规定换算成 25℃时的电导率。

（2）允许差。电导率测定允许差见表 3-3。同一操作者使用相同的仪器，按照相同测试方法，在短时间内对同一被测对象平行测定结果的绝对差值应满足表 3-3 要求。

表 3-3 　　　　　　　　　　　　电 导 率 测 定 允 许 差

测量范围（μS/cm）	允许差（μS/cm）	测量范围（μS/cm）	允许差（μS/cm）
$\sigma > 1000$	≤10	$1.0 < \sigma \leq 10$	≤0.05
$100 < \sigma \leq 1000$	≤5	$\sigma \leq 1.0$	≤0.01
$10 < \sigma \leq 100$	≤0.3		

（3）分析报告应包括：测定采用的标准方法；受检水样的完整标识（包括水样名称、采样地点、采样日期、厂名等）；水样氢电导率（注明水样温度），μS/cm；分析人员和分析日期。

3.1.5　注意事项

（1）测量电导率时，应注意水样与测试电极不受污染，因此在测量前应反复冲洗电极，同时还应当避免将测试电极浸入浑浊和含油的水样中，以免污染电极而影响其电导池常数。

（2）测定电导率时，应特别注意被测溶液的温度。这是因溶液中离子的迁移速度、溶液本身的黏度都与水温有密切的关系。对中性盐来说，温度每增加 1℃，电导率约增大 2%，平时所测电导率都应该换算成 25℃的数值来表示。另外电导率的温度校正系数 β 受电解质种类、浓度、水样的温度影响，因此采用不同温度测定电导率换算成 25℃数值的方法不如恒温 25℃测定法精度高。

（3）对于氢电导率测定，温度影响更大。一方面温度会影响阳离子交换树脂平衡特性，为获得稳定的测量结果，应将水样温度控制在 20～30℃。另一方面温度对电导率的测量影响很大，在测量时，要通过控制试样温度或使用温度补偿，将其影响减为最小。特别注意：尽管试样温度可精确控制，但是当其流过交换柱、管道和流通池时，环境温度对其影响很大。在 25℃时，纯水的温度系数接近测量值的 5%。如果补偿不合适，就会造成测量误差。温度补偿必须适用于经阳离子交换后的酸性水样，而一般的高精度温度补偿适用于含矿物杂质的中性水样，在测量氢电导率时不适用。应注意到不同的氢电导率温度补偿计算方法的精确度变化很大，仪器使用人员应在预计温度范围内测定电导仪温度补偿的精度。

（4）阳离子交换柱测定氢电导率时，应注意以下几点。

1）注意测量过程中应保证阳离子交换柱树脂层中无气泡。

2）监测树脂失效程度。若使用变色树脂可记录颜色变化，在交换柱长度的 75% 都变色时应更换交换柱；若使用普通树脂，应记录树脂交换的总时间、流速、水样电导率，以便下次在树脂失效前更换交换柱。

3）若树脂不能彻底地交换阳离子，则使结果产生或正或负的偏差，降低测定腐蚀性污染物的灵敏度。树脂再生不完全或冲洗不充分，释放出痕量的杂质离子会引起正误差。有些阳离子交换树脂释放低分子聚合物杂质，使背景电导率增加，降低检测灵敏度。

4）若水样中含有二氧化碳，可形成碳酸，增加氢电导率。应尽量减小接在柱上的软管直径和长度，以减少溶出物和空气的渗入。应注意二氧化碳可以从测量回路连接处漏入（交换误柱、流量计、阀门等）。这种漏入的二氧化碳并不代表水样实际的二氧化碳含量，使测量结果产生正误差。

（5）使用连续电再生阳离子交换器测量水样氢电导率，这是由于离子交换柱引发的氢电导率测量误差均可消除。如树脂不能彻底地交换阳离子，使结果产生或正或负的偏差；树脂再生不完全或冲洗不充分，释放出痕量的杂质离子会引起正误差；有些阳离子交换树脂释放低分子聚合物杂质导致测量误差；水样测量需要较大流量（不小于 300mm/min）；以及系统测量回路易漏入二氧化碳等问题都能得到解决，且测量需要的水样流量较小，一般大于 50mL/min 即可满足测量要求。

3.2 pH

pH 的测量方法有指示剂法、氢电极法、玻璃电极法等。指示剂法是利用缓动溶液，将被检液按要求操作与已配置好系列标准样对比，此方法虽然简单，但误差较大。氢电极法是各种 pH 测定法的基准，当其他测定法的 pH 和氢电极法的数值一样时，这个数值才有意义。由于氢气处理起来不方便，此方法对具有酸化性和还原性很强的物质影响很大，测量时花费时间很长，更不方便，不适合日常使用。玻璃电极法电位平衡时间短、精度高，受酸性还原剂的影响少，又可以测定各种溶液，此方法的应用非常广泛。

3.2.1 原理

当氢离子选择性电极——pH 电极与甘汞参比电极同时浸入水溶液后，即组成测量电池。其中 pH 电极的电位随溶液中氢离子的活度而变化。用一台高输入阻抗的毫伏计测量，即可获得同水溶液中氢离子活度相对应的电极电位，以 pH 表示。即

$$pH = -\lg \alpha_{H^+} \tag{3-4}$$

pH 电极的电位与被测溶液中氢离子活度的关系符合能斯特公式，即

$$E = E_0 + 2.3026 \frac{RT}{nF} \lg \alpha_{H^+} \tag{3-5}$$

式中：E 为 pH 电极所产生的电位，V；E_0 为当氢离子活度为 1 时，pH 电极所产生的电位，V；R 为气体常数，8.314J/（K·mol）；T 为绝对温度，K；n 为参加反应的得失电子数；F 为法拉第常数，9.649×10^4 C·mol^{-1}；α_{H^+} 为水溶液中氢离子的活度，mol/L。

而离子活度与浓度的关系为

$$\alpha_{H^+} = r \times c \tag{3-6}$$

式中：r 为离子的活度系数；c 为离子的浓度，mol/L。

根据测试的结果，当 $c < 10^{-3}$ mol/L 时，$r \approx 1$，则此时活度和浓度相接近。当 $c > 10^{-3}$ mol/L 时，$r < 1$，因此测得的结果必须要考虑活度系数的修正。当测定溶液的 $c < 10^{-3}$ mol/L 时，若被测溶液和定位溶液的温度为 20℃，则式（3-5）可简化为

$$0.0581\lg(\alpha_{H^+}^1 / \alpha_{H^+}) = \Delta E$$

$$0.058(pH - pH_1) = \Delta E$$

$$pH = pH_1 + \Delta E / 0.058 \qquad (3-7)$$

式中：pH_1 为定位溶液的 pH；$\alpha_{H^+}^1$ 为定位溶液的氢离子浓度，mol/L；α_{H^+} 为被测溶液的氢离子浓度，mol/L。

因此，在 20℃时，每当 ΔpH 变化值为 1 时，测量电池的电位变化为 58mV。

根据上述原理，利用 pH 计及 pH 电极、甘汞电极来测定水样的 pH。

3.2.2 试剂与仪器

1. 试剂

（1）pH=4.00 标准缓冲溶液：准确称取预先在 115℃±5℃干燥过的优级纯邻苯二甲酸氢钾（$KHC_8H_4O_4$）10.21g（0.05mol）溶解于少量无二氧化碳除盐水中，并稀释至 1L。

（2）pH=6.86 标准缓冲液（中性磷酸盐标准缓冲溶液）：准确称取经 115℃±5℃干燥过的优级纯磷酸二氢钾（KH_2PO_4）3.390g（0.025mol）以及优级纯无水磷酸氢二钠（Na_2HPO_4）3.55g（0.025mol），溶于少量除盐水中，并稀释至 1L。

（3）pH=9.20 标准缓冲溶液：准确称取优级纯硼砂（$Na_2B_4O_7 \cdot 10H_2O$）3.81g（0.01mol），溶于少量除盐水中，并稀释至 1L。此溶液储存时，应用充填有烧碱石棉的二氧化碳吸收管以防止二氧化碳的影响。4 周后应重新制备。

标准缓冲溶液在不同温度下的 pH 如表 3-4 所示。

表 3-4　　　　　　　　　　标准缓冲溶液在不同温度下的 pH

温度（℃）	邻苯二甲酸氢钾	中性磷酸盐	硼砂
5	4.01	6.95	9.39
10	4.00	6.92	9.33
15	4.00	6.90	9.27
20	4.00	6.88	9.22
25	4.01	6.86	9.18
30	4.01	6.85	9.14
35	4.02	6.84	9.10
40	4.03	6.84	9.07
45	4.04	6.83	9.04
50	4.06	6.83	9.01
55	4.08	6.84	8.99
60	4.10	6.84	8.96

2. 仪器

（1）实验室用 pH 计，附电极支架以及测用烧杯。

（2）pH 电极，饱和或 3mol/L 氯化钾甘汞电极。

3.2.3 分析步骤

（1）按仪器说明书接通电源，安装电极，注意电极使用，具体内容如下。

1）玻璃电极要在除盐水中活化 48 h。

2）甘汞电极拔去橡皮帽，其内充液的液面要高于被测液液面。

3）玻璃电极头部要比甘汞电极头部稍高些。

4）电极要无断线、无气泡、无破损、无干涸现象等。

（2）仪器预热：一般 10min 即可，长期不用要预热半小时；按下选择测量项目开关。

（3）pH 校正定位。

1）定温度：用温度计测出定位液的温度，并把温度补偿旋钮拨到该温度位置。

2）对于定位用的标准缓冲溶液，应选用一种其 pH 与被测溶液相似的溶液，在定位前：用定位液清洗电极；将电极浸入定位液中，将量程开关拨至适当位置，按下读数按键，调节定位旋钮，使指示值等于定位液相应温度的 pH（可查表 3-4），松开测量按键。

（4）复定位。用另一种缓冲溶液清洗电极，并测量其 pH。测得的结果应与该标准缓冲液在相应温度下的 pH 相同（误差不得大于 ±0.05pH），否则要查找原因。

（5）水样的测定：

1）被测水样与定位液同温度。

2）依次用除盐水和被测液清洗电极。

3）电极插入被测液，按下读数键读数，松开读数键，测定完毕后应将电极用除盐水反复冲洗干净，最后将 pH 电极浸泡在除盐水中备用。

3.3 钠

钠的测定有电位滴定法、二阶微分火焰光谱法及离子色谱法。电位滴定法又分为静态法和动态法，静态法适用于天然水、锅炉用水、工业排水等水质分析，测定范围为小于 pNa5（即含量大于 230μg/L）的水样；动态法适用于除盐水、发电厂锅炉给水、蒸汽、凝结水等水样中微量钠离子的测定，测定范围为 0～2300μg/L。二阶微分火焰光谱法适用于除盐水、锅炉给水、炉水、蒸汽、凝结水等水样中痕量钠离子的测定，其范围在 0～100g/L。本节主要介绍静态电位滴定法和二阶微分火焰光谱法。

3.3.1 电位滴定法

3.3.1.1 原理

当钠离子选择电极——pNa 电极与甘汞参比电极同时浸入溶液后，即组成测量电池。其中 pNa 电极的电位随溶液中的钠离子的活度而变化。用一台高输入阻抗的毫伏计测量，可获得同水溶液中的钠离子活度相对应的电极电位，以 pNa 值表示：

$$pNa = -\lg \alpha_{Na^+} \tag{3-8}$$

pNa 电极的电位与溶液中钠离子活度的关系，符合能斯特公式，即

$$E = E_0 + 2.3026 \frac{RT}{nF} \lg \alpha_{Na^+} \tag{3-9}$$

式中：E 为 pNa 电极所产生的电位，V；E_0 为当钠离子活度为 1mol/L 时，pNa 电极所产生的电位，V；R 为气体常数，8.314J/（K·mol）；T 为绝对温度，K；n 为参加反应的得失电子数；F 为法拉第常数，9.649×10^4C·mol^{-1}；α_{Na^+} 为水溶液中钠离子的活度，mol/L。

当测定溶液的 c_{Na^+} 小于 10^{-3} mol/L 时，若被测溶液和定位溶液的温度为 20℃，则式（3-9）可简化为

$$0.058 lg \frac{c'_{Na^+}}{c_{Na^+}} = \Delta E$$

$$0.058(pNa \cdot pNa') = \Delta E$$

$$pNa = pNa' + \frac{\Delta E}{0.058} \qquad (3-10)$$

式中：ΔE 为标准溶液的电位与样品溶液电位之差，V；c'_{Na^+} 为标准溶液的钠离子浓度，mol/L；c_{Na^+} 为样品溶液的钠离子浓度，mol/L；pNa′为标准溶液钠离子浓度所对应的 pNa 值；pNa 为样品溶液钠离子浓度所对应的 pNa 值。

测定水溶液中钠离子浓度时，应当特别注意氢离子以及钾离子的干扰。前者可以通过加入碱化剂，使被测溶液的 pH＞10 来消除；后者必须严格控制 c_{Na^+}/c_{K^+} 至少为 10:1，否则对测试结果会带来误差。本法在电极和试验条件良好的情况下，仪表可指示出 0.23μg/L 的钠离子含量。

3.3.1.2 试剂与仪器

1. 试剂

（1）氯化钠标准溶液（即定位液）的配制：

pNa2 标准储备溶液（10^{-2} mol/L Na$^+$）：精确称取 1.169g，经 250～350℃烘干 1～2h 的基准试剂（或优级纯）氯化钠（NaCl），溶于高纯水中，然后移至容量瓶并稀释至 2L。

pNa4 标准溶液（10^{-4} mol/L Na$^+$）：相当于 2.3mg/L Na$^+$。取 pNa2 储备液，用高纯水精确稀释至 100 倍。

pNa5 标准溶液（10^{-5} mol/L Na$^+$），相当于 230μg/L Na$^+$。取 pNa4 标准溶液，用高纯水精确稀释至 10 倍。此溶液一般是作为复核用，不能作为定位液。

（2）碱化剂：二异丙胺。

2. 仪器

（1）pNa 计。

（2）钠离子选择性电极。

（3）甘汞电极。

3.3.1.3 分析步骤

（1）准备工作。安装电极：玻璃电极要在蒸馏水中活化 48h，甘汞电极要拔去橡皮帽。其内充液面要高于被测液液面。玻璃电极头部要比甘汞电极头部稍高些。电极要无断线、无气泡、无破损、无干涸现象等。

（2）校正定位。开启电源，预热 20～30min，温度补偿旋钮调到定位液的温度。清洗电极，在塑料杯中加入 5 滴二异丙胺，再将 pNa4 的标准定位溶液约 100mL 倒入塑料杯中，清洗电极（反复清洗 2～3 次），然后把电极浸入该溶液中进行定位。

定位应重复核对 1～2 次，直至重复定位误差不超过 pNa4±0.02，然后以碱化后的 pNa5 标准溶液冲洗电极和电极杯数次，再将 pNa 电极和甘汞电极同时浸入 pNa5 标准溶液中，待仪器稳定后旋动斜率校正旋钮，使仪器指示 pNa5±0.02～pNa5±0.03，则说明仪器及电极均正常，可进行水样测定。

（3）测量。用碱化后的Ⅰ级试剂水冲洗电极和电极杯，使pNa计的读数在pNa6.5以上。再以碱化后的被测水样冲洗电极和电极杯两次以上。最后重新取碱化后的被测水样，摇匀。将电极浸入被测水样中，摇匀，按下仪表读数开关，待仪表指示稳定后，记录读数。若水样钠离子浓度大于10^{-3}mol/L，则用Ⅰ级试剂水稀释后滴加二异丙胺使pH>10，然后进行测定。

3.3.1.4 注意事项

（1）所用试剂瓶以及取样瓶都应是聚乙烯塑料制品。各种标准溶液应储放在5～20L的聚乙烯塑料桶内，不用时应密封以防污染。

（2）新买来的塑料瓶及桶都应用热盐酸溶液（1+1）处理，然后用高纯水反复冲洗多次方可使用。

（3）各取样及定位用塑料容器都应专用，不宜经常更换不同钠离子浓度的定位标准溶液，或将钠离子浓度相差悬殊的各取样瓶相混。

（4）长期不用的电极以干放为宜，但干放前，电极的敏感膜都应以高纯水冲洗干净，以防溶液侵蚀敏感膜。电极不宜闲置过久。干放的电极或新电极，在使用前应在已加碱化剂（二异丙胺等）的pNa4定位溶液中浸渍1～2h以上。

（5）甘汞电极也应干存放，但需在液部以及添加氯化钾溶液的口上塞上专用的橡皮，以防液部位因长期干涸而变成不能渗透的绝缘体，同时也要防止甘汞电极内部因长期缺水而使棉花连接处变干，造成汞-甘汞同棉花接合面不导电而使电极报废。所有甘汞电极在使用或存放时都不宜长时期浸渍在液面超过盐桥内部氯化钾溶液的纯水中，以防盐桥部位微孔内氯化钾溶液被稀释，然后形成浓差电动热对所测结果带来误差。

（6）电极导线有机玻璃的引出部分切勿受潮湿。

（7）为减少温度影响，定位溶液温度和水样温度相差不宜超过±5℃。

3.3.2 二阶微分火焰光谱法

火焰原子发射光谱法是指用火焰进行激发并以光电系统来测量被激发元素辐射强度的分析方法。

3.3.2.1 原理

钠原子或离子受火焰激发后发射出589.0nm的特征谱线，谱线的强度与试样中钠离子的浓度成正比，钠离子含量和特征谱线的"谱线强度"应符合罗马金公式，其数学表达式为

$$I=aC^b \tag{3-11}$$

式中：a为一个与元素的激发电位、激发温度及试样组分有关的参数；I为谱线强度；C为溶液中钠离子的含量；b为自吸收系数。

当溶液中钠离子含量很低时，自吸收现象可忽略，$b=1$，罗马金公式简化为

$$I=aC \tag{3-12}$$

即钠离子含量和钠离子的特征谱线强度成正比。

火焰原子发射光谱法测量原子的特征谱线强度时，特征谱线周围有连续背景干扰。二阶微分火焰光谱法对叠加谱线进行二阶微分，消除了谱线周围的背景干扰，因此使检测灵敏度成倍增高。

3.3.2.2 试剂与仪器

1. 试剂

钠标准溶液的配制具体内容如下：

（1）储备溶液（1mL 含 1mg Na⁺）。准确称取在 250～350℃烘干 1～2h 的基准氯化钠 2.5472g 溶于试剂水中，移入 1L 容量瓶中，稀释至刻度，摇匀后储存于塑料容器内。

（2）钠工作液Ⅰ（1mL 含 10μg Na⁺）。准确吸取钠储备液 10.00mL 于 1L 容量瓶，用试剂水稀释至刻度，摇匀，储存于塑料容器仪器内备用。

（3）钠工作液Ⅱ（1mL 含 0.5μg Na⁺）。准确吸取钠工作液Ⅰ 50.00mL 于 1L 容量瓶中，用试剂水稀释至刻度，摇匀，储存于塑料容器仪器内备用。

2. 仪器

（1）二阶微分火焰光谱仪。钠离子浓度分析范围：0～10μg/L、0～100μg/L 的范围内连续可调；分析使用波长：589.0nm；线性相关系数：≥0.995；试样吸喷量：≥3mL/min；响应时间：≤8s。

（2）电子天平（感量：0.1mg）。

（3）塑料容器。

聚丙烯、聚乙烯或聚四氟乙烯塑料瓶（规格为 1000 或 100mL）。使用前应在盐酸溶液（1+1）中浸泡 12h 以上，用试剂水反复冲洗合格后方可使用。试剂瓶冲洗合格的检测方法：在试剂瓶中装满试剂水放置 2h 后，在仪器上测定其强度，测定值应与试剂水相同，否则应继续冲洗。

3.3.2.3 分析步骤

（1）按仪器说明书启动二阶微分火焰光谱仪，并调节到可供测定的状态。

（2）工作曲线的绘制。

1）根据待测水样钠离子含量的近似值，按表 3-5 进行钠标准系列溶液的配制。

表 3-5 钠 标 准 系 列 溶 液 的 配 制

待测水样中 Na⁺含量的范围（μg/L）	标定液浓度（μg/L）	钠工作液Ⅱ加入量（mL）
0→10	0→10	0→2.0
10→20	10→20	2.0→4.0
20→100	20→100	4.0→20

注 配制溶液的体积为 100mL，可使用 100mL 塑料容量瓶或示例中方法配制钠标准系列溶液。

示例：待测水样中 Na⁺含量为 0～10μg/L，可按如下步骤配制水样。将干燥的聚丙烯塑料瓶放入电子天平，扣除瓶重后加入钠工作液Ⅱ0.4、0.8、1.2、1.6、2.0 mL，加试剂水至 100.0g（相当于 100mL），摇匀。上述溶液分别含 $C_0+2\mu g/L$、$C_0+4\mu g/L$、$C_0+6\mu g/L$、$C_0+8\mu g/L$、$C_0+10\mu g/L$ 钠离子，C_0 为试剂水中钠离子浓度。

2）用所配制钠标准系列溶液中最高浓度的溶液按仪器说明书进行操作，使谱线强度指示不超过满刻度。

3）用试剂水反复清洗燃烧器，并喷雾燃烧至读数接近于零。

4）依次将表 3-5 钠标准系列溶液从低浓度到高浓度进行喷雾燃烧，测定各自的谱线强度，绘制谱线强度与钠标准系列溶液关系的工作曲线或求得回归方程。

（3）水样的测定。

1）根据规定采集水样。

2）将毛细管用试剂水清洗后放入待测试样中吸喷试样，直至谱线强度指示稳定后再读数。

3.3.2.4 数据处理

根据测得试样的谱线强度,在工作曲线上查出或由回归方程计算出试样中钠离子浓度。试验的标准偏差如表 3-6 所示。

表 3-6 试 验 的 标 准 偏 差

测量范围(μg/L)	0~10	10~20	20~100
重复性相对标准偏差(%)	<2	<2	<2
再现性相对标准偏差(%)	<15	<10	<5

3.4 碱 度

3.4.1 原理

水中碱度是指水中含有能接受质子(H+)的物质的量。例如氢氧根、碳酸盐、碳酸氢盐、磷酸盐、磷酸氢盐、硅酸盐、硅酸氢盐、亚硫酸盐、亚硫酸氢盐和氨等都是水中常见的能接受质子的物质(或碱性物质)。通常碱度(JD)可分为理论碱度(JD)$_理$和操作碱度(JD)$_操$。操作碱度又分为酚酞碱度(JD)$_酚$和全碱度(JD)$_全$。理论碱度定义为

$$(JD)_理 = [HCO_3^-] + 2[CO_3^{2-}] + [OH^-] - [H^+]$$

酚酞碱度(P 碱度)是以酚酞作为指示剂测得的碱度,全碱度(M 碱度)是以甲基橙(或甲基红-亚甲基蓝)作为指示剂测得的碱度。酚酞终点的 pH 约为 8.3(酚酞指示剂由红色变为无色),甲基橙终点的 pH 约为 4.2(甲基橙指示剂由橘黄色变为橘红色),甲基红-亚甲基蓝终点的 pH 约为 5.0。第一法以酚酞(第一终点)和甲基橙(第二终点)作为指示剂;第二法以酚酞(第一终点)和甲基红-亚甲基蓝(第二终点)作为指示剂。

水样用标准酸溶液滴定至规定的 pH,其终点可由加入的酸碱指示剂在该 pH 时颜色的变化来判断(H+ + OH- = H2O)。

干扰及消除:水样浑浊、有色均干扰测定,可用电位滴定法测定(即用 pH 计检测)。

3.4.2 试剂

(1)浓盐酸密度 ρ=1.19g/L。

(2)酚酞(1%):1g 酚酞溶于 50mL 乙醇中,加乙醇至 100mL。

(3)甲基橙(0.1%):0.01g 甲基橙溶于 100mL 水中。

(4)溴甲酚绿-甲基红:3 份 0.1%溴甲酚绿乙醇溶液与 1 份 0.2%甲基红乙醇溶液混合。

(5)盐酸标准溶液的配制(约 0.01mol/L 盐酸的配制):取 0.9mL 浓盐酸注入水中摇匀,于 1000mL 容量瓶中定容。标定:称取 0.004g(也可以称更多配制成溶液后使用,如取 0.4g 加水溶解后,倒入 500mL 容量瓶中加水至刻度线,使用时取 5mL,加水 45mL)左右在 250℃ 下灼烧 4h 的无水碳酸钠称重至 0.0001g,溶于 50mL 水中,加 9 滴溴甲酚绿-甲基红混合指示剂,用配好的盐酸溶液滴定至溶液由绿色变为暗红色,煮沸 2min,冷却后继续滴定溶液至暗红色,记下盐酸溶液的用量 V_3,同时做空白实验(取 50mL 蒸馏水于 250mL 锥形瓶

中，加 9 滴溴甲酚绿-甲基红混合指示剂，用配好的盐酸溶液滴定至溶液由绿色变为暗红色，煮沸 2min，冷却后继续滴定溶液至暗红色），记下盐酸溶液的用量V_4。盐酸标准溶液的浓度按式（3-13）计算。

$$c_{HCl} = \frac{m}{V_3 - V_4} \times 0.05299 \qquad (3-13)$$

式中：c_{HCl} 为盐酸标准溶液的浓度，mol/L；m 为基准无水碳酸钠的质量，g；V_3 为盐酸溶液的用量，mL；V_4 为空白试验中盐酸溶液的用量，mL；0.05299 为与 1.00mL 盐酸标准溶液（$c_{HCl} = 1.00mol/L$）相当的克数，表示无水碳酸钠的质量。

3.4.3 分析步骤

（1）准确移取 10～50mL 水样，置于 250mL 锥形瓶中。

（2）向试液中滴加 3 滴酚酞指示剂，若试液呈红色，则用约 0.01mol/L 的盐酸标准溶液滴定至试液红色退去成无色，此时消耗的 HCl 的量为 V_1。

（3）向试液中滴加 3 滴甲基橙指示剂，此时试液应显示为黄色，继续用约 0.01mol/L 的盐酸标准溶液滴定至溶液从橘黄色刚好转为橘红色，即为滴定终点，此时消耗的 HCl 的量为 V_2。注意 $V_2 = V_1 + $ 第二次滴定的盐酸标准溶液消耗的毫升数。

3.4.4 数据处理

（1）P 碱度、M 碱度（mg/L）结果计算如下：

$$P\ 碱度 = c_{HCl} \times V_1 \times M_{\frac{1}{2}CaCO_3} \times 1000 / V_w \qquad (3-14)$$

$$M\ 碱度（总碱度）= c_{HCl} \times V_2 \times M_{\frac{1}{2}CaCO_3} \times 1000 / V_w \qquad (3-15)$$

式中：c_{HCl} 为盐酸标准溶液的浓度，mol/L；V_1 为第一次盐酸标准溶液的用量，mL；V_2 为第一次+第二次盐酸标准溶液的用量，mL；V_w 为水样用量，mL；$M_{\frac{1}{2}CaCO_3}$ 为 50.05，g/mol。

（2）允许差。第一法、第二法碱度含量范围与允许差分别如表 3-7 和表 3-8 所示。

表 3-7　　　　　　　第一法碱度含量范围与允许差　　　　　　　mmol/L

全碱度	室内允许差 T_2	室间允许差 $Y_{2,2}$	标样允许差 B_2
2.1～3.0	0.14	0.12	0.07
3.1～5.0	0.16	0.16	0.08
5.1～7.0	0.18	0.20	0.09
7.1～10.0	0.20	0.26	0.10

表 3-8　　　　　　　第二法碱度含量范围与允许差　　　　　　　mmol/L

全碱度	室内允许差 T_2	室间允许差 $Y_{2,2}$	标样允许差 B_2
≤0.50	0.024	0.034	0.012
0.51～1.00	0.026	0.054	0.013
1.01～2.00	0.030	0.094	0.015

3.5 总 碳 酸 盐

3.5.1 原理

总碳酸盐（以 CO_2 计）即碳酸、碳酸氢根及碳酸根离子的总量。总碳酸盐（以 CO_2 计）的定量应用氯化锶-盐酸滴定法。将水样加入氢氧化钠溶液中，使总碳酸盐变成碳酸根离子。再加入氯化锶，使其生成碳酸锶的沉淀。加盐酸中和过量的氢氧化钠，再加一定量的盐酸，使碳酸锶沉淀溶解。通入空气，除去游离的 CO_2 后，用氢氧化钠溶液滴定过量的盐酸，求出消耗的盐酸量，定量总碳酸盐（以 CO_2 计）。

此方法在下列成分不超过其相应限度的情况下使用：镁离子小于 200mg/L；铁离子小于 25mg/L；磷酸根离子小于 5mg/L；亚铁离子（小于 5mg/L）和磷酸根离子（小于 10mg/L）共存；铁离子（小于 2.5mg/L）和磷酸根离子（小于 5mg/L）共存；此外，如果铝、铵离子、二氧化硅等大量共存时，会有干扰。

3.5.2 试剂与仪器

1. 试剂

（1）无二氧化碳水：将试剂水放入烧瓶，煮沸 10min，除去溶解二氧化碳后，立即用装有钠石灰管的胶塞塞紧，冷却。

（2）氯化锶溶液：称取 17g 六水氯化锶溶入水中，加水至 100mL。

（3）酚酞指示剂（5g/L）：称取 0.5g 酚酞溶于乙醇（95%），用乙醇（95%）稀释至 100mL。

（4）盐酸标准滴定溶液 $c(HCl)=0.1mol/L$，配制和标定方法见 GB/T 601《化学试剂 标准滴定溶液的制备》。

（5）氢氧化钠标准滴定溶液 $c(NaOH)=0.1mol/L$，配制和标定方法见 GB/T 601。

（6）试剂纯度应符合 GB/T 6903《锅炉用水和冷却水分析方法 通则》要求。

（7）氯化钡：将氯化钡晶体（$BaCl_2 \cdot 2H_2O$）筛分至 20～30 目。在实验室制备时，将晶体平铺在一块大的表面皿上，在 105℃下干燥 4h。筛分除去不在 20～30 目的晶体，将制得的氯化钡晶体储存在干净并烘干的容器中。

2. 仪器

移液管 50mL、滴定管 50mL 和总碳酸盐测定装置（如图 3-4 所示）。

3.5.3 分析步骤

（1）按规定采集水样。

（2）取 0.1mol/L 氢氧化钠标准滴定溶液 20.00mL 于 500mL 三角烧瓶中，加 0.2mL 酚酞指示剂。

（3）准确取水样 100.0mL（若水样中总碳酸盐含量多时，可适当减少取样量）于 500mL 三角烧瓶中，要求连接后放置数分钟。

（4）加氯化锶溶液 10.00mL，重新连接后充分地混合，放置约 10min。

（5）滴加 0.1mol/L 盐酸标准滴定溶液，中和至无色并保持约 1min。

（6）加 0.1moL/L 盐酸标准滴定溶液 20.00mL，重新连接。

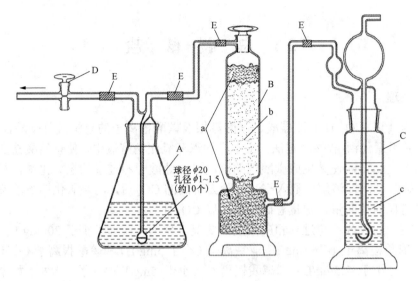

图 3-4   总碳酸盐测定装置

A—三角烧瓶 500ml；B—气体干燥塔 300mm；C—气体清洗瓶；D—单向旋塞；E—橡胶管；

a—玻璃棉；b—碱石灰或者氢氧化钠颗粒；c—硫酸

（7）按 1L/min 通氮气 5min。

（8）取下 500mL 三角烧瓶，用水清洗空气导入管，用 0.1mol/L 氢氧化钠标准滴定溶液缓慢滴定，溶液的颜色变至微红为终点，记录消耗氢氧化钠标准滴定溶液的体积为 V_1。同时进行空白试验，记录消耗氢氧化钠标准滴定溶液的体积为 V_0。注意：三角烧瓶中溶液的 pH 尽量不低于 12，可使用碱性蓝 pH 试纸确认。水样为酸性时，加 0.1mmol/L 氢氧化钠溶液，中和至 pH≈7。若水样中有大量的镁离子，中和时很难变色，则要在接近终点时缓慢滴定。

3.5.4   数据处理

（1）结果计算。水样中总碳酸盐含量（以 CO_2 计，mg/L）按式（3-16）计算。

$$X_{CO_2(总)} = \frac{(V_0 - V_1) \times c \times 22 \times 1000}{V} \tag{3-16}$$

式中：$X_{CO_2(总)}$ 为水样中总碳酸盐含量（以 CO_2 计），mg/L；V_1 为滴定试样消耗氢氧化钠标准滴定溶液体积，mL；V_0 为空白试验消耗氢氧化钠标准滴定溶液体积，mL；c 为氢氧化钠标准滴定溶液的浓度，mol/L；V 为水样体积，mL；22 为 CO_2 的摩尔质量，g/mol。

（2）碳酸、碳酸氢根离子及碳酸根离子浓度的计算。根据试剂中的总碳酸浓度和水样的 pH，按式（3-17）～式（3-19）可以分别计算出碳酸、碳酸氢根离子以及碳酸根离子的浓度。

$$X_{H_2CO_3} = X_{CO_2(总)} \times a \times 1.409 \tag{3-17}$$

$$X_{H_2CO_3^-} = X_{CO_2(总)} \times b \times 1.387 \tag{3-18}$$

$$X_{CO_3^{2-}} = X_{CO_2(总)} \times c \times 1.364 \tag{3-19}$$

式中：$X_{H_2CO_3}$ 为碳酸含量，mg/L；$X_{H_2CO_3^-}$ 为碳酸氢根离子含量，mg/L；$X_{CO_3^{2-}}$ 为碳酸根离子

含量，mg/L；$X_{CO_2(总)}$ 为水样中总碳酸盐含量（以 CO_2 计），mg/L；a 为碳酸与总碳酸盐（以 CO_2 计）的摩尔比；b 为碳酸氢根与总碳酸盐（以 CO_2 计）的摩尔比；c 为碳酸根与总碳酸盐（以 CO_2 计）的摩尔比；1.409 为总碳酸盐（以 CO_2 计）的量换算成碳酸时的系数（62.03/44.01）；1.387 为总碳酸盐（以 CO_2 计）的量换算成碳酸氢根时的系数（61.02/44.01）；1.364 为总碳酸盐（以 CO_2 计）的量换算成碳酸根时的系数（60.01/44.01）。

（3）允许差。测定结果的精密度要求：相对标准偏差在 2%～10%。

3.6 酸　度

3.6.1 原理

以甲基橙作为指示剂，以氢氧化钠标准溶液滴定至橙黄色为终点（pH 约为 4.2）。测定值只包括强酸，这种酸度称为甲基橙酸度。其反应为：$H^+ + OH^- = H_2O$。

3.6.2 试剂与仪器

（1）氢氧化钠标准滴定溶液[c(NaOH)=0.05mol/L]：配制和标定方法见 GB/T 601。
（2）甲基橙指示剂（1g/L）：称取 0.1g 甲基橙，溶于 70℃的水中，冷却，稀释至 100mL。
（3）试剂纯度应符合 GB/T 6903 要求。

3.6.3 分析步骤

（1）按规定采集水样。
（2）取 100mL 水样注入 250mL 锥形瓶中。
（3）加 2 滴甲基橙指示剂，用 0.05 mol/L 氢氧化钠标准滴定溶液滴定至溶液呈橙黄色为止，记录所消耗氢氧化钠标准滴定溶液的体积为 V_1。

水样中若含有游离氯，可加数滴 0.1mol/L 硫代硫酸钠溶液，以消除游离氯对测定的影响。

3.6.4 数据处理

水样酸度 SD（mmol/L）按式（3-20）计算：

$$SD = \frac{c \cdot V_1}{V_2} \times 1000 \qquad (3-20)$$

式中：SD 为酸度，mmol/L；c 为氢氧化钠标准滴定溶液的浓度，mol/L；V_1 为滴定消耗氢氧化钠标准滴定溶液体积，mL；V_2 为试样体积，mL。

3.7 化 学 耗 氧 量

化学耗氧量（COD）是在一定条件下，用一定的强氧化剂处理水样时所消耗的氧化剂的量，以氧的 mg/L 表示。它利用化学氧化剂，将水样中的还原物质加以氧化，然后从剩余的氧化剂的量计算出氧的消耗量。COD 值根据氧化剂不同，有高锰酸钾法和重铬酸钾法。

3.7.1 高锰酸钾法

3.7.1.1 原理

高锰酸钾化学耗氧量（COD_{Mn}）是指天然水中可被高锰酸钾氧化的有机物含量。在酸性（或碱性）条件下，高锰酸钾具有较高的氧化电位，因此它能将水溶液中某些有机物氧化，并以化学耗氧量（或高锰酸钾的消耗量）来表示，以比较水中有机物总含量的大小。

3.7.1.2 试剂与仪器

1. 试剂

（1）无还原物质的水：高锰酸钾为硫酸重蒸馏的二次蒸馏水，该法所用的水均为此二次无还原物质的蒸馏水。其制备过程为：在每升无还原物质的水中加入 10mL 硫酸 $\left[c\left(\dfrac{1}{2}H_2SO_4\right)=4mol/L\right]$ 和少量高锰酸钾溶液 $\left[c\left(\dfrac{1}{5}KMnO_4\right)=0.1mol/L\right]$，放入玻璃容器中蒸馏，弃去开始的 100 mL 馏出液。将所制备水放入具塞的玻璃瓶中储存。

（2）高锰酸钾标准滴定溶液 $\left[c\left(\dfrac{1}{5}KMnO_4\right)=0.1mol/L\right]$：

1）高锰酸钾标准滴定溶液 $\left[c\left(\dfrac{1}{5}KMnO_4\right)=0.1mol/L\right]$ 的配制与标定：称取 3.3g 高锰酸钾溶于 1050mL 试剂水中，缓慢煮沸 15～20min，冷却后于暗处密闭保存两周。以"4号"玻璃过滤器过滤，滤液储存于具有磨口塞的棕色瓶中。

采用基准试剂草酸钠（$Na_2C_2O_4$）标定：称取于 105～110℃烘至恒重的基准草酸钠 0.2g（准确至 0.1mg），溶于 100mL 二次蒸馏水中，加 8mL 浓硫酸，用高锰酸钾标准溶液滴定，近终点时，加热至 65℃，继续滴定至溶液所呈粉红色保持 30s。同时做空白试验。高锰酸钾标准溶液的浓度按式（3-21）计算。

$$c=\frac{m\times1000}{(V-V_0)\times67.00} \tag{3-21}$$

式中：c 为高锰酸钾标准溶液的浓度，mol/L；m 为草酸钠的质量，g；V 为滴定消耗高锰酸钾标准溶液的体积，mL；V_0 为空白试验消耗高锰酸钾标准溶液的体积，mL；67.00 为草酸钠（$Na_2C_2O_4$）的摩尔质量，g/mol。

2）高锰酸钾标准滴定溶液 $\left[c\left(\dfrac{1}{5}KMnO_4\right)=0.1mol/L\right]$ 配制：取 0.1mol/L 高锰酸钾标准溶液，用煮沸后冷却的二次蒸馏水稀释至 10 倍制得。其浓度不需标定，由计算得出。

注意：0.01mol/L 高锰酸钾标准溶液的浓度容易改变，应在使用时配制。对 0.1mol/L 高锰酸钾标准溶液的浓度，需定期进行标定。高锰酸钾标准溶液不得与有机物接触，以避免其浓度发生变化。若 0.01mol/L 高锰酸钾标准溶液不用于测定化学耗氧量，则可用试剂水代替二次蒸馏水来配制此溶液。

（3）草酸标准滴定溶液 $\left[c\left(\frac{1}{2}H_2C_2O_4\right)=0.01mol/L\right]$：准确称取于 105～110℃烘干至恒重的基准草酸钠（$Na_2C_2O_4$）0.6701g，用少量无还原物质的水溶解后定量移入 1L 容量瓶中，加入 200mL 无还原物质的水及 25mL 浓硫酸，并用无还原物质的水稀释至刻度，摇匀。然后将其移入棕色瓶中并于暗处储存。

（4）硫酸（1+3）：配制此溶液时，利用稀释时的温热条件，用高锰酸钾溶液滴定至微红色。

（5）氢氧化钠溶液（100g/L）。

2. 仪器

水浴锅：在开始加热到反应阶段，该水浴锅必须有足够的能力确保其中所有试样中溶液的温度很快达到 96～98℃。

3.7.1.3　分析步骤

1. 在酸性条件下测定耗氧量（适用于氯离子含量小于 100mg/L 的水样）

（1）按规定采集水样。取样后应尽快分析，若不能立即测定，则应向样品中加酸，并放于暗处 0～5℃保存。

（2）准确移取适量水样注于 250mL 锥形瓶中，用无还原物质的水稀释至 100mL。注意：如水样需要过滤时，必须采用玻璃过滤器或古氏漏斗，不得使用滤纸。若采用过滤后的水样进行测定，则所得的结果为水样溶解性有机物的含量，在报告中应注明水样经过滤。

（3）加入 10mL 硫酸溶液，摇匀。

（4）用滴定管准确加入 10.00mL 高锰酸钾标准滴定溶液，在沸腾水浴锅内加热 30min（水浴锅的水位一定要超过水样液面）。若取样量为 50mL，COD$_{Mn}$ 为 10mg/L，它相当丁将所加入的高锰酸钾消耗了 60%。在酸性溶液中测定耗氧量时，若水样在加热过程中出现棕色二氧化锰沉淀，则应重新取样测定，并适当增加高锰酸钾标准滴定溶液的加入量或减少取样量。样品在试验过程中，高锰酸钾标准滴定溶液的加入量、煮沸的时间和条件（包括升温的时间）以及滴定时的水样温度等条件，都应严格遵守相关规定。

（5）迅速加入 10.00mL 草酸标准滴定溶液，此时溶液应褪色。若此时溶液不褪色，则应考虑草酸溶液是否失效或加入量是否不足。

（6）继续用高锰酸钾标准滴定溶液滴定（滴定完溶液温度不应低于 80℃）至微红色并保持 1min 不消失为止，记录高锰酸钾标准滴定溶液消耗的体积。

（7）另取 100mL 无还原物质的水与水样同时进行空白试验，记录空白试验高锰酸钾标准滴定溶液消耗的体积。

若水样中氯化物大，则会产生氯离子的氧化反应（$2KMnO_4+16H^++16Cl^-\longrightarrow 2KCl+2MnCl_2\uparrow+5Cl_2+8H_2O$）而影响结果。

因此，水样氯离子的含量超过 100mg/L 时，必须采用 3.7.1.3 中"2.在碱性溶液中测定耗氧量（适用于氯离子含量大于 100mg/L 的水样）的分析步骤"。

2. 在碱性溶液中测定耗氧量（适用于氯离子含量大于 100mg/L 的水样）的分析步骤

（1）准确移取适量水样注于 250mL 锥形瓶中，用无还原物质的水稀释至 100mL。

（2）加入 2mL 氢氧化钠溶液和 10mL 高锰酸钾标准滴定溶液，在沸腾水浴锅内加热 30min（水浴锅的水位一定要超过水样液面）。注意高锰酸钾在碱性溶液加热过程中，若产生棕色沉淀或溶液本身变为绿紫色时，则不需要重新进行试验。在煮沸过程中若遇到溶液变成无色的情况，则需要减少所取水样的量，重新进行试验。

（3）迅速加入10mL硫酸溶液（1+3）及10.00mL草酸标准滴定溶液，此时溶液应褪色。

（4）继续用高锰酸钾标准滴定溶液滴定（滴定完溶液温度不应低于80℃）至微红色，并保持1min，颜色不消失为止。记录高锰酸钾标准滴定溶液消耗的体积。

（5）另取100mL无还原物质的水进行空白试验，记录空白试验消耗高锰酸钾标准滴定溶液的体积。注意作为空白测定的无还原物质的蒸馏水，可用无污染的过热蒸汽代替，但不能用除盐水或高纯水。

3.7.1.4 数据处理

水样高锰酸钾化学耗氧量 $(COD)_{Mn}$ 的数值（以 O 计，mg/L）按式（3-22）计算：

$$(COD)_{Mn} = \frac{c(V_1 - V_0) \times 8 \times 1000}{V} \quad (3-22)$$

式中：c 为高锰酸钾标准滴定溶液的浓度，mol/L；V_0 为空白试验消耗的高锰酸钾标准液的体积，mL；V_1 为水样消耗高锰酸钾标准滴定溶液的体积，mL；V 为水样的体积，mL；8 为氧 $\left(\frac{1}{2}O\right)$ 的摩尔质量，g/moL。

3.7.2 重铬酸钾法

3.7.2.1 原理

重铬酸钾耗氧量（COD_{cr}）是指天然水中可被重铬酸钾氧化的有机物含量。在此法的氧化条件下，大部分有机物（80%以上）被分解，但芳香烃环式氮化物等几乎不分解。此方法可用于比较水中有机物总含量的大小。亚硝酸盐、亚铁盐、硫化物及一部分氯离子也会被氧化，加入硫酸高汞和硫酸银就可消除干扰。

3.7.2.2 试剂与仪器

1. 试剂

（1）无还原物质的水：高锰酸钾为硫酸重蒸馏的二次蒸馏水，本法所用的水均为此二次蒸馏水。制备方法同3.7.1.2。

（2）硫酸银-硫酸溶液：称取11g硫酸银溶于1L浓硫酸中。完全溶解需要1~2天（可以进行加热溶解）。

（3）硫酸汞（Ⅱ）。

（4）重铬酸钾标准滴定溶液 $\left[c\left(\frac{1}{6}K_2Cr_2O_7\right) = 0.025mol/L\right]$：将重铬酸钾基准试剂于100~110℃的烘箱中干燥3~4h，取出放在干燥器中冷却至室温，准确称取1.226g重铬酸钾，用无还原物质水溶解后定量移入1L容量瓶中，用无还原物质的水稀释至刻度。

（5）邻菲啰啉亚铁指示剂：称取1.48g邻菲啰啉（即1,10-二氮杂菲）和0.70g七水硫酸亚铁，用无还原物质的水溶解后定容至100mL。

（6）硫酸亚铁铵标准滴定溶液 $\{c[Fe(NH_4)_2(SO_4)_2] = 0.025mol/L\}$：准确称取10g六水硫酸亚铁铵，溶于500mL无还原物质的水，加20mL浓硫酸，冷却后定量移入1L容量瓶中，稀释至刻度。此溶液每次使用时按下法标定：取重铬酸钾标准滴定溶液20.00mL于

250mL 三角瓶中，加水至 100mL，加浓硫酸 30mL。冷却后，加邻菲啰啉亚铁指示剂 2~3 滴，用硫酸亚铁铵标准滴定溶液滴定，溶液的颜色由蓝绿变成红褐色为终点，记录消耗体积。根据式（3-23）计算硫酸亚铁铵标准滴定溶液的浓度：

$$c = \frac{c_0 \cdot V_0}{V_1} \tag{3-23}$$

式中：c 为硫酸亚铁铵标准滴定溶液的浓度，mol/L；c_0 为重铬酸钾标准滴定溶液的浓度，mol/L；V_0 为重铬酸钾标准滴定溶液的体积，mL；V_1 为滴定消耗硫酸亚铁铵标准滴定溶液的体积，mL。

2．仪器

（1）回流冷却器：通用组合式冷却器或者球管冷却器（长 300mm）。

（2）圆底烧瓶或者三角烧瓶：与 250~300mL 的回流冷却器组合。

（3）加热板或者支架式加热器。

3.7.2.3 分析步骤

（1）按规定采集水样。

（2）移取适量水样放入预先放有 0.4g 硫酸汞的 250mL 圆底烧瓶或者三角烧瓶中，加水 20mL，摇匀。

（3）加重铬酸钾标准滴定溶液 10.00mL，摇匀后加硫酸银-硫酸溶液 30mL，边加边搅拌，放入沸石数个。

（4）连上回流冷却器，加热回流 2h。

（5）冷却后，用约 10mL 水清洗回流冷却器，洗液流入烧瓶，加水使总体积约为 140mL，冷却至室温。

（6）加邻菲啰啉亚铁指示剂 2~3 滴，过量的重铬酸钾用硫酸亚铁铵标准滴定溶液滴定，溶液的颜色由蓝绿变成红褐色为终点。记录消耗硫酸亚铁铵标准滴定溶液的体积。

（7）进行空白试验。

另取无还原物质的水 20mL，进行分析步骤（2）~（6）的操作。记录空白试验消耗硫酸亚铁铵标准滴定溶液的体积。注意试样中含悬浊物时要摇匀后尽快采样。加热 2h 后，剩余的量为所加重铬酸钾溶液的 1/2 左右。

此法只能掩蔽氯离子 40mg，但在氯离子浓度高的情况下（如海水），由于无法除去干扰物，因此不能使用该方法。由于该方法中使用汞化合物，因此应注意试验后废液的处理。

3.7.2.4 数据处理

水样中重铬酸钾耗氧量 $(COD)_{Cr}$ 的数值（以 O 计，mg/L）按式（3-24）计算：

$$(COD)_{Cr} = \frac{c(V_3 - V_4) \times 8 \times 1000}{V_2} \tag{3-24}$$

式中：COD_{Cr} 为重铬酸钾耗氧量（以 O 计），mg/L；c 为硫酸亚铁铵标准滴定溶液的浓度，mol/L；V_3 为滴定消耗硫酸亚铁铵溶液体积，mL；V_4 为空白消耗硫酸亚铁铵溶液体积，mL；V_2 为水样体积，mL；8 为氧 $\left(\frac{1}{2}O\right)$ 的摩尔质量，g/mol。

3.8 总有机碳和总有机碳离子

总有机碳（total organic carbon，TOC）：有机物中总的碳含量。TOC 是将水样中的有机物中的碳通过燃烧或化学氧化转化成二氧化碳，通过红外吸收测定了二氧化碳的量，从而也就测定了有机物中的总有机碳。总有机碳包含了水中悬浮的或吸附于悬浮物上的有机物中的碳和溶解于水中的有机物的碳，后者称为溶解性有机碳（DOC）。不管有机物成分如何变化，水、汽中 TOC 含量仅表述有机物中总的碳含量，杂原子的含量不被反映。由于有机物主要是由碳水化合物组成，TOC 含量可反映水受有机物污染的程度，其数量越高，表明水受到的有机物污染越多。

总有机碳离子（total organic carbon ion，TOCi）：有机物中总的碳含量及氧化后产生阴离子的其他杂原子（硫、氯、氮等）含量之和。TOCi 代表了水中有机物中碳和硫、氯、氮等杂原子在高温高压下生成二氧化碳和阴离子总量。当有机物不含杂原子时，水中 TOC 含量与 TOCi 含量一致；当水中有机物含硫、氯、氮等杂原子时，TOCi 测定值大于 TOC 测定值，TOCi 更能反映出水体受有机物污染的程度。

TOC 代表水体中有机物的总和，直接反映水体被有机物污染的程度。现在 TOC 测量已经广泛地应用到江河、湖泊以及海洋监测等方面，对于地表水、饮用水、工业用水以及制药用水等方面的质量控制，TOC 同样是重要的测量参数。

火电机组中有机物分解可造成水、汽电导率升高以及 pH 下降，直接影响到炉内水、汽品质和造成热力设备的腐蚀。测量 TOCi 含量的目的是控制水、汽中 TOC 含量，使水中有机物对热力设备的腐蚀降至最低。有必要定期对水处理系统进行有机物去除效率的分析、监测，同时监督机组热力系统水、汽中有机物含量，及时发现异常情况。

TOC 测定方法有 ISO 8245《水质 总有机碳（TOC）和溶解性有机碳（DOC）测定指南》、ASTM D5997《使用紫外线，过硫酸盐氧化和薄膜导电性检测法在线监测水中总碳量和无机碳量的标准试验方法》、HJ 501《水质 总有机碳的测定 燃烧氧化—非分散红外吸收法》、GB/T 11446.8《电子级水中总有机碳的测试方法》和 DL/T 1358《火力发电厂水汽分析方法总有机碳的测定》等标准方法，TOC 测定方法如表 3-9 所示，虽然各种总有机碳测定标准氧化原理不同、检测方式不同，但所有仪器测量原理都是基于有机物氧化产生二氧化碳，通过非色散红外检测器或膜电导法检测产生的二氧化碳含量换算 TOC 含量。其中 DL/T 1358 规定采用直接电导法检测 TOCi。

表 3-9　　　　　　　　　　TOC 测 定 方 法

序号	测试标准	测定方法要点
1	ISO 8245	采用特定方法（提及高温氧化、高温氧化辅助氧化剂及紫外氧化法）氧化水中的有机物，适用检测器（提及非散射红外检测法、电导率、膜法等方法）测量产生的二氧化碳含量。其测量原理是水中的总碳通过氧化后全部转化为二氧化碳，通过测量二氧化碳测出总碳含量；通过酸化、脱气或分离测量的方法测量水中的无机碳含量。总碳含量减无机碳含量即为总有机碳含量。标准规定的测量范围为 0.3~1000mg/L
2	ASTM D5997	该方法主要是针对美国 GE 公司的专利产品而制定的分析方法（发明专利在 TOC 仪中使用特殊选择性透过膜，只允许二氧化碳透过）。标准的主要原理是使用紫外线、过硫酸盐氧化法测量水中总有机碳，水中总有机碳氧化后生成二氧化碳，其通过特殊的选择性膜进入到去离子水中，通过测量去离子水电导率的变化就可计算出生成的二氧化碳，从而计算出水中总有机碳。标准规定的检测限为 0.5~30mg/L。其测量仪器具有局限性，测量范围也不适用于电厂

序号	测试标准	测定方法要点
3	HJ 501	采用高温氧化非色散红外检测法测量水中 TOC 含量，选择邻苯二甲酸氢钾作为标准物质。其测量原理是总有机物在高温下被氧化为二氧化碳，适用非色散红外检测器检测产生的二氧化碳含量，从而计算出水中总有机碳含量，标准规定的最低检测限为 0.5mg/L，主要在环境检测中测量各种水质中总有机碳
4	GB/T 11446.8	采用磷酸调节水样（pH 小于 2.0），通过氧化器进行氧化后，水中的有机物被氧化为二氧化碳，用红外线分析仪检测产生的二氧化碳含量，从而计算出水中总有机碳含量。标准未规定检测范围，但针对 $100\mu g/L$ 的样品进行了精密度试验，相对标准偏差小于 10%。$100\mu g/L$ 标样回收率在 80%
5	DL/T 1358	其测量原理是总有机物在高温下被氧化为二氧化碳，其通过特殊的选择性膜进入到去离子水中，通过测量去离子水电导率的变化就可计算出生成的二氧化碳，采用高温氧化非色散红外检测法或膜电导法检测，从而计算出水中总有机碳含量，使用直接电导法检测的是 TOC_i。测定范围在 $100\sim1000\mu g/L$

3.8.1 原理

水中有机物完全氧化后将发生下列反应：

$$C_xH_yO_z \longrightarrow CO_2+H_2O \longrightarrow H_2CO_3$$
$$C_xH_yO_zM \longrightarrow CO_2+H_2O+HM(O)_n$$

x、y、z、n 分别表示对应原子的数量。

这里 M 表示有机物中除碳外氧化后可能产生阴离子的杂原子。当有机物仅含有碳、氢、氧，不含其他杂原子时，氧化后产生的二氧化碳与水中总有机碳含量成正比关系，通过测定氧化器进出口二氧化碳的变化就可计算出有机物中的碳含量，可使用以膜电导法为测量原理或使用非色散红外检测器的仪器进行测量。此时测量的 TOC 含量与 TOC_i 含量一致。当有机物中除碳外还含有其他杂原子时，氧化后除产生二氧化碳还会产生氯离子、硫酸根、硝酸根等阴离子，这时通过测量有机物中所有可能产生阴离子的原子（包括碳）氧化前后电导率的变化，折算为二氧化碳含量（以碳计）的总和即为 TOC_i 含量，而仅测定产生的二氧化碳含量计算得到的是 TOC 含量，这种情况下测得的 TOC_i 含量大于 TOC 含量，TOC_i 含量能更准确地反映出水中有机物腐蚀性的大小。有机物分解产生的常见离子在水中的极限摩尔电导率见表 3-10。

表 3-10　　有机物分解产生的常见离子在水中的极限摩尔电导率 Λ_m^∞（25℃）

离子	$\Lambda_m^\infty \times 10^4$（S·m²·mol⁻¹）	离子	$\Lambda_m^\infty \times 10^4$（S·m²·mol⁻¹）
H^+	349.82	NH_4^+	73.5
OH^-	198.6	CO_3^{2-}	144
Cl^-	76.35	$HCOO^-$	54.5
HCO_3^-	170	NO_3^-	71.4
F^-	54.4	SO_4^{2-}	160
CH_3COO^-	40.9	PO_4^{2-}	207

3.8.2 试剂与仪器

1. 试剂

（1）试剂水：应符合 GB/T 6903 规定的一级试剂水的要求，且总有机碳含量应小于 50μg/L。

（2）试剂纯度：应符合 GB/T 6903 的要求。

（3）TOC 储备溶液（1000mg/L）：准确称取 2.3770g 在 100℃烘干 2h 的优级纯蔗糖（$C_{12}H_{22}O_{11}$），用试剂水溶解后定量转移至 1000mL 容量瓶，用试剂水稀释至刻度。此溶液应保存在冰箱的冷藏室，有效期三个月。

（4）TOC 标准溶液（10mg/L）：准确移取 TOC 储备液 1.00mL 放入 100mL 容量瓶，用试剂水稀释至刻度。此溶液应现用现配。

（5）氨缓冲液 1（氨含量大约 1200mg/L）：移取 1.0mL 优级纯的氨水至 200mL 容量瓶中，用试剂水稀释至刻度。此溶液应保存在冰箱的冷藏室，有效期三个月。

（6）氨缓冲液 2（氨含量大约 120mg/L）：移取 10mL 氨缓冲液 1～100mL 容量瓶中，用试剂水稀释至刻度。此溶液应现用现配。

2. 仪器

（1）仪器的选型：测量 TOC 可选用膜电导法为测量原理或使用非色散红外检测器的仪器。测量 TOCi 宜使用直接电导法为检测器的仪器，但仪器应具备克服氨、乙醇胺等碱化剂对测量干扰的功能。

（2）最低检测限不应大于 10μg/L。

（3）分析天平：感量 0.1mg。

3.8.3 分析步骤

1. 仪器测试条件的选择

仪器接通，预热后选择工作参数，使 TOC 测定仪处于稳定的工作状态。

2. 工作曲线的绘制

（1）TOC 工作液的配制见表 3-11，用移液管分别移取 TOC 标准溶液（10mg/L）至一组 100mL 容量瓶中，向每个容量瓶中加入 1.00mL 氨缓冲液 2，定容至 100.0mL。

表 3-11 TOC 工作液的配制[①]

编 号	1	2	3	4	5	6	7	8	9
加入 TOC 标准溶液体积（mL）	0	0.50	1.00	1.50	2.00	4.00	6.00	8.00	10.0
氨缓冲液 2[②] 体积（mL）	1.00	1.00	1.00	1.00	1.00	1.00	1.00	1.00	1.00
相当水样加入的 TOC 含量（μg/L）	0	50	100	150	200	400	600	800	1000

① 也可采用称量法配制总有机碳标准溶液。称取 0.5～10.0g TOC 标准溶液和 1.0g 氨缓冲液 2～100mL 塑料瓶，加入试剂水直至称量质量达到 100.0g，盖上瓶盖，摇匀后进行测定；测量不同含量 TOC 的样品时，可根据测量要求选择至少 4 点制作标准曲线，标准曲线的线性相关系数应达到或高于 0.999。

② 加入氨缓冲液是为了模拟水、汽系统的水质条件，如测量结果表明加入氨缓冲液与不加氨缓冲液测量结果一致，TOC 工作液配制时也可不加氨缓冲液进行测量。

（2）按照仪器的操作要求测量配制好的标准系列溶液的 TOC 或 TOCi 含量，同时应进行空白水样的测量。

（3）绘制 TOC 或 TOCi 含量和响应值（宜为二氧化碳含量，μg/L）的工作曲线或计算回归方程。注意：有机物含量为零的纯水很难制得，因此在进行工作曲线绘制时，标样的值应减掉空白值才是加入标样的响应值。

3.8.4 水样中 TOC 或 TOCi 的测定

（1）取样瓶宜采用聚酯、聚乙烯或聚丙烯材质，取样后应迅速密封并尽快测量。
（2）取样后应按照仪器的操作要求进行测量。

3.8.5 数据处理

根据测得的响应值，查工作曲线或由回归方程计算得出水样中 TOC 或 TOCi 含量。精密度要求如下：
（1）TOC 或 TOCi 含量小于 200μg/L 时，两次测量结果的允许差应小于 10μg/L。
（2）TOC 或 TOCi 含量在 200～1000μg/L 时，两次测量结果的允许差应小于 20μg/L。

3.9 浊 度

浊度是指水中微粒物质对入射光的作用而使水样透光率下降的程度。浊度是水的一种光学性质，是水体中由于细微的、分散的悬浮颗粒存在而使水体透明度降低的一种度量。细微的、分散的悬浮颗粒通常为不溶性泥沙、粉尘、微生物、浮游生物等。透明度的降低是由于光经过水体时不溶性物质产生的光的散射和光的吸收。虽然水的浊度与悬浮物质的数量没有直接的线性关系，但浊度的数值与悬浮颗粒的数量仍有相关性。因此常用浊度值评价水处理工艺的效果和检验其除去悬浮颗粒的能力。

表征水样浊度有散射光浊度和透射光浊度。散射光浊度是指利用水样中微粒物质光的散射特性所表征的浊度，用 NTU 表示。透射光浊度是利用水样中微粒物质光的透射特性所表征的浊度，用 FTU 表示。ISO 标准所用的测量单位为 FTU（浊度单位），FTU 与 NTU（浊度测定单位）一致。

常用浊度测定方法有分光光度法、目视比浊法、浊度计法。分光光度法：在适当温度下，将一定量的硫酸肼与六次甲基胺聚合，生成白色高分子聚合物，以此作为浊度标准液，在一定条件下与水样浊度比较。目视比浊法：将水样与用硅藻土（白陶土）配制的标准液进行比较。相当于 1mg 一定粒度的硅藻土（白陶土）在 1000mL 水中所产生的浊度，称为 1 度。浊度计法：根据 ISO 7027《水质 浊度的测定 第 1 部分：测算方法》进行测量，利用一束红外线穿过含有待测样品的样品池，光源为具有 890nm 波长的高发射强度的红外发光二极管，以确保使样品颜色引起的干扰达到最小。传感器处在与发射光线垂直的位置上，它测量由样品中悬浮颗粒散射的光量，微电脑处理器再将该数值转化为浊度值。目前水样浊度测定方法标准有 GB 13200《水质 浊度的测定》、GB/T 12151《锅炉用水和冷却水分析方法 浊度的测定（福马肼浊度）》和 DL/T 809《发电厂水质浊度的测定方法》。DL/T 809 规定了发电厂水质浊度的散射光和透射光测定方法，适用于浊度范围在 40NTU（或 FTU）的水样，浊度大于 400NTU（或 FTU）的水样可稀释后进行测定。本部分主要介绍 DL/T 809 规定的测定方法。

3.9.1 原理

1. 散射光浊度测量原理

光束射入水样时产生的散射光的强度与水样中浊度颗粒量成正比，通过测量散射光强度以测出水样中的浊度。由于水中物质对光散射无定向，因此根据测量散射光强度的角度

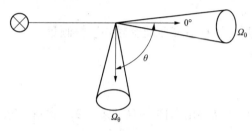

图 3-5 散射光与透射光浊度测量法示意图

可分为垂直散射式、前向散射式、后向散射式三种，这里采用垂直散射式测量方法。θ 角为入射光光轴与测量的散射光光轴间的夹角，Ω_θ 为测量散射光时，到达检测器的有效散射射线所包围的角，散射光与透射光浊度测量法示意图如图 3-5 所示。

2. 透射光浊度测量原理

根据朗伯比尔定律，以透过光的强度来确定水样的浑浊度，浑浊度与透光度的负对数呈线性关系，浑浊度越高透光率越小。Ω_0 为测量透射光时，到达检测器的有效衰减射线所包围的角。

3.9.2 试剂与仪器

1. 试剂

（1）所用化学试剂均为分析纯试剂。

（2）空白水宜使用一级试剂水。当采用二级试剂水时，将孔径为 0.1μm 的滤膜在 100mL 二级试剂水中浸泡 1h，放置在砂芯过滤器上过滤，舍弃前 250mL 滤液，之后所获的滤液储存于清洁的并用该水冲洗后的玻璃瓶中。空白水用于浊度计的零点调整和浊度储备液、标准液的稀释。

（3）400NTU（FTU）福马肼储备液制备方法如下：

溶液 A（10g/100mL 六次甲基四胺溶液）：称取 10.00g±0.01g 六次甲基四胺（$C_6H_{12}N_4$）溶于水，用空白水溶解，然后转移到 100mL 容量瓶中并用空白水稀释到刻度。

溶液 B（1g/100mL 硫酸肼溶液）：称取 1.000g±0.001g 硫酸肼（$N_2H_6SO_4$），用空白水溶解，然后转移到 100mL 容量瓶中并用空白水稀释到刻度。注意硫酸肼有毒、致癌！

吸取 5.00mL A 溶液与 5.00mL B 溶液于 100mL 容量瓶中，混匀，并于 25℃±3℃下静置反应 24h。然后用空白水稀释至刻度，混匀。

该浊度储备液在 25℃±3℃的环境中避光保存，4 个星期内使用，否则应重新制备。

（4）标准浊度液配制方法。按配制标准液一览表（见表 3-12）规定用移液管准确吸取一定体积的储备液于 100mL 容量瓶中，然后用空白水定容。

表 3-12 配 制 标 准 液 一 览 表

取浊度储备液体积（mL）	0	2.50	3.75	5.00	6.25	7.50	10.00
浊度标准工作液（NTU）	0	10	15	20	25	30	40

2. 仪器

所用仪器要求如下：

入射波长 λ 采用 860nm；入射光光谱半宽 $\Delta\lambda\leqslant60$nm；对于入射的平行光，散射光浊度测量法散焦不超过 1.5°，透射光浊度测量法散焦不超过 2.5°。

测量角（入射光光轴与散射光方向的夹角）：散射光浊度测量法 $\theta=90°\pm2.5°$，透射光浊度测量法 $\theta=0°\pm2.5°$。

光线在水样中的孔径角：散射光浊度测量法 $\Omega_\theta<30°$，透射光浊度测量法 $\Omega_\theta<20°$。

3.9.3 分析步骤

1. 取样与样品的储存

（1）按规定取样。

（2）样品储存。将水样收集在洁净的取样容器中，并在取样后立即测定。如需储存，应将水样冷藏在 4℃暗处环境中，储存时间不应超过 24h。对冷藏的水样进行测量前恢复至室温，再摇匀后测量。

2. 测定

（1）校验：按使用说明书对仪器进行校验。

（2）水样测定：将水样在室温条件下摇匀，然后让水样静止至气泡消失，立即用仪器测量。

3.9.4 数据处理

（1）结果的计算公式如下：

$$浊度 = \frac{A(B+C)}{C} \tag{3-25}$$

式中：A 为稀释后水样的浊度，NTU（FTU）；R 为稀释水体积，mL；C 为原水样体积，mL。

散射光浊度测量法用 NTU 单位报告结果，透射光浊度测量法用 FTU 单位报告结果。注意测试报告至少包括下列内容：注明所采用的方法及可能影响测量结果的环境因素。

不同仪器浊度表示方式不同，水样浊度单位换算如表 3-13 所示。

表 3-13　　　　　　　　　　　　　水样浊度单位换算表

已知单位	换算后单位		
	JTU（度）	FTU（NTU）	SiO$_2$（mg/L）
JTU（度）	1	19	2.5
FTU（NTU）	0.053	1	0.13
SiO$_2$（mg/L）	0.4	7.5	1

（2）精密度。

1）浊度低于 1 NTU（FTU），精确到 0.01 NTU（FTU）。

2）浊度在 1～10 NTU（FTU），精确到 0.1 NTU（FTU）。

3）浊度在 10～100 NTU（FTU），精确到 1 NTU（FTU）。

3.10　全　硅　及　活　性　硅

测定水样中的硅含量方法有比色法、分光光度法和重量法。DL/T 502.3《火力发电厂

水汽分析方法　第3部分：全硅的测定（氢氟酸转化分光光度法）》规定了锅炉用水和冷却水中全硅的测定方法；GB/T 12149《工业循环冷却水和锅炉用水中硅的测定》适用于工业循环冷却水、锅炉用水中硅含量的测定，同时也适用于天然水中硅含量的测定。该标准中分光光度法中的常量硅的测定适用于工业循环冷却水、炉水及天然水中可溶性硅含量为 $0.1 \sim 5 mg/L$ 的测定；分光光度法中的微量硅的测定适用于化学除盐水、电站锅炉给水、蒸汽、凝结水等锅炉用水中硅含量为 $10 \sim 200 \mu g/L$ 的测定；重量法适用于工业循环冷却水及天然水中硅含量大于 $5 mg/L$ 的测定；氢氟酸转化分光光度法中常量硅的测定适用于原水、炉水中全硅含量为 $1 \sim 5 mg/L$ 的测定；氢氟酸转化分光光度法中微量硅的测定适用于除盐水、给水、凝结水及蒸汽中全硅含量小于 $100 \mu g/L$ 的测定。

3.10.1　原理

1. 分光光度法

在温度为 $27℃ \pm 5℃$，pH 为 $1.1 \sim 1.3$ 的条件下，硅酸根与钼酸盐生成硅钼黄（硅钼杂多酸），用 1-氨基-2 萘酚-4 磺酸（简称 1，2，4 酸）还原剂把硅钼黄还原成硅钼蓝，用分光光度法测定。其反应式为

$$4MoO_4^{2-} + 6H^+ \longrightarrow Mo_4O_{13}^{2-} + 3H_2O$$

$$H_4SiO_4 + 3MoO_4^{2-} + 6H^+ \longrightarrow H_4\left(Si(Mo_3O_{10})_4\right)(硅钼黄) + 3H_2O$$

加入掩蔽剂为酒石酸或草酸可以防止水样中磷酸盐和少量铁离子的干扰。

由于水样中存在非活性（不可溶性）硅，进行全硅测定时，应将水样中的非活性硅经氢氟酸转化为氟硅酸，然后加入三氯化铝或者硼酸，除了掩蔽过剩的氢氟酸外，还将所有的氟硅酸解离，使硅成为活性硅。在 $27℃ \pm 5℃$ 下，与钼酸铵作用生成硅钼黄，用还原剂将硅钼黄还原成硅钼蓝进行全硅含量测定。

采用先加三氯化铝或硼酸后加氢氟酸，再用钼蓝法测得的含硅量为活性硅含量。全硅与活性硅的差为非活性硅含量。

用氢氟酸转化时：

$$(SiO_2)_m \cdot n H_2O(多分子聚合硅) + 6mHF \longrightarrow mH_2SiF_6 + (2m+n) H_2O$$
$$(SiO_2)_m (颗粒状硅) + 6mHF \longrightarrow mH_2SiF_6 + 2mH_2O$$
$$H_2SiO_3 + 6HF \longrightarrow H_2SiF_6 + 3H_2O$$

用三氯化铝作掩蔽剂和解络剂时：

$$AlCl_3 + 6HF \longrightarrow H_3AlF_6 + 3HCl$$
$$AlCl_3 + H_2SiF_6 + 3H_2O \longrightarrow H_3AlF_6 + 3HCl + H_2SiO_3$$

用硼酸作掩蔽剂和解络剂时：

$$H_3BO_3 + 4HF \longrightarrow HBF_4 + 3H_2O$$
$$3H_3BO_3 + 2H_2SiF_6 \longrightarrow 3HBF_4 + 2H_2SiO_3 + 3H_2O$$

2. 重量法

将一定量的酸化水样蒸发至干，用盐酸使硅化合物转变为胶体沉淀，脱水后经过滤、洗涤、灼烧、恒重等操作，再进行水样中全硅含量的测定。

3.10.2 试剂与仪器

1. 试剂

（1）试剂水：GB/T 6903 规定的 I 级试剂水。满足 GB/T 6682—2008 分析规定用水。

（2）聚乙烯烧杯。

（3）二氧化硅标准溶液的配制：

1）储备液（1mL 含 0.1mgSiO$_2$）：准确称取 0.1000g 经 700～800℃灼烧过已研磨细的二氧化硅（优级纯），与 1.0～1.5g 已于 270～300℃焙烧过的粉状无水碳酸钠（优级纯）置于铂坩埚内混匀，在上面加一层碳酸钠，在冷炉状态放入高温炉升温至 900～950℃下熔融 30min。冷却后，将铂坩埚放入聚乙烯烧杯中，用热的试剂水溶解熔融物，待熔融物全部溶解后取出坩埚，以试剂水仔细冲洗坩埚的内外壁，待溶液冷却至室温后，定量移入 1L 容量瓶中，用试剂水稀释至刻度，混匀后移入聚乙烯瓶中储存。此液应完全透明，如有浑浊须重新配制。也可以直接购买市售硅标准溶液。

2）标准溶液：

符合 DL/T 502.3 规定，具体内容如下：

标准溶液 I（1mL 含 0.05mg SiO$_2$）：取储备液（1mL 含 0.1mgSiO$_2$）25.00mL，用试剂水准确稀释至 50.00mL。

标准溶液 II（1mL 含 1μgSiO$_2$）：取标准溶液 I（1mL 含 0.05mg SiO$_2$）1.00mL，用试剂水准确稀释至 50.00mL（此溶液应在使用时配制）。

符合 GB/T 12149 规定，具体内容如下：

标准溶液（1mL 含 0.01mg SiO$_2$）：用移液管量取 25mL 二氧化硅标准储备液，置于 250mL 塑料容量瓶中，用水稀释至刻度，摇匀。此溶液现用现配。

标准溶液（1mL 含 1μg SiO$_2$）：用移液管量取 10mL 二氧化硅标准储备液，置于 1000mL 塑料容量瓶中，用水稀释至刻度，摇匀。此溶液现用现配。

（4）氢氟酸（HF）溶液：

1）氢氟酸溶液（1+7）。

2）氢氟酸溶液（1+84）。

（5）硼酸（H$_3$BO$_3$）溶液（40g/L）。

（6）三氯化铝溶液（1mol/L）：称取结晶三氯化铝（AlCl$_3$·6H$_2$O）241g 溶于约 600mL 试剂水中，稀释至 1L。

（7）盐酸溶液（1+1）、盐酸溶液（1+49）（重量法用）。

（8）草酸（H$_2$C$_2$O$_4$）溶液（100g/L）。

（9）钼酸铵[(NH$_4$)$_6$Mo$_7$O$_{24}$·4H$_2$O]溶液(100g/L)。

（10）1-氨基-2 萘酚-4 磺酸还原剂。

DL/T 502.3 规定：① 称取 1.5g1-氨基-2 萘酚-4 磺酸[H$_2$NC$_{10}$H$_5$(OH)SO$_3$H]和 7g 无水亚硫酸钠（Na$_2$SO$_3$），溶于约 200mL 试剂水中。② 称取 90g 亚硫酸氢钠（NaHSO$_3$），溶于约 600mL 试剂水中。③ 将①和②两溶液混合，用试剂水稀释至 1L。若溶液浑浊，则应过滤

后使用。④将所配溶液储存于温度小于5℃的冰箱中。

GB/T 12149规定：称取0.75g1-氨基-2萘酚-4磺酸，用100mL含有3.5g亚硫酸钠的水溶解后加到含有45g亚硫酸钠的300mL水中，用水稀释至500mL，混匀。若有浑浊，则应过滤。存放于暗色的塑料瓶中，于0～4℃下储存。当溶液颜色变暗或有沉淀生成时失效。

（11）硝酸银溶液：17g/L（重量法用）。

2. 仪器

（1）分光光度计可在波长660、810nm使用，配有10、100mm比色皿。测定微量硅要求用分光光度计（杂散光小于万分之一，光度准确度满足±0.5%T）或硅酸根分析仪。

（2）恒温水浴锅（控温范围：室温至100℃；精确度：±1℃）。

（3）电热板或远红外加热板（电压可调）。

（4）马弗炉。

（5）0～5mL有机玻璃移液管（分度值：0.2mL）。

（6）150～250mL聚乙烯瓶或密封塑料杯。

3.10.3 分析步骤

3.10.3.1 分光光度法

1. 常量硅水样的测定

依据DL/T 502.3，适用于含硅量为1～5mg/L水样的测定，操作步骤如下。

（1）工作曲线绘制。

1）1～5mg/L SiO$_2$工作溶液的配制见表3-14。按表3-14规定取二氧化硅标准溶液Ⅰ（1mL含0.05mg SiO$_2$）注入一组聚乙烯瓶中，用滴定管添加试剂水使其体积为50.0mL。

2）分别加三氯化铝溶液3.0mL，摇匀，用有机玻璃移液管准确加氢氟酸溶液（1+7）1.0mL，放置5min。

3）加盐酸溶液（1+1）1.0mL，摇匀；加钼酸铵溶液2.0mL，摇匀，放置5min；加草酸溶液2.0mL，摇匀，放置1min；再加1,2,4酸还原剂2.0mL，放置8min。

4）在分光光度计上用660nm波长、10mm比色皿，以试剂水作参比测定吸光度，根据测得的吸光度绘制工作曲线或回归方程。

表3-14　　　　　　　　1～5mg/LSiO$_2$工作溶液的配制

标准溶液Ⅰ体积（mL）	0	1.00	2.00	3.00	4.00	5.00
添加试剂水体积（mL）	50.0	49.0	48.0	47.0	46.0	45.0
SiO$_2$浓度（mg/L）	0	1.0	2.0	3.0	4.0	5.0

（2）水样全硅的测定。

1）根据试验要求和水样含硅量的大小，准确吸取VmL水样注入聚乙烯瓶中，用滴定管添加试剂水使其体积为50.0mL。加入盐酸溶液（1+1）1.0mL，摇匀，用有机玻璃移液管准确加入氢氟酸溶液（1+7）1.0mL，摇匀，盖好瓶盖，置于沸腾水浴锅里加热15min。

2）将加热好的水样置于冷水中冷却，试液温度控制在27℃±5℃（用空白试验作对比），然后加三氯化铝溶液3.0mL，摇匀，放置5min。

3）加入钼酸铵溶液 2.0mL，摇匀后放置 5min。加草酸溶液 2.0mL，摇匀，放置 1min。加 1,2,4 酸还原剂 2.0mL，摇匀，放置 8min。

4）在分光光度计上用 660nm 波长、10mm 比色皿，以试剂水作参比测定吸光度，把查工作曲线或由回归方程计算所得的数值再乘 $50/V$，即为水样中全硅的含量$(SiO_2)_全$。

（3）水样中活性硅的测定。

1）准确吸取 VmL 水样注入聚乙烯瓶中，用滴定管添加试剂水使其体积为 50.0mL。

2）加三氯化铝溶液 3.0mL，摇匀，用有机玻璃移液管准确加入氢氟酸溶液（1+7）1.0mL，摇匀后放置 5min。

3）加盐酸溶液（1+1）1.0mL，摇匀，加钼酸铵溶液 2.0mL，摇匀后放置 5min。加草酸溶液 2.0mL，摇匀后放置 1min。再加 1,2,4 酸还原剂 2.0mL，摇匀后放置 8min。

4）在分光光度计上用 660nm 波长、10mm 比色皿，以试剂水作参比测定吸光度，把查工作曲线或由回归方程计算所得的数值再乘 $50/V$，即为水样中活性硅的含量$(SiO_2)_活$。

（4）水样中非活性硅的测定。

水样中非活性硅（SiO_2）的含量（mg/L）按式（3-26）计算：

$$(SiO_2)_非=(SiO_2)_全-(SiO_2)_活 \tag{3-26}$$

依据 GB/T 12149，操作如下：

（1）活性硅测定。

1）校准曲线的绘制。用移液管量取二氧化硅标准溶液（1mL 含 0.01mg SiO_2）0.00（空白）、1.00、2.00、4.00、6.00、8.00、10.00mL，分别置于 50mL 比色管中，用水稀释至刻度。相对应的二氧化硅量分别为 0.00、0.01、0.02、0.04、0.06、0.08、0.10mg。加入 1.00mL 盐酸溶液和 2.00mL 钼酸铵溶液，混匀，放置 5min。加入 1.50mL 草酸溶液，混匀。1min 后立即加入 2.00mL 1-氨基-2 萘酚-4 磺酸溶液，混匀，放置 10min。使用分光光度计，以试剂空白为参比，在 640nm 波长处，用 10mm（1cm）比色皿测定吸光度。

以测得的吸光度为纵坐标，二氧化硅的量（mg）为横坐标，绘制校准曲线或计算回归方程。也可根据待测物含量，调整校准曲线范围。

2）测定。用慢速滤纸过滤水样。用移液管量取一定量过滤后的水样，置于 50mL 比色管中，用水稀释至刻度。以下按 1）中"加入 1.00mL 盐酸溶液和……"操作。由校准曲线查得或按回归方程计算出二氧化硅的质量。

（2）全硅测定。

1）校准曲线的绘制。分别用移液管量取 0.00（空白）、0.50、1.00、1.50、2.00、2.50mL 二氧化硅标准储备液（1mL 含 0.1mg SiO_2）注入一组聚乙烯瓶（杯）中，用滴定管加水稀释至 50.00mL。此系列溶液对应的二氧化硅的质量分别为 0.00、0.05、0.10、0.15、0.20、0.25mg。也可根据待测物含量，调整校准曲线范围。在上述溶液中分别加三氯化铝溶液 3.00mL，摇匀后用有机玻璃移液管准确加氢氟酸溶液 1mL，摇匀，放置 5min。再加入 1.00mL 盐酸溶液，摇匀；加 2.00mL 钼酸铵溶液，摇匀，放置 5min。加 2.00mL 草酸溶液，摇匀，放置 1min。再加 2.00mL 1-氨基-2 萘酚-4 磺酸溶液，摇匀，放置 8min。于 640nm 波长下，用 1cm 比色皿，以试剂空白作参比，测定溶液的吸光度。以吸光度为纵坐标，二氧化硅的量（mg）为横坐标绘制校准曲线或计算回归方程。

2）水样的测定。用移液管量取适量体积水样，注入聚乙烯瓶（杯）中，用滴定管加水稀释至 50.00mL，摇匀。加 1mL 盐酸溶液且摇匀，用有机玻璃移液管准确加入 1mL 氢氟酸溶液且摇匀，盖好瓶盖（不要过紧），置于沸腾水浴锅中，加热15min。

取下聚乙烯瓶（杯）置于冷水中冷却，当水样温度为27℃±5℃时，加三氯化铝溶液3.00mL，摇匀，放置5min。加2.00mL酸铵溶液，摇匀，放置5min。加2.00mL草酸溶液，摇匀，放置1min后立即加入2.00mL1-氨基-2萘酚-4磺酸溶液，摇匀，放置8min。在640nm处，用1cm比色皿以试剂空白为参比测定水样的吸光度，从校准曲线上查得或按回归方程计算出二氧化硅的量（mg）。

2. 微量硅水样的测定

依据DL/T 502.3，适用于含硅量小于100μg/L水样的测定，操作步骤如下。

（1）工作曲线的绘制。

1）0~100μg/L SiO$_2$工作溶液的配制见表3-15。按表3-15的规定，取二氧化硅标准溶液Ⅱ（1mL含1μg SiO$_2$），注入聚乙烯瓶中，并用滴定管添加试剂水使其体积为50.0mL。

2）分别加硼酸溶液2.0mL，摇匀，用有机玻璃移液管准确加入氢氟酸溶液（1+84）0.5mL，摇匀，放置5min。

3）加盐酸溶液（1+1）1.0mL，摇匀，加钼酸铵溶液2.0mL，摇匀后放置5min。加草酸溶液2.0mL，摇匀后放置1min。加1,2,4酸还原剂2.0mL，摇匀后放置8min。

4）在分光光度计上，用810nm波长，100mm比色皿，以试剂水作参比测定吸光度。测得吸光度按双倍试剂空白试验进行修正后才能绘制工作曲线或回归方程。

表 3-15   0~100μg/L SiO$_2$工作溶液的配制

标准溶液Ⅱ体积（mL）	0	0	10	2.00	3.00	4.00	5.00
添加试剂水体积（mL）	50.0	40.5	49.0	48.0	47.0	46.0	45.0
SiO$_2$浓度（μg/L）	0 单	0 双	20	40	60	80	100

注 0$_单$为单倍试剂空白，试剂用量与正常加试剂量相同。

0$_双$为双倍试剂空白，试剂用量为所有试剂用量的两倍。

（2）水样全硅的测定。

1）准确取50.00mL水样，注入聚乙烯瓶中，加盐酸溶液（1+1）1.0mL，摇匀，用有机玻璃移液管准确加氢氟酸溶液（1+84）0.5mL，旋紧瓶盖，置于沸腾水浴锅上加热15min。

2）将加热好的水样放在冷水中冷至水样温度为27℃±5℃（取50mL试剂水做空白试验对比），加硼酸溶液2.0mL，摇匀后放置5min。

3）以下按工作曲线绘制中的操作步3）和4）操作，但不加盐酸，进行发色并测定吸光度。将测得的吸光度扣除试剂空白值，查工作曲线或由回归方程计算即得水样中全硅的含量$(SiO_2)_全$。

（3）水样中活性硅的测定。

1）准确取水样50.00mL于聚乙烯瓶中，加硼酸溶液2.0mL，摇匀后用有机玻璃移液管准确加入氢氟酸溶液（1+84）0.5mL，摇匀并放置5min。

2）以下按工作曲线绘制中操作步骤3）和4）操作，但不加盐酸，进行发色，将测得的吸光度扣除试剂空白值，查工作曲线或由回归方程计算即得水样中活性硅的含量$(SiO_2)_活$。

（4）水样中非活性硅的测定。水样中非活性硅（SiO$_2$）的含量（μg/L）按式（3-26）计算。

依据 GB/T 12149，标准操作步骤如下：

（1）活性硅（含硅量在 10～200μg/L）水样的测定。

1）校准曲线的绘制。用移液管量取二氧化硅标准溶液（1mL 含 1μg SiO$_2$）0.00（空白）、0.50、1.00、2.00、3.00、4.00、5.00mL，分别置于 200mL 聚乙烯烧杯中，用滴定管加水稀释至 50.00mL。相对应的二氧化硅量分别为 0.00、0.50、1.00、2.00、3.00、4.00、5.00μg。加入 1.00mL 盐酸溶液和 2.00mL 钼酸铵溶液，混匀，放置 5min。加入 1.00mL 草酸溶液，混匀。1min 后立即加入 2mL1-氨基-2 萘酚-4 磺酸溶液，混匀，放置 10min。使用分光光度计，以试剂空白为参比，在 810nm 波长处，用 10cm 比色皿测定吸光度。也可使用硅酸根分析仪进行吸光度的测定。

以测得的吸光度为纵坐标，二氧化硅的量（μg）为横坐标，绘制校准曲线或计算回归方程。也可根据待测物含量，调整校准曲线范围。

2）测定。用移液管量取一定量水样，置于 200mL 聚乙烯烧杯中，用滴定管加水稀释至 50.00mL。以下按 1）校准曲线的绘制中"加入 1.00mL 盐酸溶液和……"操作。由校准曲线查得或回归方程计算出二氧化硅的质量。

（2）全硅（含硅量小于 100μg/L）。

1）校准曲线的绘制。分别用移液管量取 0.00（空白）、1.00、2.00、3.00、4.00、5.00mL 二氧化硅标准溶液（1mL 含 1μg SiO$_2$）注入一组聚乙烯瓶（杯）中，用滴定管加水稀释至 50.00mL。此系列溶液对应的二氧化硅的质量分别为 0、1.00、2.00、3.00、4.00、5.00μg。也可根据待测物含量，调整校准曲线范围。在上述溶液中分别加 2.00mL 硼酸溶液，摇匀后用有机玻璃移液管量取 0.50mL 氢氟酸溶液，摇匀，放置 5min。再加入 1.00mL 盐酸溶液，摇匀；加 2.00mL 钼酸铵溶液，摇匀，放置 5min。加 2.00mL 草酸溶液，摇匀，放置 1min。加 2.00mL1-氨基-2 萘酚-4 磺酸溶液，摇匀，放置 8min。使用分光光度计于 810nm 波长下，用 10cm 比色皿，以试剂空白作参比，测定溶液的吸光度。以测得的吸光度为纵坐标，二氧化硅的量（μg）为横坐标绘制校准曲线或计算回归方程。

2）水样的测定。用移液管量取 50mL 水样，注入聚乙烯瓶（杯）中。加 1.00mL 盐酸溶液，摇匀，用有机玻璃移液管量取 0.50mL 氢氟酸溶液，摇匀，盖好瓶盖，置于沸腾水浴锅上加热 15min。

取下聚乙烯瓶（杯）置于冷水中冷却，当水样温度为 27℃±5℃时，加 2.00mL 硼酸溶液，摇匀，放置 5min。加 2.00mL 钼酸铵溶液，摇匀，放置 5min。加 2.00mL 草酸溶液，摇匀，放置 1min 后立即加入 2.00mL 1-氨基-2 萘酚-4 磺酸溶液，摇匀，放置 8min。在 810nm 处，用 10cm 比色皿以试剂空白为参比测定水样的吸光度，从校准曲线上查得或回归方程计算出二氧化硅的量（μg）。

3.10.3.2 重量法

（1）准确量取一定体积的过滤后水样（全硅含量应大于 5mg SiO$_2$），按照每 500mL 水样加入 2mL 盐酸的比例加入盐酸，混匀。逐次将水样加入 250mL 硬质玻璃烧杯中，在电热板或远红外加热板上缓慢地蒸发（以不沸腾为宜）。当水样浓缩，体积明显减少时应及时添加酸化水样，这样多次反复操作直至全部水样浓缩至 100mL 左右。

（2）将烧杯移入沸腾水浴锅内，继续蒸发至干。然后每次加盐酸 5mL，重复蒸干三次。把烧杯连同蒸发残留物一同移入 150～155℃的烘箱中烘 2h。

（3）从烘箱中取出烧杯冷却至室温，加 5mL 盐酸润湿残留物，加 50mL 水，加热至

70～80℃，搅拌并擦洗烧杯内壁，把黏附在壁上的沉淀擦洗下来。用中速定量滤纸趁热过滤，用 70～80℃ 热盐酸溶液洗涤沉淀物和滤纸 3～5 次，滤纸呈白色后改用 70～80℃的水继续洗至滤液无氯离子为止（用硝酸银溶液检验）。

（4）将滤纸连同沉淀物置于已于 950℃恒重的坩埚中，在电热板上灰化后移入马弗炉中，在 950℃下灼烧至恒重。

（5）对于重金属离子含量较高的水样，灼烧后沉淀物颜色不是白色时，可用氢氟酸处理，从失去质量计算全硅含量。用铂坩埚代替瓷坩埚进行测定，向已恒量的灼烧残留物中加入硫酸 5～6 滴、氢氟酸 5～10mL，于通风橱内在低温电炉或电热板上加热处理，当白色浓烟冒完时，将铂坩埚移入马弗炉，在 950℃下灼烧至恒重。

3.10.4　数据处理

1. 结果计算

GB/T 12149 规定：

（1）分光光度法：二氧化硅含量（SiO_2）以质量浓度 ρ_s 计，单位用 mg/L 或 μg/L 表示，按式（3-27）计算，计算结果表示到小数点后两位。

$$\rho_s = \frac{m}{V} \times 10^3 \tag{3-27}$$

式中：m 为根据测得的吸光度从校准曲线上查出或回归方程计算出的二氧化硅的量的数值，mg 或 μg；V 为所取水样的体积的数值，mL。

（2）重量法：灼烧残留物未经氢氟酸处理，水样全硅（SiO_2）含量 X（mg/L）按式（3-28）计算：

$$X = \frac{G_2 - G_1}{V} \times 1000 \tag{3-28}$$

式中：G_2 为灼烧后沉淀与坩埚的质量，mg；G_1 为坩埚的质量，mg；V 为所取水样体积，mL。

灼烧残留物经氢氟酸处理，水样全硅（SiO_2）含量 X（mg/L）按式（3-29）计算，结果表示到小数点后两位。

$$X = \frac{G_2 - G_3}{V} \times 1000 \tag{3-29}$$

式中：G_2 为灼烧后沉淀与坩埚的质量，mg；G_3 为氢氟酸处理后残留物和坩埚的质量，mg；V 为所取水样体积，mL。

2. 允许差

在同一实验室，由同一操作者使用相同设备，按相同的测试方法，并在短时间内对同一被测对象进行相互独立测试获得的两次独立测试结果的绝对差值不大于这两个测定值的算数平均值，测定允许差如表 3-16 所示。

表 3-16　　　　　　　　　　测 定 允 许 差　　　　　　　　　　%

活性硅（常量）	全硅（常量）	活性硅（微量）	全硅（微量）
3	5	6	10

DL/T 502.3 规定的测定结果的允许差：相对偏差为 ±5%。当水样中全硅含量较高而非活性硅含量较低时，非活性硅的相对允许偏差为 ±10%。

3.10.5 注意事项

（1）在整个测试过程中，必须严防污染，特别是对微量硅的测定，所用聚乙烯器皿在使用前都须用盐酸（1+1）和氢氟酸（1+1）混合液浸泡过夜后，用试剂水充分冲洗后备用。在测试过程中若发现个别瓶（杯）样数据明显异常，则应弃去不用。

（2）氢氟酸对人体有毒害，特别是对眼睛、皮肤有强烈的侵蚀性。使用时应采取必要的防护措施，例如在通风柜中操作，并戴医用橡胶手套或指套等。

（3）氢氟酸、盐酸试剂中含硅量较大，应尽可能采用优级纯或更高级别试剂，并且保证每次用量要准确。

（4）三氯化铝和硼酸都可以作掩蔽剂和解络剂，前者适于测定含硅量较大的水样，后者适于测定含硅量较小的水样。

（5）对于非活性硅含量较高的水样，用氢氟酸溶液（1+7）1.0mL 足可转化完全。多加氢氟酸反而会使氟离子掩蔽不完全而导致测定结果偏低。

（6）氢氟酸对玻璃器皿的腐蚀性极大，故在加入掩蔽剂前，严禁试样接触玻璃器皿。

（7）加入掩蔽剂后应将水样充分摇匀，并按规定等待 5min。否则由于掩蔽不完全而导致含硅量大大偏低甚至出现负数。

（8）测定生水或含硅量较大水样中的活性硅时，可以不稀释而用硅钼黄法测定，相应地绘制硅钼黄工作曲线（即硅钼蓝法不加 1,2,4 酸还原剂）。

（9）在日常运行监督控制中，若不需要进行全硅分析，则可在绘制工作曲线时不加氢氟酸及解络剂，直接按活性硅法绘制工作曲线及进行水样的测定。若水样温度以及环境温度低于 20℃，则所得结果会大大偏低。为避免温度低的影响，应采用水浴加热水样，并使其温度保持在 27℃±5℃。

（10）含硅量为 0.1～1mg/L 的水样，可用试剂水稀释后按第二法测定。

（11）二氧化硅标准溶液也可用硅酸钠配制，但浓度应以重量法校正，其方法如下：称取硅酸钠（$Na_2SiO_3 \cdot 9H_2O$）5.0g 溶于约 200mL 试剂水中，稀释至 1L。取 100mL 溶液两份，用重量法测定其浓度。根据测定结果，按照计算结果取一定体积硅酸钠溶液，稀释成为 1mL 含 0.1 mg SiO_2 的标准溶液。

（12）1,2,4 酸还原剂有强烈的刺激性气味，也可用 4%的抗坏血酸（加入量为 3mL）代替，但抗坏血酸溶液不稳定，宜使用时配制。

3.11 磷 酸 盐

水样中磷酸盐的测定一般采用分光光度法，现有标准 DL/T 502.13《火力发电厂水汽分析方法　第 13 部分：磷酸盐的测定（分光光度法）》和 GB/T 6913《锅炉用水和冷却水分析方法　磷酸盐的测定》。前者适用于锅炉用水和冷却水中磷酸盐含量（以 PO_4^{3-} 计）0～30mg/L 水样的测定；后者适用于锅炉用水和冷却水中正磷酸盐、总无机磷酸盐、总磷酸盐含量（以 PO_4^{3-} 计）在 0.05～50mg/L 的测定。

3.11.1 原理

DL/T 502.13 规定：

水样中磷酸盐的测定一般采用分光光度法，利用磷酸盐与钼酸盐和偏钒酸盐形成黄色的磷钒钼酸。该黄色化合物在一定波长条件下，其吸光度大小与磷酸盐的含量呈线性关系。根据工作曲线和在与绘制工作曲线条件相同情况下测得水样的吸光度，就可以得出水样中的磷酸盐含量。

$$2H_3PO_4+22(NH_4)_2MoO_4+2NH_4VO_3+23H_2SO_4 \longrightarrow P_2O_5 \cdot V_2O_5 \cdot 22MoO_3 \cdot n\,H_2O$$
$$+23(NH_4)_2SO_4+(26-n)H_2O$$

在酸性条件下，磷酸盐与钼酸盐和偏钒酸盐形成黄色的磷钒钼酸，其反应如上。在420nm 处测量其吸光度，求出磷酸盐含量。

GB/T 6913 规定：

正磷酸盐：在酸性条件下，正磷酸盐与钼酸铵溶液反应生成黄色的磷钼盐锑络合物，再用抗坏血酸还原成磷钼蓝，于 710nm 最大吸收波长处用分光光度法测定，反应式为

$$12(NH_4)_2MoO_4+H_2PO_4^-+24H^+ \xrightarrow{KSbOC_4H_4O_6} [H_2PMo_{12}O_{40}]^- +24\,NH_4^+ +12H_2O$$

$$[H_2PMo_{12}O_{40}]^- \xrightarrow{C_4H_8O_6} H_2PO_4 \cdot 10MoO_3 \cdot Mo_2O_5$$

总无机磷酸盐：在酸性溶液中，聚磷酸盐水解成正磷酸盐，正磷酸与钼酸铵反应生成黄色的磷钼梯络合物，再用抗坏血酸还原成磷钼蓝，于 710nm 最大吸收波长处用分光光度法测定。

总磷酸盐：在酸性溶液中用过硫酸钾作分解剂，将聚磷酸盐和有机磷转化为正磷酸，正磷酸盐与钼酸铵反应生成黄色的磷钼盐锑络合物，再用抗坏血酸还原成磷钼蓝，于 710nm 最大吸收波长处用分光光度法测定。

3.11.2　试剂与仪器

1. 试剂

（1）磷酸盐储备溶液（1mL 含 1mg PO_4^{3-}）：准确称取在 105℃ 干燥过的优级纯磷酸二氢钾（KH_2PO_4）1.433g，溶于少量试剂水中，定量转移至 1L 容量瓶并稀释至刻度。

磷酸盐储备溶液：1mL 含有 0.5mg PO_4^{3-}。准确称取 0.7165g 预先在 100～105℃ 干燥并已恒重过的磷酸二氢钾，精确至 0.2mg，溶于约 500mL 水中，定量转移至 1L 容量瓶中，用水稀释至刻度，摇匀。

（2）磷酸盐标准溶液（1mL 含 0.1mg PO_4^{3-}）：准确移取磷酸盐储备溶液 10～100mL 容量瓶中，用试剂水稀释至刻度，摇匀备用。

磷酸盐标准溶液：1mL 该溶液含有 0.02mg PO_4^{3-}。取 20mL 磷酸盐标准储备溶液（1mL 含有 0.5mg PO_4^{3-}）于 500mL 容量瓶中，用水稀释至刻度，摇匀。

（3）钼钒酸显色溶液的配制。

1）称取 50g 钼酸铵和 2.5g 偏钒酸铵，溶于 400mL 试剂水中。

2）将 195mL 浓硫酸，在不断搅拌下缓慢加入 250mL 试剂水中，并冷却至室温。

3）将 2）步骤配制的溶液倒入 1）步骤配制的溶液中，用试剂水稀释至 1L。

（4）硫酸溶液（1+1）。

（5）抗坏血酸溶液（100g/L）。溶解 10g±0.5g 抗坏血酸于 100mL±5mL 水中，摇匀，储存于棕色瓶中，在冰箱可稳定放置 2 周。

（6）钼酸铵溶液（26g/L）。称取 13g 钼酸铵，精确至 0.5g，称取 0.35g 酒石酸锑钾（$KSbOC_4H_4O_6 \cdot 1/2H_2O$），精确至 0.01g，溶于 200mL 水中，加入 230 mL 硫酸溶液，混匀；冷却后用水稀释至 500mL，混匀，储存于棕色瓶中（有效期为 2 个月）。

（7）氢氧化钠溶液（80g/L）。称取 20g 氢氧化钠，精确至 0.5g，溶于 250mL 水中，摇匀，储存于塑料瓶中。

（8）硫酸溶液（1+35）。

（9）过硫酸钾溶液（40g/L）。称取 20g 过硫酸钾，精确至 0.5g，溶于 500mL 水中，摇匀，储存于棕色瓶中。该溶液有效期为 1 个月。

2. 仪器

分光光度计：可在 420、710nm 使用，配有 10、20mm 或 30mm 比色皿。

3.11.3 分析步骤

1. DL/T 502.13 的规定

（1）工作曲线绘制。

1）磷酸盐工作溶液的配制见表 3-17。根据待测水样的磷酸盐含量范围，按表 3-17 中所列数值分别把磷酸盐标准溶液（1mL 含 $0.1mg\,PO_4^{3-}$）注入一组 50mL 容量瓶中，用试剂水稀释至刻度。

表 3-17   磷酸盐工作溶液的配制

容量瓶编号	1	2	3	4	5	6	7	8	9	10	11
标准溶液体积（mL）	0	0.5	1.5	2.5	3.5	5.0	6.5	7.5	10	12.5	15
相当于水样磷酸盐含量（mg/L）	0	1	3	5	7	10	13	15	20	25	30

2）将配制好的磷酸盐工作溶液分别注入相应编号的锥形瓶中，各加入 5mL 钼钒酸显色溶液，摇匀，放置 2min。

3）不同磷酸盐浓度比色皿的选用见表 3-18。根据水样磷酸盐的含量，按表 3-18 选用合适的比色皿，在波长 420nm 处，以试剂空白作参比，分别测定显色后磷酸盐标准系列的吸光度，并绘制工作曲线或计算回归方程。

表 3-18   不同磷酸盐浓度比色皿的选用

磷酸盐浓度（mg/L）	比色皿（mm）
10～30	10
5～15	20
0～10	30

（2）水样的测定。

1）按规定采集水样。若水样浑浊，则应预先用 0.45μm 滤膜过滤，将最初的 100mL 滤液弃去，然后取过滤后的水样进行测定。

2）取 50mL 水样注入锥形瓶中，加入 5mL 钼钒酸显色溶液，摇匀，放置 2min，以试剂空白作参比，与绘制工作曲线相同条件下，测定其吸光度。注意：水样温度应与绘制工作曲线时的温度大致相同，若温差大于±5℃，则应采取必要的加热或冷却措施。

2. GB/T 6913 的规定

（1）试样的制备。现场取约 250mL 实验室样品经中速滤纸过滤后储存于 500mL 烧杯中即制成试样。

（2）校准曲线的绘制。分别取 0.00（空白）、1.00、2.00、3.00、400、500、6.00、7.00、8.00mL 磷酸盐标准溶液于 9 个 50mL 的容量瓶中，用水稀释至约 40mL。依次加入 2.0mL 钼酸铵溶液、1.0mL 抗坏血酸溶液，用水稀释至刻度，摇匀，于室温下放置 10min，在分光光度计 710nm 处，用 1cm 吸收池，以空白调零测吸光度。以测得的吸光度为纵坐标，相对应的 PO_4^{3-} 量（μg）为横坐标绘制校准曲线。

（3）磷酸盐含量的测定。正磷酸盐：标准中移取试样的量见表 3-19。参照表 3-19 移取适量体积的试样（如遇到含 PO_4^{3-} 高于 20mg/L 的试验溶液，可通过稀释该溶液后再进行测定）于 50mL 容量瓶中，加入 2.0mL 钼酸铵溶液、1.0mL 抗坏血酸溶液，用水稀释至刻度，摇匀，室温下放置 10min。在分光光度计 710nm 处，用 1cm 吸收池，以不加试验溶液的空白调零测吸光度。

表 3-19 标准中移取试样的量

试样磷酸盐含量（以 PO_4^{3-} 计，mg/L）	移取试验溶液的体积（mL）	比色皿厚度（cm）
0～5.0	12～40	1
5.0～10.0	6～12	1
10.0～20.0	3～6	1

总无机磷酸盐：参照表 3-19 移取适量体积的试样至 100mL 锥形瓶中，用水稀释至约 40mL。加硫酸溶液（1+35）1mL，小火煮沸至近干，冷却后转移至 50mL 容量瓶中。参照上述正磷酸盐测定步骤测定其吸光度。

总磷酸盐：参照表 3-19 移取适量体积的试样于 100mL 锥形瓶中，加入 1.0mL 硫酸溶液（1+35），使 pH 小于 1。对于 5.0mL 过硫酸钾溶液，小火煮沸近 30min。煮沸时，随时添加水使体积保持在 25～30mL，冷却。用氢氧化钠溶液将 pH 调节至 3～10，转移至 50mL 容量瓶中。参照上述正磷酸盐测定步骤测定其吸光度。

3.11.4 数据处理

1. 结果计算

（1）DL/T 502.13 规定：从工作曲线上查得或由回归方程计算水样磷酸盐含量。

（2）GB/T 6913 规定：磷酸盐含量（以 PO_4^{3-} 计）以质量浓度 ρ 计，单位用 mg/L 表示，按式（3-30）计算：

$$\rho = \frac{m}{V} \tag{3-30}$$

式中：m 为由校正曲线查得的 PO_4^{3-} 浓度对应质量的数值，μg；V 为移取试验溶液水样体积的数值，mL。

有机磷酸盐含量（以 PO_4^{3-} 计）以质量浓度 ρ_4 计，单位用 mg/L 表示，按式（3-31）计算：

$$\rho_4 = \rho_3 - \rho_2 \tag{3-31}$$

式中：ρ_3 为总磷酸盐（以 PO_4^{3-} 计）含量的数值，mg/L；ρ_2 为总无机磷酸盐（以 PO_4^{3-} 计）含量的数值，mg/L。

2. 允许差

（1）DL/T 502.13 规定：相对偏差为 2%。

（2）GB/T 6913 规定：磷酸盐含量以平行测定的平均值为测定结果。正磷酸盐平行测定结果的绝对差值不大于 0.1mg/L。磷酸盐平行测定结果的绝对差值见表 3-20。

表 3-20   磷酸盐平行测定结果的绝对差值   mg/L

磷酸盐含量	允许差	
	总无机磷酸盐	总磷酸盐
≤10.00	<0.50	≤0.50
>10.00	<1.00	<1.00

3.11.5 注意事项

（1）水样混浊时应过滤，将最初的 100mL 滤液弃去，然后取过滤后的水样进行测定。

（2）水样温度应与绘制曲线时的温度大致相同，若温差大于 ±5℃，则应采取必要的加热或冷却措施。

（3）磷钒钼酸的黄色可稳定数日，在室温下不受其他因素影响。

3.12 氯 化 物

氯化物的测定方法有容量法、电位滴定法和共沉淀富集分光光度法，容量法有摩尔法（硝酸银滴定）、硫氰化铵滴定法和汞盐滴定等。硫氰化铵滴定法适用于天然水、锅炉用水和循环冷却水中氯化物含量为 5～100mg/L 的测定；摩尔法和电位滴定法适用于天然水、循环冷却水、软化水、锅炉炉水中氯离子含量的测定，摩尔法测定范围为 3～150mg/L，超过 150mg/L 时，可适当减少试样的体积，稀释后测定；电位滴定法测定范围为 5～1000mg/L；汞盐滴定法适用于天然水、炉水、冷却水的氯化物含量在 1～100mg/L 的测定；共沉淀富集分光光度法适用于除盐水、锅炉给水中氯离子含量的测定，测定范围为 10～100μg/L。

3.12.1 原理

（1）电位滴定。DL/T 502.4《火力发电厂水汽分析方法 第 4 部分：氯化物的测定（电极法）》规定：在试样中加乙酸盐缓冲液，调节 pH 至 5 左右，用氯离子电极作为测量电极、甘汞电极作为参比电极测定电位，定量测定氯离子。在用电极法测定氯离子时，因为作为离子电极感应膜的硫化银和硫化物离子共存，会有干扰，所以要加醋酸锌以去除硫化物离子。其他干扰物质的容许限度用最大比率（干扰物浓度/氯离子浓度）表示，其中硝酸根、硫酸根、磷酸根：10^4；碘离子、氰离子、硫离子：10^{-3}；氟离子：10^2；溴离子：10^{-2}。

GB/T 15453《工业循环冷却水和锅炉用水中氯离子的测定》规定：以双液型饱和甘汞电极为参比电极，以银电极为指示电极，用硝酸银标准滴定溶液滴定至出现电位突跃点（即理论终点），即可从消耗的硝酸银标准滴定溶液的体积算出氯离子含量。

（2）摩尔法。以铬酸钾作为指示剂，在 pH 为 5～9.5 的范围内用硝酸银标准液进行滴定，硝酸银与氯化物作用生成白色沉淀，当有过量硝酸银存在时，则与铬酸钾指示剂反应，生成砖红色铬酸银，表示反应达到终点。反应式为

$$Cl^- + Ag^+ \longrightarrow AgCl \downarrow （白）$$

$$CrO_4^{2-} + 2Ag^+ \longrightarrow Ag_2CrO_4 \downarrow （砖红）$$

（3）共沉淀富集分光光度法。基于磷酸铅沉淀作为载体，共沉淀富集痕量氯化物，经高速离心机分离后，以硝酸铁-高氯酸溶液完全溶解沉淀，加硫氰酸汞-甲醇溶液显色，用分光光度法间接测定水中痕量氯化物。

（4）硫氰化铵滴定法。被测水样用硝酸酸化后，再加入过量的硝酸银标准溶液，使 Cl^- 全部与 Ag^+ 生成氯化银（AgCl）沉淀，过量的 Ag^+ 用硫氰化铵（NH_4SCN）标准溶液返滴定，选择铁铵矾$[NH_4Fe(SO_4)_2]$作为指示剂，当到达滴定终点时，SCN^- 与 Fe^{2+} 生成红色络合物，使溶液变色，即为滴定终点。在过量的硝酸银（$AgNO_3$）标准溶液体积中，扣除等量消耗的 SCN^- 的量，即可计算出水中 Cl^- 的含量。

$$Ag^+ + Cl^- \longrightarrow AgCl \downarrow （白色）$$

$$Ag^+ + SCN^- \longrightarrow AgSCN \downarrow （白色）$$

$$SCN^- + Fe^{3+} \longrightarrow FeSCN^{2+} （红色络合物）$$

3.12.2 试剂与仪器

所用试剂，除非另有规定，应使用分析纯试剂和符合 GB/T 6682—2008 三级水的规定。试验中所需标准滴定溶液、制剂及制品，在没有注明其他要求时，均按 GB/T 601、GB/T 602《化学试剂　杂质测定用标准溶液的制备》、GB/T 603《化学试剂　试验方法中所用制剂及制品的制备》的规定制备。

1. 电位滴定法（DL/T 502.4）

（1）试剂。

1）试剂水：GB/T 6903 规定的 I 级试剂水。

2）乙酸盐缓冲液（pH=5）：在 500mL 水中加入 100g 硝酸钾和 50mL 乙酸，溶解后向其中加氢氧化钠溶液（100g/L），调节 pH 至 5，加水至 1L，摇匀备用。

3）1000mg/L 氯离子标准溶液：准确称取在 600℃灼烧 1h 的基准氯化钠 1.648g，用少量水溶解后定量转移至 1000mL 容量瓶中，用水稀释至刻度，摇匀备用。

4）100mg/L 氯离子标准溶液：准确移取 20mL 氯离子标准液（1000mg/L）至 200mL 容量瓶中，加水至刻度线，摇匀备用。

5）10mg/L 氯离子标准溶液：准确移取 20mL 氯离子标准液（100mg/L）至 200mL 容量瓶中，加水至刻度线，此溶液使用时配制。

6）5mg/L 氯离子标准溶液：准确移取 10mL 氯离子标准液（100mg/L）至 200mL 容量瓶中，加水至刻度线，此溶液使用时配制。

（2）仪器。

1）电位差计或离子计。

2）工作电极：氯离子电极。电极不用时可以干储存，使用前须预先在试剂水中浸泡2h 以上。

3）参比电极：双盐桥甘汞电极，内筒液体使用饱和氯化钾溶液（3mol/L），外筒液体使用硝酸钾溶液（100g/L）；或硫酸亚汞电极。

4）内筒液体使用氯化钾溶液（饱和）的情况下，由于液温的降低，会有氯化钾的结晶析出，会使溶液电阻增大，这一点需要注意。由于内筒的氯化钾溶液会混入外筒的硝酸钾溶液，因此，外筒液体要定期更换。

5）电磁搅拌器：配有磁力搅拌子。

2. 电位滴定法（GB/T 15453）

（1）试剂。

1）硝酸溶液（1+300）。

2）氢氧化钠溶液：2g/L。

3）硝酸银标准滴定溶液：c（$AgNO_3$）≈0.01mol/L。

4）酚酞指示剂：50g/L 乙醇溶液。

（2）仪器：一般实验室用仪器和下列仪器。

1）电位滴定计。

2）双液型饱和甘汞电极。

3）银电极。

3. 摩尔法（GB/T 15453）

试剂。

（1）硝酸溶液（1+300）。

（2）氢氧化钠溶液：2g/L。

（3）硝酸银标准滴定溶液：c（$AgNO_3$）≈0.01mol/L。

（4）酚酞指示剂：50g/L 乙醇溶液。

（5）铬酸钾指示剂：50g/L。

4. 共沉淀富集分光光度法（GB/T 15453）

（1）试剂。

1）无氯水：先经阳离子交换柱，以及阴离子交换柱和阴、阳离子混合柱除盐水，再经二次蒸馏制得。

2）硝酸铅溶液：20g/L。称取 10g 硝酸铅溶于 500mL 无氯水中。

3）磷酸氢二钠-磷酸二氢钾混合溶液：称取 10.7g 磷酸氢二钠（$Na_2HPO_4 \cdot 12H_2O$）和8.2g 磷酸二氢钾（KH_2PO_4），溶解于无氯水中并稀释至 500mL。

4）硫氰酸汞-甲醇溶液：2g/L。称取 0.2g 硫氰酸汞溶解于 100mL 甲醇中，盛于棕色试剂瓶中保存，放置 24h 澄清后使用。

5）硝酸铁-高氯酸溶液：称取 12.0g 硝酸铁[$Fe(NO_3)_3 \cdot 9H_2O$]，用 43mL 高氯酸及适量无氯水溶解，再以无氯水稀释至 1000mL。

6）氯化物（Cl⁻）标准储备溶液：0.1mg/mL。

7）氯化物（Cl⁻）标准溶液：10μg/mL。移取 10mL 氯化物标准储备溶液至 100mL 容量瓶，用无氯水稀释至刻度。此溶液 Cl⁻含量为 10μg/mL。

（2）仪器：一般实验室仪器和下列仪器。

1）分光光度计。

2）高速离心机：转速大于 5000r/min，配有 250mL 聚乙烯离心管。注意：所有玻璃器皿、聚乙烯离心管、取样瓶等均应浸泡在 10%硝酸溶液中，使用前再用无氯水冲洗干净。

5. 硫氰化铵滴定法（GB/T 29340《锅炉用水和冷却水分析方法　氯化物的测定　硫氰化铵滴定法》）

对于所用试剂，除非另有规定，否则应使用分析纯试剂和符合 GB/T 6682—2008 的二级水的规定。

试剂：

（1）硝酸。

（2）硫酸溶液。c（$1/2H_2SO_4$）≈0.1mol/L。量取 3mL 硫酸缓缓注入 1000mL 水中，冷却，摇匀。

（3）氢氧化钠溶液。c（NaOH）≈0.1mol/L。取 5mL 氢氧化钠饱和溶液，注入 1000mL 不含二氧化碳的水中，摇匀。

（4）氯化物标准溶液。1.0mg/mL。准确称取 1.648g 于 500~600℃灼烧至恒量的氯化钠，溶于水，移入 1000mL 容量瓶中，稀释至刻度。

（5）硝酸银标准溶液（约 5mg/mL）。

1）硝酸银标准溶液的配制：称取 5.0g 硝酸银溶于 1000mL 水中，储存于棕色瓶中。

2）硝酸银标准溶液的标定：移取 10.00mL 氯化物标准溶液于 250mL 锥形瓶中，加入 90mL 水，加 2~3 滴酚酞指示液，若显红色，则用硫酸溶液中和至无色。若不显红色，则用氢氧化钠溶液中和至微红色，然后以硫酸溶液回滴至无色，加 1.0mL 铬酸钾指示剂。用硝酸银标准溶液滴定至溶液呈淡砖红色，同时做空白试验。

对于硝酸银标准溶液的质量浓度 ρ（单位以 mg/mL 计）按式（3-32）进行计算：

$$\rho = \frac{(10 \times 1.0 \times 10^{-3}/M_1)M_2 \times 10^3}{V - V_0} \tag{3-32}$$

式中：V 为氯化物标准溶液消耗硝酸银标准溶液的体积的数值，mL；V_0 为空白试验消耗硝酸银标准溶液的体积的数值，mL；10 为移取氯化物标准溶液的体积的数值，mL；1.0 为氯化物标准溶液的浓度的数值，mg/mL；M_1 为氯的摩尔质量的数值，g/mol（M_1=35.45）；M_2 为硝酸银的摩尔质量的数值，g/mol（M_2=169.91）。

（6）硫氰化铵标准滴定溶液（约 2.3mg/mL）。

1）硫氰化铵标准滴定溶液的配制：称取 2.3g 硫氰化铵（NH₄SCN）溶于 1000mL 水中。

2）硫氰化铵标准滴定溶液的标定：移取 10.00mL 硝酸银标准溶液于 250mL 锥形瓶中，加 90mL 水及 1.0mL 铁铵矾指示剂，用硫氰化铵标准滴定溶液滴定至红色，同时做空白试验。

对于硫氰化铵标准滴定溶液的质量浓度 ρ_1［单位以毫克每毫升（mg/mL）计］，按式（3-33）进行计算：

$$\rho_1 = \frac{(10\rho \times 10^{-3} / M_2)M_3 \times 10^3}{V - V_0} \qquad (3\text{-}33)$$

式中：10 为移取硝酸银标准溶液的体积的数值，mL；ρ 为硝酸银标准溶液的质量浓度，mg/mL；V 为硝酸银标准溶液消耗硫氰化铵标准溶液的体积的数值，mL；V_0 为空白试验消耗硫氰化铵标准滴定溶液的体积的数值，mL；M_2 为硝酸银的摩尔质量的数值，g/mol（$M_2 = 169.91$）；M_3 为硫氰化铵的摩尔质量的数值，g/mol（$M_3 = 76.12$）。

（7）铬酸钾指示液。100g/L。称取 10g 铬酸钾，溶于水中，并稀释至 100 mL。

（8）酚酞指示液。10g/L。

（9）铁铵矾指示剂。100g/L。称取 10g 铁铵矾，溶于水中，并稀释至 100 mL。

3.12.3 分析步骤

1. 电位滴定法（DL/T 502.4）

（1）标准曲线的绘制。

1）取 5mg/L 氯离子标准溶液 50.00mL 于 100mL 烧杯中，加乙酸盐缓冲液（pH=5）5.0mL。注意：在测定时，用乙酸盐缓冲液（pH=5）调节 pH 至 5，目的是使离子强度保持一定。

2）将工作电极和参比电极浸入溶液中，用电磁搅拌器搅拌，使气泡不接触电极。测量溶液温度，用电位差计或离子计测定电位。

3）分别移取 10mg/L 氯离子标准溶液、100mg/L 氯离子标准溶液、1000mg/L 氯离子标准溶液 50.00mL 于 100mL 烧杯中，加乙酸盐缓冲液（pH=5）5.0mL。将其温度调至与测定液温相差±1℃。

4）测定氯离子标准液的电位。以氯离子浓度的负对数对测得电位值进行直线回归，求得回归曲线。注意：当氯离子浓度大于 5mg/L、液温在 10～30℃时，氯离子电极的响应时间小于 1min。10mg/L 氯离子标准液和 1000mg/L 氯离子标准液的电位差应在 110～120mV（25℃）。氯离子浓度在 5～1000mg/L 的工作曲线为直线。

（2）试样的测定。

1）按规定方法采集样品。

2）取试样 50.00mL 于 100mL 烧杯中，加乙酸盐缓冲液（pH=5）5.0mL，调节液温与测得液温相差±1℃。

3）测定氯离子标准液的电位，根据回归方程计算试样中的氯离子的浓度（mg/L）。注意：试样为酸性的情况下，用氢氧化钠溶液（40g/L），试样为碱性的情况下，用乙酸（1+10），预先调节试样 pH 至 5 左右。试样中含有硫化物离子的情况下，预先加乙酸锌溶液（100g/L），固定硫化物离子，然后用滤纸过滤，将滤液调节 pH 至 5。若使用离子计，则可直接读出试样中氯离子含量。

2. 电位滴定法（GB/T 15453）

移取适量体积的水样于 250mL 烧杯中，加入 2 滴酚酞指示剂，用氢氧化钠溶液或硝酸溶液调节水样的 pH，使红色刚好变为无色。放入搅拌子，将盛有试样的烧杯置于电磁搅拌器，开动搅拌器，将电极插入烧杯中，用硝酸银标准滴定溶液滴定至终点电位（在电位突跃点附近，应放慢滴定速度）。同时做空白试验。

3. 摩尔法（GB/T 15453）

移取适量体积的水样于 250mL 锥形瓶中，加入 2 滴酚酞指示剂，用氢氧化钠溶液或硝酸溶液调节水样的 pH，使红色刚好变为无色。加入 1.0mL 铬酸钾指示剂，在不断摇动情况下，最好在白色背景条件下用硝酸银标准滴定溶液滴定，直至出现砖红色为止。同时作空白试验。

4. 共沉淀富集分光光度法（GB/T 15453）

（1）校准曲线的绘制。分别移取 0（空白）、0.20、0.40、0.60、1.00、1.50、2.00mL 氯化物标准溶液注入 250mL 聚乙烯离心管中，用无氯水稀释至约 200mL，相应的 Cl^- 含量分别为 0、2.0、4.0、6.0、10.0、15.0、20.0μg。然后按水样测定步骤测量其吸光度。

以 Cl^- 含量为横坐标，相对应测得的吸光度为纵坐标，绘制校准曲线。

（2）水样的测定。

1）移取 200mL 水样置于 250mL 聚乙烯离心管中，加入 4mL 硝酸铅溶液，摇匀。加入 4mL 磷酸氢二钠-磷酸二氢钾混合溶液，充分摇匀，静置 5min。

2）把离心管置于离心机管座内，以 5000r/min 的转速离心 5min，倾尽离心清液，让沉淀物留在离心管内。往离心管内加硝酸铁-高氯酸溶液 10 mL，使沉淀物完全溶解。

3）加入 1mL 硫氰酸汞-甲醇溶液，显色 5min 后，在 460nm 波长下，用 30mm 吸收池，以无氯水为空白，测量其吸光度。从校准曲线查出对应的氯化物含量（以 Cl^- 计）。

5. 硫氰化铵滴定法（GB/T 29340）

移取 100mL 水样置于 250mL 锥形瓶中，加 1mL 硝酸，使水样 pH≤1。加入硝酸银标准溶液 15.00 mL，摇匀，加入 1.0 mL 铁铵指示剂，用硫氰化铵标准滴定溶液快速滴定至红色。同时做空白试验。

3.12.4 数据处理

1. 结果计算

（1）DL/T 502.4 规定：氯离子含量 X_{Cl^-}（mg/L）按式（3-34）计算：

$$X_{Cl^-} = 10^{-pCl}$$

（3-34）

式中：X_{Cl^-} 为氯离子含量，mg/L；pCl 由根据测得试样的电位值及回归方程求出。

（2）GB/T 15453 中电位滴定法规定氯离子含量以质量浓度 ρ_2 计，单位用 mg/L 表示，按式（3-35）进行计算：

$$\rho_2 = \frac{(V_1 - V_0)cM}{1000V} \times 10^6$$

（3-35）

式中：V_1 为试样消耗硝酸银标准滴定溶液的体积的数值，mL；V_0 为空白试验消耗硝酸银标准滴定溶液的体积的数值，mL；V 为试样体积的数值，mL；c 为硝酸银标准滴定溶液浓度的准确数值，mol/L；M 为氯的摩尔质量的数值，g/mol（M=35.45）。

（3）GB/T 15453 中摩尔法规定氯离子含量以质量浓度 ρ_1 计，单位用 mg/L 表示，按式（3-36）进行计算：

$$\rho_1 = \frac{(V_1 - V_0)cM}{1000V} \times 10^6$$

（3-36）

（4）GB/T 15453 中共沉淀富集分光光度法规定氯化物含量（以 Cl⁻计）以质量浓度 ρ_3 计，单位用 μg/L 表示，按式（3-37）进行计算：

$$\rho_3 = \frac{m}{V} \times 1000 \tag{3-37}$$

式中：m 为从校准曲线上查出的氯化物含量（以 Cl⁻计）的数值，μg；V 为水样的体积的数值，mL。

（5）GB/T 29340 规定水样中氯化物（以 Cl⁻计）的质量浓度 ρ_{Cl^-}，单位用 mg/L 表示，按式（3-38）进行计算：

$$\rho_{Cl^-} = \frac{[(V_0 - V_1) \times 10^{-3} \rho_1 / M_3] M_1}{V \times 10^{-3}} \times 10^3 \tag{3-38}$$

式中：V_0 为空白试验消耗硫氰酸铵标准滴定溶液的体积的数值，mL；V_1 为滴定水样时消耗硫氰酸铵标准滴定溶液的体积的数值，mL；ρ_1 为硫氰酸铵标准滴定溶液的质量浓度，mg/mL；M_1 为氯的摩尔质量的数值，g/mol（M_1=35.45）；M_3 为硫氰酸铵的摩尔质量的数值，g/mol（M_3=76.12）；V 为所取水样的体积的数值，mL。

2. 允许差

（1）DL/T 502.4 规定相对标准偏差：5%～20%。

（2）GB/T 15453 中电位滴定法规定取平行测定结果的算术平均值为测定结果。平行测定结果的绝对差值不大于 0.5mg/L。

（3）GB/T 15453 中摩尔法规定取平行测定结果的算术平均值为测定结果。平行测定结果的绝对差值不大于 0.5mg/L。

（4）GB/T 15453 中共沉淀富集分光光度法规定水样中氯化物在不同含量范围时的允许差，如表 3-21 所示。

表 3-21　　　　　　水样中氯化物在不同含量范围时的允许差　　　　　　μg/L

氯化物含量 ρ	室内允许差 T_2
$\rho \leq 10.1$	$T_2 < 6.2$
$10.1 < \rho \leq 20.0$	$T_2 < 6.4$
$20.1 < \rho \leq 30.0$	$T_2 < 6.6$

（5）GB/T 29340 规定取平行测定结果的算术平均值作为测定结果，平行测定结果的绝对差值：当 $0 < \rho_{Cl^-} \leq 10.0$mg/L 时，不大于 0.5mg/L；当 10.0mg/L $< \rho_{Cl^-} \leq 100.0$mg/L 时，不大于 2.0mg/L。

3.13　全固体、溶解固体和悬浮固体

3.13.1　原理

全固体为悬浮固体与溶解固体的总和。溶解固体是指分离悬浮固体后的滤液经蒸发、干燥所得的残渣质量。主要采用的常规分析方法是重量法。

固体测定有三种方法，本书仅对两种常用方法进行介绍：第一法适用于一般水样；第二法适用于酚酞碱度高的水样，如炉水。

3.13.2 试剂与仪器

1．试剂

（1）碳酸钠标准溶液（1mL 含 10mg Na_2CO_3）。

（2）0.1mol/L 硫酸标准溶液。

2．仪器

（1）水浴锅或 400mL 烧杯（蒸干操作时水浴锅内水面不能与蒸发皿接触，以免沾污蒸发皿而引起误差）。

（2）瓷蒸发皿或石英蒸发皿（若为精密分析，则应使用铂金蒸发皿）。

3.13.3 分析步骤

1．全固体

（1）第一法。

1）取一定量充分摇匀的水样，注入已经烘干至恒重的蒸发皿中，在水浴锅上蒸干。

2）将已蒸干的样品连同蒸发皿移入 105～110℃的烘箱中烘干至恒重。

3）取出蒸发皿放在干燥器内冷却至室温，迅速称量。

4）在相同条件下烘半小时，冷却后称量，如此反复操作至恒重。

全固体（QG）含量 X_{QG}（mg/L）按式（3-39）计算：

$$X_{QG} = \frac{G_1 - G_2}{V} \times 1000 \tag{3-39}$$

式中：G_1 为蒸干残留物与蒸发皿的总质量，mg；G_2 为蒸发皿的质量，mg；V 为水样的体积，mL。

（2）第二法：取一定量充分摇匀的水样，加入与其酚酞碱度相当量的硫酸标准溶液，使水样中和至 pH≈8.3。然后逐次注入已经烘干至恒重的蒸发皿中，在水浴锅上蒸干。之后按第一法的 2）～4）的测定步骤操作。

2．溶解固体和灼烧减少固体

（1）第一法。

1）取一定量过滤的澄清水样，逐次注入已灼烧至恒重的蒸发皿中，在水浴锅上蒸干。

2）将已蒸干的样品连同蒸发皿移入 105～110℃的烘箱内烘 2h。

3）取出蒸发皿放在干燥器内冷却至室温后，迅速称量。

4）再在相同条件下烘干半小时，冷却后再次称量，如此反复直至恒重。

（2）第二法。

1）取一定量已经过滤的澄清炉水样，加入与其酚酞碱度相当量的硫酸标准溶液，使水样中和。将此中和后的水样逐次注入已灼烧至恒重的蒸发皿中，在水浴锅上蒸干。

2）将已蒸干的样品连同蒸发皿移入 105～110℃的烘箱内烘 2h。

3）取出蒸发皿放在干燥器内冷却至室温后，迅速称量。

4）再在相同条件下烘半小时，冷却后再次称量，如此反复直至恒重。

3. 灼烧减少固体

将已烘干至恒重的溶解固体残渣,连同蒸发皿移入 750～800℃ 的高温炉中灼烧 30min,如果残渣不变白,再灼烧 10min,立即取出,在干燥器中冷却至室温后,迅速称量。

3.13.4 数据处理

1. 全固体（QG）含量

第一法测定 QG 含量 X_{QG}（mg/L）,按式（3-40）进行计算:

$$X_{QG} = \frac{G_1 - G_2}{V} \times 1000 \tag{3-40}$$

式中: G_1 为蒸干残留物与蒸发皿的总质量,mg; G_2 为蒸发皿的质量,mg; V 为水样的体积,mL。

第二法测定 QG 含量（mg/L）,按式（3-41）进行计算:

$$X_{QG} = \frac{G_1 - G_2}{V} \times 1000 + 1.06(X_{OH^-}) + 0.517(X_{CO_3^{2-}}) - 0.1 \times b \times 49 \tag{3-41}$$

式中: G_1、G_2、V 同式（3-40）; X_{OH^-} 为水样中氢氧化物的含量（按计算得出）,mg/L; 1.06 为 OH^- 变成 H_2O 后在蒸发过程中损失质量的换算系数; $X_{CO_3^{2-}}$ 为水样中碳酸盐碱度的含量（按计算得出）,mg/L; 0.517 为 CO_3^{2-} 变成 HCO_3^- 后在蒸发过程中质量的换算系数; b 为每升水样所加 0.1mol/L 硫酸标准溶液的体积,mL。

2. 溶解固体（RG）含量

第一法测定 RG 含量 X_{RG}（mg/L）,按式（3-42）进行计算:

$$X_{RG} = \frac{G_1 - G_2}{V} \times 1000 \tag{3-42}$$

式中: G_1 为蒸干残留物与蒸发皿的总质量,mg; G_2 为蒸发皿的质量,mg; V 为水样的体积,mL。

第二法测定 RG 含量,按式（3-43）计算:

$$X_{RG} = \frac{G_1 - G_2}{V} \times 1000 + 1.06(X_{OH^-}) + 0.517(X_{CO_3^{2-}}) - 0.1 \times b \times 49 \tag{3-43}$$

式中: G_1 为蒸干残留物与蒸发皿的总质量,mg; G_2 为蒸发皿的质量,mg; X_{OH^-} 为水样中氢氧化物的含量（按计算得出）,mg/L; 1.06 为 OH^- 变成 H_2O 后在蒸发过程中损失质量的换算系数; $X_{CO_3^{2-}}$ 为水样中碳酸盐碱度的含量（按计算得出）,mg/L; 0.517 为 CO_3^{2-} 变成 HCO_3^- 后,在蒸发过程中损失质量的换算系数; b 为每升水样所加 0.1mol/L 硫酸标准溶液的体积,mL; V 为水样体积,mL。

3. 悬浮固体的含量

$$悬浮固体 = 全固体 - 溶解固体$$

4. 灼烧减少固体（SG）含量

SG 含量 X_{SG}（mg/L）,按式（3-44）进行计算:

$$X_{SG} = \frac{G_1 - G_2}{V} \times 1000 \tag{3-44}$$

式中：G_1 为蒸干残留物与蒸发皿的总质量，mg；G_2 为灼烧残留渣与蒸发皿的总质量，mg；V 为水样的体积，mL。

3.13.5 注意事项

（1）所取水样的体积，应使蒸干残留物的质量在 50～100mg。

（2）第二法中若酚酞碱度小于 0.5mg/L，可以不加酸中和。

（3）为防止在蒸干、烘干过程中落入杂物而影响试验结果，必须在蒸发皿上放置玻璃三脚架并加盖表面皿。特别对含盐量较少的水样，如超高压锅炉的炉水全固体测定，可在通风橱内再加防护罩或采用真空蒸发的方法，否则测定误差较大。

（4）测全固体用的瓷蒸发皿，可用石英蒸发皿代替。如不测定灼烧减少固体，也可用玻璃蒸发皿代替瓷蒸发皿。其优点是易恒重。

（5）测定灼烧减少固体含量时，所取水样的体积应使蒸干残留物的质量在 100mg 左右。为防止在蒸发烘干时落入杂物，影响试验结果，必须在蒸发皿上放置玻璃三脚架，并加盖表面皿。

3.14 钙

水样中钙的测定方法有原子吸收、离子色谱和容量法等，其中利用络合反应的容量法最常用。本节主要介绍用络合滴定方法测水样中的钙。

3.14.1 原理

在强碱性溶液中（pH＞12.5），使镁离子生成氢氧化镁沉淀后，用 EDTA 单独与钙离子作用生成稳定的无色络合物。滴定时用钙红指示剂（HIn^{3-}）指示终点。钙红指示剂在相同条件下，也能与钙形成酒红色络合物，但其稳定性能比钙和 EDTA 形成的无色的络合物稍差。当用 EDTA 滴定时，先将游离钙离子络合完后，再夺取指示剂络合物中的钙，使指示剂释放出来，溶液就从酒红色变为蓝色，即为终点。其反应如下：

加氢氧化钠：

$$Mg^{2+}+2OH^- \longrightarrow Mg(OH)_2 \downarrow$$

加指示剂：

$$Ca^{2+}+HIn^{3-}（钙红指示剂，蓝色）\longrightarrow CaIn^{2-}（酒红色）+H^+$$

滴定过程：

$$Ca^{2+}+H_2Y^{2-} \longrightarrow CaY^{2-}+2H^+$$

终点时：

$$CaIn^{2-}（酒红色）+H_2Y^{2-} \longrightarrow CaY^{2-}+HIn^{3-}（蓝色）+H^+$$

该方法适于测定锅炉用水和冷却水中钙离子的测定。

3.14.2 试剂与仪器

（1）EDTA。

（2）氧化锌（基准试剂）。

（3）盐酸溶液（1+1）。

（4）氨水（10%）：量取 400mL 氨水，稀释至 1000mL。

（5）氨-氯化铵缓冲溶液：称取 67.5g 氯化铵，溶于 570mL 浓氨水中，加入 1g 乙二胺四乙酸二钠镁盐，用 II 级试剂水稀释至 1L。

（6）铬黑 T 指示剂（5g/L 乙醇溶液）：称取 4.5g 盐酸羟胺，加 18mL 水溶解，另在研钵中加入 0.5g 铬黑 T 磨匀，混合后，用 95%乙醇定容至 100mL，储存于棕色滴瓶中备用。使用期不应超过一个月。

（7）[EDTA]=0.02mol/L 的 EDTA 标准溶液的配制与标定：

1）配制：称取 8g EDTA 溶于 1L 蒸馏水中，摇匀。

2）标定：称取 0.4g（准确至 0.2mg）于 800℃灼烧至恒重的基准氧化锌，用少许蒸馏水湿润，滴加盐酸溶液（1+1）至样品溶解，移入 250mL 容量瓶中，稀释至刻度，摇匀。

取上述溶液 20.00mL 加 80mL 除盐水，用 10%氨水中和至 pH=7～8，加 5mL 氨-氯化铵缓冲溶液（pH=10），加 5 滴 0.5%铬黑 T 指示剂，用[EDTA]=0.02mol/L 的 EDTA 溶液滴定至溶液由紫色变纯蓝色。

3）EDTA 标准溶液的浓度按式（3-45）进行计算。

$$c = \frac{0.08m \times 1000}{V \times 81.38} \qquad (3\text{-}45)$$

式中：c 为 EDTA 标准溶液的浓度，mol/L；m 为氧化锌的质量，g；V 为滴定时消耗 EDTA 标准溶液的体积，mL；0.08 为 250mL 中取 20mL 滴定，相当于 m 的 0.08；81.38 为氧化锌（ZnO）的摩尔质量，g/mol。

（8）[NaOH]=2mol/L 的氢氧化钠溶液。

（9）钙红指示剂：称取 1g 钙红[HO(HO$_3$S)C$_{10}$H$_5$NNC$_{10}$H$_5$(OH)COOH]与 100g 氯化钠固体研磨混匀。

（10）试剂纯度应符合 GB/T 6903 的规定。

3.14.3 分析步骤

（1）按规定采集水样。

（2）钙的含量和取水样体积见表 3-22。按表 3-22 取适量水样于 250mL 锥形瓶中，用蒸馏水稀释至 100mL。

表 3-22 钙的含量和取水样体积

钙含量范围（mg/L）	10～50	50～100	100～200	200～400
水样取量（mL）	100	50	25	10

（3）加入 5mL[NaOH]=2mol/L 的氢氧化钠溶液和约 0.05g 钙红指示剂，摇匀。

（4）用 EDTA 标准溶液滴定溶液由酒红色转变为蓝色，即到终点。记录 EDTA 标准溶液用量（V_1）。

3.14.4 数据处理

水样中钙含量 X_{Ca}（mg/L）按下式计算：

$$X_{Ca} = \frac{c \times V_1 \times 40.08}{V} \times 1000 \qquad (3\text{-}46)$$

式中：X_{Ca} 为水样中钙含量，mg/L；c 为 EDTA 标准滴定溶液的浓度，mol/L；V_1 为滴定时消耗 EDTA 标准滴定溶液的体积，mL；V 为水样的体积，mL；40.08 为钙的摩尔质量，g/mol。

3.14.5 注意事项

（1）在加入氢氧化钠溶液后应立即迅速滴定，以免因放置过久引起水样浑浊，造成终点不清楚。

（2）当水样的镁离子含量大于 30mg/L 时，应将水样稀释后测定。

（3）若水样中重碳酸钙含量较多时，则应先将水样酸化煮沸，然后用氢氧化钠溶液中和后进行测定。

（4）钙红又称钙指示剂。若无钙红时，也可用紫尿酸铵或钙试剂（依来铬蓝黑 R）代替。

3.15 硬 度

水样中硬度的测定有容量法和电位滴定法。容量法又分为铬黑 T 法和酸性铬蓝 K 法。铬黑 T 法测定范围为 0.01～5 mmol/L，超过 5mmol/L 时，可适当减少取样体积，稀释后测定；酸性铬蓝 K 法测定范围为 1～100μmol/L；电位滴定法测定范围为 0.25～10mmol/L（均以 Ca^{2+}、Mg^{2+} 为基本单元）。

3.15.1 原理

硬度的测定普遍采用的是 EDTA 滴定法，利用 EDTA 试剂与钙、镁离子定量反应可检测水样中钙、镁离子的总含量，即水样的硬度。

1. 容量法

在 pH 为 10.0±0.1 的水溶液中，用铬黑 T 或酸性铬蓝 K 作为指示剂，以 EDTA 标准溶液滴定至纯蓝色为终点。根据消耗 EDTA 的体积，即可计算出水中钙镁含量。

加指示剂后：

$$Me^{2+}+HIn^{2-}（蓝色）\longrightarrow MeIn^-（酒红色）+H^+（In^{2-}为指示剂）$$

滴定至终点时：

$$MeIn^-（酒红色）+H_2Y^{2-}\longrightarrow MeY^{2-}+HIn^{2-}（蓝色）+H^+$$

其反应为

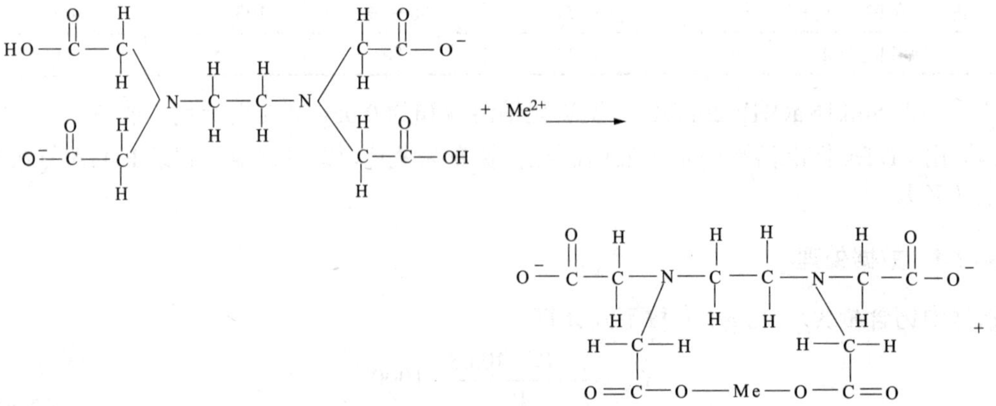

2. 电位滴定法

采用自动电位滴定仪和钙电极测量，用 EDTA 标准滴定溶液滴定钙、镁离子，当滴定至出现完整的突跃曲线后，仪器自动识别化学计量点（即突跃点），并根据突跃点所消耗的标准滴定溶液体积来计算硬度。当水样中的铜、锰含量达到一定浓度时，对测定存在干扰，可加入 L-半胱氨酸盐酸盐和三乙醇胺联合掩蔽消除干扰。

3.15.2　试剂与仪器

1. 试剂

（1）[EDTA]=0.02mol/L 的 EDTA 标准溶液：配制和标定方法见 3.14.2。

[EDTA]=0.001mol/L 的 EDTA 标准溶液：先配[EDTA]=0.05mol/L 的 EDTA 标准溶液，标定后准确稀释至 50 倍制得，浓度由计算得出。

（2）[EDTA]=0.05mol/L 标准溶液的配制和标定。

1）配制：称取 20g EDTA 溶于 1L 蒸馏水中，摇匀。

2）标定：称取于 800℃灼烧至恒重的基准氧化锌 1g（称准至 0.2mg）。用少许蒸馏水湿润，加盐酸溶液（1+1）至样品溶解，移入 250mL 容量瓶中，稀释至刻度，摇匀。取上述溶液 20.00mL，加 80mL 水，用 10%氨水中和至 pH 为 7～8，加 5mL 氨-氯化铵缓冲溶液（pH=10），加 5 滴 0.5% 铬黑 T 指示剂，用[EDTA]=0.05mol/L 的 EDTA 溶液滴定至溶液由紫色变为纯蓝色。

3）EDTA 标准溶液的浓度按式（3-45）计算。

（3）氨-氯化铵缓冲溶液：称取 20g 氯化铵溶于 500mL 高纯水中，加入 150mL 浓氨水，用高纯水稀释至 1L，混匀，取 50.00mL 按第二法（不加缓冲溶液）测定其硬度。根据测定结果，往其余 950mL 缓冲溶液中加所需的 EDTA 标准溶液，以抵消其硬度。

（4）硼砂缓冲溶液：称取硼砂（$Na_2B_4O_7 \cdot 10H_2O$）40g 溶于 80mL 高纯水中，加入氢氧化钠 10g，溶解后用高纯水稀释至 1L，混匀。取 50.00mL，加[HCl]=0.1mol/L 的盐酸溶液 40mL，然后按第二法测定其硬度，并按上法往其余 950mL 缓冲溶液中加入所需的 EDTA 标准溶液，以抵消其硬度。

（5）0.5%铬黑 T 指示剂（乙醇溶液）：称取 0.5g 铬黑 T（$C_{20}H_{12}O_7N_3SNa$）与 4.5g 盐酸羟胺，在研钵中磨匀，混合后溶于 100mL 95%乙醇中，将此溶液转入棕色瓶中备用。

（6）酸性铬蓝 K（乙醇溶液）：称取 0.5g 酸性铬蓝 K（$C_{16}H_9O_{12}N_2S_3Na_3$）与 4.5g 盐酸羟胺混合，加 10mL 氨-氯化铵缓冲溶液和 40mL 高纯水，溶解后用 95%乙醇稀释至 100mL。

2. 仪器

（1）自动电位滴定仪。

（2）钙离子电极。

3.15.3　分析步骤

（1）水样硬度大于 0.5mmol/L 时的测定。

1）不同硬度的水样需取水样体积见表 3-23。按表 3-23 吸取适量透明水样注于 250mL锥形瓶中，用高纯水稀释至 100mL。

2）加入 5mL 氨-氯化铵缓冲溶液，2 滴 0.5%铬黑 T 指示剂，在不断摇动下，用[EDTA]=0.02mol/L 的 EDTA 标准溶液滴定至溶液由酒红色变为蓝色即为终点，记录消耗 EDTA 标准溶液的体积。

3）另取同样体积的高纯水，按操作步骤测定空白值。

表 3-23　　　　　　　　　　　不同硬度的水样需取水样体积

水样硬度（mmol/L）	0.5～5.0	5.0～10.0	10.0～20.0
需取水样体积（mL）	100	50	25

（2）水样硬度在 1～500μmol/L 时的测定。

1）取 100mL 透明水样注于 250mL 锥形瓶中。

2）加 3mL 氨-氯化铵缓冲溶液（或 1mL 硼砂缓冲溶液）及 2 滴 0.5%酸性铬蓝 K 指示剂。

3）在不断摇动下，以[EDTA]=0.01mol/L 的 EDTA 标准溶液用微量滴定管滴定至蓝紫色即为终点。记录 EDTA 标准溶液所消耗的体积。

4）另取同样体积的高纯水，按操作步骤测定空白值。

（3）电位滴定法。

1）取适量水样于测量杯中。如果水样混浊，取样前应采用中速定量滤纸过滤，加入 5mL 氨-氯化铵缓冲溶液。水样酸性或碱性很高时，可用氢氧化钠溶液或盐酸溶液中和后再加缓冲溶液。当水样中的铜和锰大于 0.2mg/L 时对测定有干扰，可在测定前用 2mL L-半胱氨酸盐酸盐溶液和 2mL 三乙醇胺溶液进行联合掩蔽消除干扰。

2）将测量杯置于滴定台上，插入钙离子电极，开启仪器和搅拌器，用 EDTA 标准滴定溶液滴定，当滴定至出现完整的突跃曲线后停止滴定。

3.15.4　数据处理

1. 结果计算

（1）水样硬度（YD）大于 0.5mmol/L 时，水样硬度的 X_{YD} 含量（mmol/L）按式（3-47）进行计算：

$$X_{YD} = \frac{[EDTA] \times a \times 2}{V} \times 10^3 \tag{3-47}$$

式中：[EDTA]为 EDTA 标准溶液的浓度，mol/L；a 为滴定水样时所消耗 EDTA 标准溶液的体积与空白值之差，mL；V 为水样的体积，mL。

（2）水样硬度在 1～500μmol/L 时，水样硬度的数量（μmol/L）按式（3-48）进行计算：

$$X_{YD} = \frac{[EDTA] \times a \times 2}{V} \times 10^6 \tag{3-48}$$

式中 [EDTA]、a、V 意义同式（3-47）。

（3）硬度以摩尔浓度 C 计，数值以毫摩尔每升（mmol/L）表示，按式（3-49）进行计算：

$$C = \frac{V_1 c \times 10^3}{V} \tag{3-49}$$

式中：V_1 为滴定水样至突跃点时消耗 EDTA 标准滴定溶液体积的数值，mL；c 为 EDTA 标准滴定溶液实际浓度的准确数值，mol/L；V 为量取水样体积的数值，mL。

2. 允许差

（1）铬黑 T 法。取平行测定结果的算术平均值为测定结果。硬度大于 1mmol/L 时，两次平行测定结果的绝对差值不大于 0.05mmol/L；硬度小于或等于 1mmol/L 时，两次平行测定结果的绝对差值不大于 0.005mmol/L。

（2）酸性铬蓝 K 法。取平行测定结果的算术平均值为测定结果。两次平行测定结果的绝对差值不大于 1.0μmol/L。

（3）电位滴定法。电位滴定法测定硬度的允许差见表 3-24。同一操作者使用相同仪器，按相同测试方法，在短时间内对同一被测对象平行测定结果绝对差值的允许差应满足表 3-24 要求。

表 3-24 　　　　　　　　　　　电位滴定法测定硬度的允许差

测定结果（mmol/L）	允许差（mmol/L）
≤1.0	≤0.02
>1.0	≤$0.01+0.01\bar{x}$

注　$\bar{x}$ 为两次平行测定结果的平均值。

3.15.5　注意事项

（1）若水样的酸性或碱性较高时，则应先用[NaOH]=0.1mol/L 的氢氧化钠或[HCl]=0.1mol/L 的盐酸中和后再加缓冲溶液，否则加入缓冲溶液后，水样 pH 不能保证在 10.0±0.1 的范围内。

（2）对碳酸盐硬度较高的水样，在加入缓冲溶液前，应先稀释或加入所需 EDTA 标准溶液的 80%～90%（记入在所消耗的体积内），否则在加入缓冲溶液后，可能析出碳酸盐沉淀，使滴定终点拖长。

（3）冬季水温较低时，络合反应速度较慢，容易造成过滴定而产生误差。因此，当温度较低时，应将水样预先加温至 30～40℃后进行测定。

（4）如果在滴定过程中发现滴不到终点色，或加入指示剂后颜色呈灰紫色时，可能是 Fe、Al、Cu 或 Mn 等离子的干扰。遇此情况，可在加指示剂前，用 2mL1% 的 L-半胱氨酸盐酸盐和 2mL 三乙醇胺溶液（1+4）进行联合掩蔽。此时，若因加入 L-半胱氨酸盐酸盐，试样 pH 小于 10，可将氨缓冲溶液的加入量变为 5mL 即可。

（5）pH 为 10.0±0.1 的缓冲溶液，除使用氨-氯化铵缓冲溶液外，还可用氨基乙醇配制的缓冲溶液（无味缓冲液）。此缓冲溶液的优点是：无味，pH 稳定，不受室温变化的影响。配制方法：取 400mL 高纯水，加入 55mL 浓盐酸，然后将此溶液慢慢加入 310mL 氨基乙醇中并同时搅拌均匀，用高纯水稀释至 1L。100mL 水样中加入此缓冲溶液 1.0mL，即可使 pH 维持在 10.0±0.1。

（6）指示剂除用酸性铬蓝 K 外，还可选用酸性铬深蓝、酸性铬蓝 K+萘酚绿 B、铬蓝 SE、依来铬蓝黑 R。

（7）用新试剂瓶（玻璃、聚乙烯等）存放缓冲溶液时，有可能使配制好的缓冲溶液出现硬度。为了防止上述现象发生，储备硼砂缓冲溶液和氨缓冲溶液的试剂瓶（包括瓶塞、玻璃管、量瓶），应用加有缓冲液的 0.01mol/L 的 EDTA 充满约 1/2 容量处，于 60℃下间断地摇动，放置处理 1h。再将溶液倒出，用同样方法再处理一次。然后用高纯水充分冲洗干净。

（8）由于氢氧化钠对玻璃有较强的腐蚀性，硼砂缓冲溶液不宜在玻璃瓶内储存。另外，此缓冲溶液只适于测定硬度为 1～500μmol/L 的水样。

3.16 铜

测定水、汽样中铜的方法主要有分光光度法、原子吸收光谱法、离子色谱等方法。本节主要介绍双环己酮草酰二腙分光光度法，它是一种适用于锅炉用水和冷却水中铜的测定方法，适用于水样中铜离子含量在 5～200μg/L，且干扰物质含量满足要求。

3.16.1 原理

Cu^{2+} 在 pH（8.5～9.2）条件下与双环己酮草酰二腙反应生成天蓝色的络合物，此络合物最大吸收波长为 600nm。其反应为

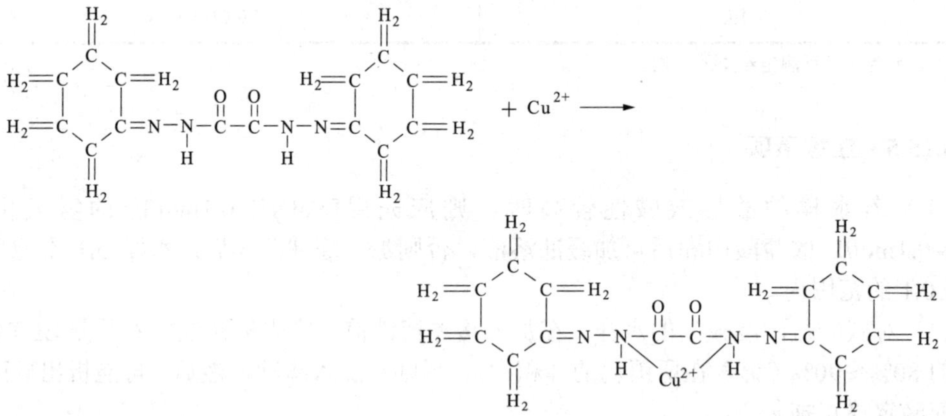

$$\text{（双环己酮草酰二腙结构式）} + Cu^{2+} \longrightarrow \text{（铜络合物结构式）}$$

干扰物质及其最高浓度见表 3-25。添加酒石酸铵溶液可以消除锡及铅的干扰。

表 3-25　　　　　　　　　　　　　干扰物质及其最高浓度

干扰物质	Cr^{3+}	镍	钴	Mn^{2+}	钒	钛
含量（mg/L）	<2.5	<20	<1	<25	<20	<37.5

3.16.2 试剂与仪器

1. 试剂

（1）试剂水：应符合 GB/T 6903 规定的 I 级试剂水的要求。

（2）柠檬酸氢二铵溶液（200g/L）：称取柠檬酸氢二铵 100g 溶于约 400mL 水中，加氨水（1+1），调节 pH 至 8.5，加水至 500mL。

（3）氨水（1+1）：优级纯。

（4）硝酸（1+1）：优级纯。

（5）双环己酮草酰二腙溶液（1g/L）：称取双环己酮草酰二腙 0.5g，加乙醇 50mL，在水浴中加热溶解。有不溶解物时，过滤，加水至 500mL。

（6）铜储备溶液（1mL 含 0.1mgCu^{2+}）：准确称取 0.100g 高纯铜（含铜 99.9%以上），加入 20mL 硝酸，煮沸，去除氮氧化物，冷却后定量转移至 1000mL 容量瓶，稀释至刻度。

注意：也可用市售的铜标准溶液。

（7）铜标准溶液（1mL 含 1μg Cu^{2+}）：准确移取铜储备溶液 10.00mL 放入 1000mL 容量瓶，加硝酸（1+1）20mL，稀释至刻度。

（8）试剂纯度应符合 GB/T 6903 要求。

2. 仪器

分光光度计：可在 600nm 处使用，配有 100mm 比色皿。

3.16.3 分析步骤

1. 工作曲线的绘制

（1）铜工作液配制见表 3-26。按表 3-26 用移液管分别移取铜标准溶液 0.5～20mL 至一组烧杯中。

表 3-26   铜 工 作 液 配 制

编　号	1	2	3	4	5	6	7	8
铜标准溶液体积（mL）	0	0.5	1.0	2.0	4.0	10.0	15.0	20.0
相当水样铜含量（μg/L）	0	5	10	20	40	100	150	200

（2）加柠檬酸氢二铵溶液 5mL，摇匀。注意：酒石酸铵溶液（100g/L）可以替代柠檬酸氢二铵溶液，如果加 10mL 酒石酸铵溶液，即可去除锡 10mg，以及铅 100mg 以内的干扰。

（3）加双环己酮草酰二腙溶液 5mL，滴加氨水调节 pH 至 8.5～9.2，可使用百里酚蓝（pH 在 8.0～9.6）或者甲酚红紫（pH 在 7.4～9.0）pH 试纸检验（溶液温度高，显色不稳定）。

（4）分别移入 组 50mL 容量瓶，加水定容至刻度摇匀，放置约 5min。

（5）以试剂空白为参比，在波长 600nm 处，用 100mm 比色皿测定吸光度。

（6）绘制铜含量和吸光度的工作曲线或计算回归方程。

2. 样品的测定

（1）按规定采集水样。

（2）量取 100mL 水样于 300mL 高型烧杯中，加浓盐酸 1mL，小心煮沸使溶液量浓缩至约 30mL。

（3）待溶液温度冷却至室温后，按工作曲线的绘制中（2）～（4）步骤进行操作。

（4）以试剂空白为参比，在波长 600nm 处，用 100mm 比色皿测定吸光度。

（5）根据测得的吸光度，查工作曲线或由回归方程计算得出铜含量。

3.16.4 数据处理

（1）结果计算。水样中铜含量 X_{Cu}（μg/L）按式（3-50）进行计算：

$$X_{Cu} = \frac{a \times 50}{V} \qquad (3-50)$$

式中：X_{Cu} 为水样中铜含量，μg/L；a 为从标准曲线上查得的铜含量，μg/L；V 为取水样的体积，mL；50 为定容体积，mL。

（2）允许差。测定结果要求相对标准偏差在 2%～10%。

3.16.5 注意事项

（1）所用器皿必须用硝酸溶液（1+1）浸渍，并用高纯水反复清洗后才能使用。

（2）中性红指示剂的用量会直接影响吸光度读数，因此须严格控制其剂量。也可制成中性红度纸（方法是把滤纸浸于 0.005%～0.01%的中性红溶液中，烘干制成）。

3.17　铁

测定水、汽样中铁的方法主要有分光光度法、氧化还原滴定法、原子吸收光谱法等。DL/T 502.25《全铁的测定（磺基水杨酸分光光度法）》适用于锅炉用水和冷却水中全铁含量为 0.05～10.00 mg/L 水样的测定，测定结果为水样中的全铁量。DL/T 502.26《亚铁的测定（邻菲啰啉分光光度法）》也称 1,10-菲啰啉分光光度法适用于锅炉用水和冷却水中亚铁离子含量为 5～200μg/L 水样的测定。GB/T 14427《锅炉用水和冷却水分析方法 铁的测定》规定了锅炉用水及工业循环冷却水中总铁、总可溶性总铁和可溶性铁（Ⅱ）的测定方法。适用于锅炉用水和冷却水系统铁的测定，其中 1,10-菲啰啉分光光度法适用于 0.01～5mg/L 的铁的测定。铁含量高于 5mg/L 时可将样品适当稀释后再进行测定；4,7-二苯基-1,10-菲啰啉分光光度法适用于含量为 10～200μg/L 的铁的测定；火焰原子吸收光谱法适用于 0.1～5mg/L 的铁的测定，铁含量高于 5mg/L 时可将样品适当稀释后再进行测定；石墨炉原子吸收光谱法适用于 1～100μg/L 的铁的测定。该标准中 1,10-菲啰啉分光光度法及火焰原子吸收光谱法也适用于地表水、地下水及化工、冶金、轻工、机械等各工业废水中的铁的测定。悬浮状铁的组分的分析方法适用于锅炉用水和冷却水中悬浮状铁的测定。本节主要介绍磺基水杨酸分光光度法、1,10-菲啰啉分光光度法和悬浮状铁的组分的分析方法。

3.17.1 磺基水杨酸分光光度法

3.17.1.1 原理

磺基水杨酸分光光度法利用磺基水杨酸与铁络合成的有色络合物,在一定波长条件下,其吸光度与水样中铁含量呈线性关系。根据工作曲线与测得的水样的吸光度可以得出水样中的全铁含量。

先将水样中亚铁用过硫酸铵氧化成高铁，在 pH 为 9～11 的条件下，Fe^{3+} 与磺基水杨酸反应如下：

此络合物最大吸收波长为 425nm。

磺基水杨酸与铁离子络合时，主要变动三价铁离子的电子云，因而产生了颜色的变化。它只对 Fe^{3+} 这样的有色离子有效（Fe^{3+} 呈淡黄色），有较高的选择性，但灵敏度较低，适用范围为 50～500μg Fe/L。Fe^{3+} 含量太少，将会使反应灵敏度变差，发色不稳定，会引起很大的误差。

3.17.1.2 试剂与仪器

1. 试剂

（1）试剂水：GB/T 6903 规定的Ⅰ级试剂水。

（2）浓盐酸（优级纯）。

（3）浓氨水（优级纯）。

（4）盐酸溶液（1+11）。

（5）磺基水杨酸溶液（300g/L）。

（6）过硫酸铵（10g/L）：此溶液应现用现配。

（7）铁储备溶液（1mL 含 100μgFe^{3+}）：准确称取 0.1000g 纯铁丝（铁含量大于 99.99%），加入 50mL 盐酸溶液，加热全部溶解后，加少量过硫酸铵，煮沸数分钟，定量移入 1L 容量瓶中，用试剂水稀释至刻度，摇匀备用；或准确称取 0.8634g 优级纯硫酸高铁铵 [FeNH$_4$(SO$_4$)$_2$·12H$_2$O]，溶于 50mL 盐酸溶液，溶解后定量转移至 1L 容量瓶中，用试剂水稀释至刻度，摇匀备用。

（8）铁标准溶液（1mL 含 10μgFe^{3+}）：准确移取铁储备溶液 10.00mL 注入 100mL 容量瓶中，加入 5mL 盐酸溶液，用试剂水稀释至刻度（此溶液使用时配制）。

2. 仪器

分光光度计：可在波长 425nm 处使用，配有 10、50mm 比色皿。

3.17.1.3 分析步骤

1. 工作曲线的绘制

（1）低浓度铁工作溶液的配制（使用 50mm 比色皿）、高浓度铁工作溶液的配制（使用 10mm 比色皿）分别见表 3-27、表 3-28。按表 3-27 和表 3-28 分别取一组铁标准溶液注于一组 50mL 容量瓶中，分别加入 1mL 浓盐酸，用试剂水稀释至约 40mL。

表 3-27　　　　　低浓度铁工作溶液的配制（使用 50mm 比色皿）

编　　号	1	2	3	4	5	6	7
铁标准溶液加入量（mL）	0.00	0.25	0.50	1.00	1.50	2.00	2.50
相当水样铁含量（μg/L）	0.0	50	100	200	300	400	500

表 3-28　　　　　高浓度铁工作溶液的配制（使用 10mm 比色皿）

编　　号	1	2	3	4	5	6	7
铁储备溶液加入量（mL）	0.00	0.25	0.50	1.00	2.00	4.00	5.00
相当水样铁含量（mg/L）	0.0	0.5	1.0	2.0	4.0	8.0	10.0

（2）加入 4.00mL 磺基水杨酸溶液且摇匀，加浓氨水 4.00mL 且摇匀，使 pH 在 9~11。

（3）用试剂水稀释至刻度，混匀后放置 10min。在波长 425nm 处用分光光度计。低浓度使用 50mm 比色皿、高浓度使用 10mm 比色皿。以试剂水作参比测定吸光度。

（4）根据测得吸光度和相应的铁含量绘制工作曲线或回归方程。

2. 水样的测定

（1）取样瓶中加入浓盐酸（每 500mL 水样加浓盐酸 2mL），按规定直接取样。

（2）取 50mL 水样（体积为 V）于 100~150mL 烧杯中，加入 1mL 浓盐酸和 1mL 过硫酸铵溶液，煮沸浓缩至约 20mL，冷却后移至 50mL 容量瓶中，用少量水清洗烧杯 2~3 次，并将洗涤液一并注入容量瓶中（体积不应大于 40mL）。

（3）按工作曲线的绘制（2）~（3）步骤操作，根据测得的吸光度，查工作曲线或由回归方程计算得出铁含量。

注意：水样铁含量小于 50μg/L 时，应使用 1,10-菲啰啉分光光度法测定。对带色水样，应增加过硫酸铵加入量，并通过空白试验扣除过硫酸铵的含铁量。过硫酸铵溶液不稳定，应现用现配。为保证显色正常，应注意氨水浓度是否可靠。为保证水样不受污染，在使用取样瓶、烧杯、容量瓶等玻璃器皿前，均应用盐酸（1+1）煮洗。

3.17.1.4 数据处理

水样中铁含量 X_{Fe}（μg/L 或 mg/L）按式（3-51）进行计算：

$$X_{Fe} = \frac{a \times 50}{V} \qquad (3-51)$$

式中：X_{Fe} 为水样中铁含量，μg/L 或 mg/L；a 为由工作曲线查得的铁含量，μg/L 或 mg/L；V 为水样的体积，mL；50 为定容体积，mL。

3.17.1.5 注意事项

（1）水样含铁量小于 50μg/L 时，应采用邻菲罗啉法测定。

（2）对有颜色的水样，应增加过硫酸铵的加入量，并通过空白试验扣除过硫酸铵的含铁量，过硫酸铵也可配成溶液使用，但由于其溶液不稳定，应在使用时配制。

（3）为了保证显示色正常，应注意氨水浓度是否可靠。

（4）为了保护水样不受污染，在使用取样瓶、烧杯、比色管等玻璃器皿前，均应用盐酸（1+1）煮洗。

3.17.2 1,10-菲啰啉分光光度法

3.17.2.1 原理

1,10-菲啰啉分光光度法在强酸性条件下，通过被氨三乙酸掩蔽剂对 Fe^{3+} 的掩蔽作用，消除 Fe^{3+} 的干扰，可以定量测出水样中亚铁离子的含量。其原理和磺基水杨酸分光光度法相同。

在 pH 为 2.5～2.9 的条件下（在该 pH 条件下，Fe^{3+} 被氨三乙酸掩蔽，因此 Fe^{3+} 的干扰可以消除），亚铁离子（Fe^{2+}）与邻菲啰啉生成红色络合物。其反应为

此络合物的最大吸收波长为 510nm。在此波长下测定生成红色络合物的吸光度，定量亚铁离子。

3.17.2.2 试剂与仪器

1. DL/T 502.26 的规定

（1）无氧水：将水注入烧瓶中，煮沸 1h 后立即用装有玻璃导管的胶塞塞紧，导管与盛有焦性没食子酸碱性溶液（100g/L）的洗瓶连接，冷却。本标准所用水均为无氧水。注意焦性没食子酸碱性溶液的配制：称取焦性没食子酸 10g 溶于 50mL 的水中；另外称取氢氧化钾 30g 溶于 50mL 水中。使用时将两种液体混合即可。

（2）亚铁储备溶液（1mL 含 100μg Fe^{2+}）：准确称取 0.7020g 优级纯硫酸亚铁铵溶解于

稀硫酸（50mL 加 2mL 浓硫酸）中，定量移入 1L 容量瓶中，用水稀释至刻度，摇匀。

（3）亚铁标准溶液（1mL 含 $1\mu g\ Fe^{2+}$）：准确移取亚铁储备溶液 10.00mL 注入 1L 容量瓶中，加入 2mL 浓硫酸，用水稀释至刻度。

（4）盐酸邻菲啰啉溶液（0.025mol/L）：称取 0.587g 盐酸邻菲啰啉溶解于 100mL 水中。

（5）氨基乙酸溶液（0.5mol/L）：称取 37.54g 氨基乙酸溶解于 500mL 水中，用 0.5mol/L 盐酸溶液调节 pH 至 2.9 以后，移入 1L 容量瓶中，用水稀释至刻度摇匀。

（6）氨三乙酸溶液（0.1mol/L）：称取 19.15g 氨三乙酸放入 500mL 烧杯中，加入约 200～300mL 水，在不断搅拌下先加入固体氢氧化钠，再加入 0.1mol/L 氢氧化钠溶液至氨三乙酸全部溶解，用 0.1mol/L 氢氧化钠调节溶液 pH 为 6，移入 1L 容量瓶用水稀释至刻度。

（7）缓冲试剂混合液：量取 5 体积盐酸邻菲啰啉溶液和 5 体积氨基乙酸溶液，与 1 体积氨三乙酸溶液混合。该溶液储存期为 7 天。

（8）试剂纯度应符合 GB/T 6903 的要求。

（9）分光光度计，可在 510nm 处使用，配有 100mm 比色皿。

2. GB/T 14427 的规定

试验用水，GB/T 6682—2008，三级。

（1）硫酸溶液（1+3）。

（2）盐酸（2+1）。

（3）氨水（1+1）。

（4）乙酸缓冲溶液。溶解 40g 乙酸铵（CH_3COONH_4）和 50mL 冰乙酸（$\rho=1.06g/mL$）于水中并稀释至 100mL。

（5）盐酸羟胺溶液（100g/L）。溶解 10g 盐酸羟胺（$NH_2OH \cdot H_2O$）于水中并稀释至 100mL。此溶液可稳定放置一周。

（6）过硫酸钾溶液（40g/L）。溶解 4g 过硫酸钾（$K_2S_2O_8$）于水中并稀释至 100mL，室温下储存于棕色瓶中。此溶液可稳定放置几个星期。

（7）铁标准储备溶液（100mg/L）。称 50.0mg 铁丝（纯度 99.99%，精确至 0.1mg）置于 100mL 锥形瓶中，加 20mL 水、5mL 盐酸，缓慢加热使之溶解，冷却后定量转移到 500mL 容量瓶中，用水稀释至刻度，摇匀。此溶液储存于耐蚀玻璃或塑料瓶中，可稳定放置至少一个月。

（8）铁标准溶液Ⅰ（20mg/L）。移取 100mL 铁标准储备溶液于 500mL 容量瓶中并稀释至刻度。使用当天制备该溶液。

（9）铁标准溶液Ⅱ（0.2mg/L）。移取 5mL 铁标.准溶液Ⅰ于 500mL 容量瓶中并稀释至刻度。使用当天制备该溶液。

（10）1,10-菲啰啉溶液（5g/L）。溶解 0.5g 1,10-菲啰啉氯化物（一水合物）（$C_{12}H_9ClN_2 \cdot H_2O$）于水中并稀释至 100mL。或将 0.42g 1,10-菲啰啉（一水合物）（$C_{12}H_8N_2 \cdot H_2O$）溶于含有 2 滴盐酸的 100mL 水中。此溶液储存在暗处，可稳定放置一周。

仪器包括一般实验室用仪器和下列仪器：

（1）分光光度计：可在 510nm 处测定，有棱镜型或光栅型。

（2）吸收池：光程长至少为 10mm。

（3）氧瓶：容量为 100mL。

（4）微波消解器。

3.17.2.3 测定步骤

1. DL/T 502.26 的规定

（1）工作曲线的绘制。

1）亚铁工作溶液的配制见表 3-29。按表 3-29 量取一定量亚铁标准溶液（1mL 含 1μg Fe^{2+}），分别注入一组 50mL 容量瓶中，加水稀释至 30mL 左右。

表 3-29　　　　　　　　　　　　　　亚铁工作溶液的配制

编　　　号	1	2	3	4	5	6	7	8	9	10	11
亚铁标准溶液（mL）	0.00	0.50	1.00	1.50	2.00	2.50	3.00	3.50	4.00	4.50	5.00
相当于水样铁含量（μg/L）	0.0	10	20	30	40	50	60	70	80	90	100

2）加入 10mL 缓冲试剂混合液，用水稀释至刻度，摇匀。

3）分光光度计，波长为 510nm，用 100mm 比色皿测定吸光度，根据测得的吸光度和对应亚铁含量绘制工作曲线或回归方程。

（2）水样的测定。

1）取样瓶中加入浓盐酸（每 500mL 水样加浓盐酸 2mL）按 DL/T 502.2 规定直接取样。

2）量取 5～35mL 水样（依水样中亚铁含量而定，体积为 V）至 50mL 容量瓶中。

3）加入 10mL 缓冲试剂混合液，用水稀释至刻度，摇匀。

4）在分光光度计 510nm 波长下测定吸光度，根据测得的吸光度，查工作曲线或由回归方程计算得出亚铁含量。注意水样应为中性或弱酸性，否则应预先调节 pH。由于亚铁离子容易被氧化，现场取样后应立即进行测定。

2. GB/T 14427 的规定

（1）样品处理。

1）总铁。取样后立即酸化至 pH≤1，总铁包括水体中的悬浮性铁和微生物体中的铁，测定时应于移取水样前将酸化后的水样剧烈振摇均匀，并立即吸取，以防止重复测定结果出现很大的差别。通常 1mL 硫酸可以满足 100mL 水样的要求。

2）总可溶性铁。采样后立即过滤样品，将滤液酸化至 pH≤1（每 100mL 试样加 1mL 浓硫酸）。

3）可溶性铁（Ⅱ）。加 1mL 硫酸于一个氧瓶中，用水样完全充满，避免与空气接触。

（2）校正曲线的绘制。

1）用移液管移取一定体积的铁标准溶液Ⅰ和铁标准溶液Ⅱ于一系列 50mL 容量瓶中，制备一系列质量浓度范围的含铁校准溶液，校准溶液的质量浓度范围应与待测试液含铁质量浓度相适应。加 0.5mL 硫酸溶液于每个容量瓶中，加水稀释至约 40mL。

2）在各容量瓶加 1mL 盐酸羟胺并充分混匀，放置 5min。

3）用氨水溶液调节溶液 pH≈3，然后使 2.00mL 乙酸缓冲溶液 pH 为 3.5～5.5，最好为 4.5。加 0.1%1,10-菲啰啉溶液 2mL，再用水稀释，摇匀，于暗处放置 10min。

4）用分光光度计于 510nm 处，以试剂空白为参比测定各溶液的吸光度。当所测水样铁离子浓度为 0.01～1mg/L 时，采用 50nm 吸收池；当铁离子浓度大于 1mg/L 时，采用 10nm 吸收池。

5）以铁离子质量浓度（mg/L）为横坐标，所测吸光度为纵坐标绘制校准曲线或计算回归方程。

（3）水样的测定。

1）总铁的测定。移取 50.0mL 酸化后的试样于 100mL 锥形瓶中，加 5mL 过硫酸钾溶液，将该混合物加热微沸 40min，剩余体积约 20mL；冷却至室温后转移至 50mL 容量瓶中并补水至 40mL。或者用移液管量取 50mL 酸化试样于微波消解杯中，于微波消解仪消解后转移至 50mL 容量瓶中并补水约至 40mL。以下步骤按（2）校正曲线的绘制中 2）～4）操作。

2）可溶性总铁的测定。用移液管移取 40.00mL 酸化后的可溶性总铁试样于 50mL 容量瓶中。以下步骤按（2）校正曲线的绘制中 2）～4）操作。

3）可溶性铁（Ⅱ）的测定。用移液管移取 40.00mL 酸化后的可溶性铁（Ⅱ）试样于 50mL 容量瓶中。以下步骤按（2）校正曲线的绘制中 2）～4）操作。

3.17.2.4 数据处理

1. 结果计算

（1）DL/T 502.26 规定水样中亚铁含量（μg/L）按式（3-52）进行计算：

$$X_{Fe^{2+}} = \frac{a \times 50}{V} \qquad (3-52)$$

式中：$X_{Fe^{2+}}$ 为水样中亚铁含量，μg/L；a 为由工作曲线查得或由回归方程计算的亚铁含量，μg/L；V 为水样的体积，mL；50 为定容体积，mL。

（2）GB/T 14427 规定铁含量以质量浓度 ρ 计，按式（3-53）进行计算：

$$\rho = \rho_0 \frac{V_0}{V} \qquad (3-53)$$

式中：ρ_0 为由校正曲线查得回归方程计算出的铁离子浓度的数值，mg/L；V_0 为定容体积的数值，mL（V_0=50mL）；V 为量取水样的体积的数值，mL。

报告结果时应指明所测铁的形式及有效位数：① 铁质量浓度为 0.010～0.100mg/L 时，结果应精确到 0.001mg/L；② 铁质量浓度为 0.100～10mg/L 时，结果应精确到 0.01mg/L；③ 铁质量浓度大于 10mg/L 时，结果应精确到 0.1mg/L。

2. 允许差

在同一实验室，由同一操作者使用相同设备，按相同的测试方法，并在短时间内对同一被测对象进行相互独立测试获得的两次独立测试结果的绝对差值不大于这两个测定值的算数平均值的 5%。

3.17.2.5 注意事项

（1）所用取样及分析器皿，必须先用盐酸溶液（1+1）浸渍或煮洗，然后用高纯水反复清洗后才能使用。为了保证水样不受污染，取样瓶必须用无色透明的带塞玻璃瓶。

（2）对含铁量高的水样，测定时应减少水样的取样量。

（3）如水样中含有强氧化性干扰离子，如高锰酸钾、重铬酸钾和硝酸盐等，会使发色后的亚铁 1,10-菲啰啉络合物氧化成浅蓝色的三价铁离子的邻菲啰啉络合物（三价铁离子不能和 1,10-菲啰啉直接形成络合物），使测试结果偏低。

（4）因二价铁离子在碱性溶液中极易被空气中的氧氧化成高价离子，因此在调 pH 前，必须先加入 1,10-菲啰啉，以免影响测定结果。

（5）乙酸铵及分析纯盐酸中含铁量较高，因此在测定时各试剂的加入量必须精确，以免引起误差，一般应用滴定管操作。

（6）若所取水样中含酸、碱量较大，则酸化时酸的加入量，以及用来调 pH 的浓氨水加入量不能采用本法所规定的加入量，必须另行计算。

（7）测定时所量取的水样若增加到 100mL，则更有利于将悬浮状氧化铁颗粒转化成离子状铁，可大大提高测试方法的灵敏度。

3.17.3 悬浮状铁的组分分析

3.17.3.1 原理

悬浮状铁的组分分析实质是将水样中悬浮状铁（主要由氢氧化亚铁、三氧化二铁和四氧化三铁组成）用 1,10-菲啰啉分光光度法测定的分析方法。

悬浮状铁由氢氧化亚铁、三氧化二铁和四氧化三铁组成。一定体积的水样连续通过孔径为 0.45μm 的微孔滤膜过滤器，水中悬浮铁阻留在滤膜上。用浓酸浸溶滤膜后，用 1,10-菲啰啉分光光度法测定悬浮状铁中亚铁的含量；用盐酸羟胺还原，以 1,10-菲啰啉分光光度法测定悬浮铁中的全铁；将滤膜滴加过氧化氢浸润，使氢氧化亚铁中的亚铁被氧化，然后用浓酸将滤膜浸溶，用 1,10-菲啰啉分光光度法可测出四氧化三铁中亚铁的含量。根据上述测定结果可计算出悬浮状铁的组成。

3.17.3.2 试剂与仪器

1. 试剂

所用试剂参见亚铁的测定（1,10-菲啰啉分光光度法）。

2. 仪器

（1）分光光度计：见亚铁的测定（1,10-菲啰啉分光光度法）。

（2）醋酸纤维素微孔滤膜：平均孔径为 0.45μm。

（3）滤膜过滤器：可用不锈钢、有机玻璃或塑料制成，直径约为 50mm，装有 0.45μm 醋酸纤维素微孔滤膜。

3.17.3.3 分析步骤

（1）将两张微孔滤膜分别紧固于两个滤膜过滤器中，通过橡皮管接到三通管上，再将三通管接到取样管上，调节水样以约 500mL/min 的流速通过两个微孔滤膜过滤器。水样的通过量视水中含铁量而定，一般需 15～20L，记录水样体积为 V_1。

（2）将滤膜分别保存在含有 50～100mg/L 联氨溶液（用氨水调节 pH＞9）的试管中，用橡皮塞塞好，送往实验室测定。

（3）将一号滤膜置于 300mL 锥形瓶中，加入约 2g 固体无水碳酸钠，然后加入 30mL 浓盐酸（优级纯），在锥形瓶上盖上一个 100mL 烧杯后，立即放在沙浴上煮沸 15～20min。自沙浴上取下锥形瓶，趁热加入 1～2g 固体无水碳酸钠，再盖上 100mL 烧杯，冷却至室温。将溶液转移至 100mL 容量瓶中（不溶滤膜任其留在锥形瓶中），锥形瓶及滤膜用水清洗 2～3 次，洗液一并移入容量瓶中，用试剂水稀释至刻度，摇匀。

（4）用移液管从容量瓶中按步骤（3）吸取一定体积的试样（体积为 V_2），放入 125mL 锥形瓶或相同容积的烧杯中，按 GB/T 14427 规定的方法测定全铁含量（结果为 a μg/L）。

（5）用移液管从容量瓶中吸取与步骤（4）相同体积的试样至 50mL 容量瓶中，用试剂水稀释至约 30mL，滴加氨水调节溶液 pH 为 2.5～3.0，按 DL/T 502.26 的方法测定悬浮状铁中亚铁的含量（结果为 b μg/L）。

（6）将 2 号滤膜滴加过氧化氢浸润，置于室温下静置 1h（可放在滴有过氧化氢的培养皿中静置）后取出，用步骤（3）的方法浸溶处理，按 DL/T 502.26 的方法测定四氧化三铁中亚铁的含量（结果为 c μg/L）。

3.17.3.4 数据处理

（1）悬浮状铁中的全铁含量 A（μg/L）按式（3-54）计算：

$$A = \frac{a \times 50 \times 100}{1000 \times V_1 \times V_2} = \frac{5a}{V_1 V_2} \tag{3-54}$$

式中：a 为由步骤（4）得出的结果，μg/L；V_1 为通过滤膜过滤器水样的体积，L；V_2 为从 100 mL 容量瓶吸取溶液的体积，mL。

（2）悬浮状铁中的亚铁含量 B（μg/L）按式（3-55）计算：

$$B = \frac{b \times 50 \times 100}{1000 \times V_1 \times V_2} = \frac{5b}{V_1 V_2} \tag{3-55}$$

式中：b 为由步骤（5）测得结果，μg/L。其他符号意义同式（3-54）。

（3）氧化后悬浮状铁中亚铁含量 C（μg/L）按式（3-56）计算：

$$C = \frac{c \times 50 \times 100}{1000 \times V_1 \times V_2} = \frac{5c}{V_1 V_2} \tag{3-56}$$

式中：c 为由步骤（6）测得结果，μg/L。其他符号意义同式（3-54）。

（4）计算以氢氧化亚铁、三氧化二铁、四氧化三铁形式存在的铁占悬浮状铁的百分数，按下式计算：

1）以氢氧化亚铁形式存在的铁的百分数按式（3-57）计算：

$$Fe(OH)_2 = \frac{B - C}{A} \times 100 \tag{3-57}$$

2）以三氧化二铁形式存在的铁的百分数按式（3-58）计算：

$$Fe_2O_3 = \frac{A - (B + 2C)}{A} \times 100 \tag{3-58}$$

3）以四氧化三铁形式存在的铁的百分数按式（3-59）计算：

$$Fe_3O_4 = \frac{3C}{A} \times 100 \tag{3-59}$$

3.17.3.5 注意事项

由于电厂运行的具体情况和各种水质的悬浮状铁含量不同，通过微孔滤膜的取样量应有较大差别。机组启动时凝结水等含铁量可高达几百微克每升，甚至超过 1mg/L，而且绝大部分为悬浮状铁，取这样的水样 1L 比正常运行条件下 60L 凝结水所含悬浮状铁还多。因此，应结合具体情况确定取样量。

3.18 铜 和 铁

随着发电厂机组装机容量的增大、参数的提高，对水、汽循环系统汽水品质的要求越来越高。痕量铜、铁离子的测定是电力行业水处理系统及发电机组水、汽质量控制监督的重要指标之一，铜铁离子测定的准确性直接影响给水水质及蒸汽品质，影响热力设备的安全运行。因此准确测定痕量铜、铁离子对电力生产的安全经济运行有着重要意义。

目前同时测定水、汽样中铜和铁有 DL/T 1202《火力发电厂水汽中铜离子、铁离子的测定溶出伏安极谱法》、HG/T 5564《锅炉用水和冷却水分析方法 铁、铜含量的测定 伏安极谱法》和 DL/T 955《火力发电厂水、汽试验方法 铜、铁的测定 原子吸收分光光度法》三个标准。前两者是伏安极谱法，原理是在一定的缓冲条件及还原电位下，溶液中铜离子、铁离子被还原到悬汞电极上；通过施加反向电压，使悬汞电极上金属单质被氧化为相应的金属离子而进入溶液。利用在氧化过程中的产生的电流计算出样品中铜离子、铁离子的含量。其中 DL/T 1202 适用于锅炉给水、凝结水、蒸汽、水内冷发电机冷却水和炉水中的铜、铁的测定，检测范围为 0~100μg/L（铜和铁）；HG/T 5564 规定了伏安极谱法测定锅炉用水、冷却水、天然水及工业废水中铁离子和铜离子的测定，适用于铁、铜的质量浓度范围为 0.5~100μg/L 的测定，浓度超过 100μg/L 时需稀释后测定。DL/T 955 是利用原子吸收分光光度原理，其中火焰原子吸收法适用的测定范围：0.05~5.0mg/L（铜）、0.1~5.0mg/L（铁），适用原水及机组启动时水、汽的测定；石墨炉原子吸收法适用的测定范围：0~100μg/L（铜）、0~100μg/L（铁），适用于锅炉给水、凝结水、蒸汽、水内冷发电机冷却水和炉水的测定，核电站水、汽中铜、铁的测定可参照此标准。本节主要介绍原子吸收分光光度法。

3.18.1 原理

将预处理后的水样注入石墨管或吸入雾化器，蒸发干燥、灰化、原子化，测量原子化阶段铜、铁元素产生相应的吸收信号的吸光度，再从标准工作曲线上查得与各吸光度相对应的待测铜、铁元素的含量。

3.18.2 试剂与仪器

1. 试剂

（1）试剂水：使用符合 GB/T 6903 规定的一级试剂水。

（2）盐酸溶液（1+1）：用 ρ=1.19g/mL，优级纯盐酸配制。

（3）硫酸溶液（1+1）：用 ρ=1.84g/mL，优级纯硫酸配制。

（4）硝酸溶液（1+199）：用 ρ=1.42g/mL，光谱纯或优级纯硝酸配制。

（5）硝酸溶液（1+1）：用 ρ=1.42g/mL，光谱纯或优级纯硝酸配制。

（6）铜标准溶液：

1）铜标准储备液，1000mg/L：称取 1.000g 纯铜于烧杯中，加入硝酸溶液（1+1）30mL，缓慢加入硫酸溶液（1+1）4mL，缓慢加热溶解，继续加热蒸发至近干，冷却后，用水溶解转移至 1000mL 容量瓶中，稀释至标线。

2）铜标准溶液（Ⅰ），100mg/L：准确移取铜标准储备液（1000mg/L）10mL 于 1000 mL 容量瓶中，用硝酸溶液（1+199）稀释至标线。

3）铜标准溶液（Ⅱ），10mg/L：准确移取铜标准储备液（1000mg/L）100mL 于 1000mL 容量瓶中，用硝酸溶液（1+199）稀释至标线。

4）铜标准溶液（Ⅲ），100μg/L：准确移取铜标准中间液（Ⅰ）10mL 于 1000mL 容量瓶中，用硝酸溶液（1+199）稀释至标线。此标准中间液用于分析时配制标准工作溶液。该溶液应于 24h 内使用。

（7）铁标准溶液：

1）铁标准储备液，1000mg/L：称取 1.000g 纯铁丝于烧杯中，加入盐酸溶液（1+1）100mL，加热溶解，冷却后，用水溶解转移至 1000mL 容量瓶中，用水稀释至标线。

2）铁标准溶液（Ⅰ），100mg/L：准确移取铜标准储备液（1000mg/L）10mL 于 1000 mL 容量瓶中，用硝酸溶液（1+199）稀释至标线。

3）铁标准溶液（Ⅱ），10mg/L：准确移取铜标准储备液（1000mg/L）100mL 于 1000mL 容量瓶中，用硝酸溶液（1+199）稀释至标线。

4）铁标准溶液（Ⅲ），100μg/L：准确移取铜标准中间液（Ⅰ）10mL 于 1000mL 容量瓶中，用硝酸溶液（1+199）稀释至标线。此标准中间液用于分析时配制标准工作溶液。该溶液应于 24h 内使用。

（8）氩气，纯度 99.998%或更高。

（9）燃气：乙炔，纯度不低于 99.5%。乙炔钢瓶中丙酮会影响分析结果，乙炔钢瓶压力降至 0.5MPa 时，应更换。

（10）助燃气：净化空气。

2．仪器

（1）原子吸收分光光度仪及其相应的辅助设备。

（2）铜空心阴极灯和铁空心阴极灯。

（3）微波消解仪、水浴锅、电热板。

（4）取样瓶：具有密封盖的聚丙烯材质或耐高温玻璃材质，125mL。先用分析纯或以上级别的硝酸（1+1）浸泡 24h 以上，再用试剂水清洗干净后备用。

（5）玻璃器皿，清洗配制标准和水样测试中使用的所有玻璃器皿，先用分析纯或以上级别的硝酸（1+1）浸泡 24h 以上，再用试剂水清洗干净后备用。测定水样中铁含量时，所有器皿可使用盐酸（1+1）浸泡、清洗。

3.18.3 分析步骤

1．仪器条件的选择

参照仪器使用说明书选择最佳仪器参数，石墨炉原子吸收法工作参数示例见表 3-30；对于火焰原子吸收，需选择合适的波长，设置合适火焰燃烧头的高度，火焰原子吸收法工作参数示例参见表 3-31。

表 3-30 　　　　　　　　　　　石墨炉原子吸收法工作参数示例

元素	波长（nm）	灯电流（mA）	光谱通带（nm）
铜	324.8	10	0.7
铁	248.3	15	0.2

石墨炉温度程序（Fe）			
步骤	温度（℃）	斜坡升温时间（s）	保持时间（s）	氢气流量（mL/min）
1	90	10	20	250
2	130	10	20	250

石墨炉温度程序（Fe）				
步骤	温度（℃）	斜坡升温时间（s）	保持时间（s）	氢气流量（mL/min）
3	1100	10	20	250
4	2400	0	5	关
5	2600	1	3	250
石墨炉温度程序（Cu）				
步骤	温度（℃）	斜坡升温时间（s）	保持时间（s）	氢气流量（mL/min）
1	90	10	20	250
2	130	10	20	250
3	1000	10	20	250
4	2300	0	5	关
5	2600	1	3	250
备注	铁、铜进样体积均为 20μL			
标准工作溶液系列				
元素	浓度水平（μg/L）			
铜	空白	1.0	3.0	5.0	7.0	10.0
铁	空白	1.0	3.0	5.0	7.0	10.0

表 3-31   **火焰原子吸收法工作参数示例**

参数	铜	铁
光源	Cu 空心阴极灯	Fe 空心阴极灯
灯电流（mA）	7.5	12.5
波长（nm）	324.8	248.3
光谱通带（nm）	1.3	0.2
燃烧头	标准型	标准型
燃烧头高度（mm）	7.5	7.5
火焰类型	空气—C_2H_2	空气—C_2H_2
助燃气压力（kPa）	160	160
助燃气流量（L/min）	15.0	15.0
燃气压力（kPa）	30	30
燃气流量（L/min）	2.0	2.0

2. 标准工作溶液的配制

（1）石墨炉原子吸收法。

1）铜标准工作液，10μg/L：准确移取铜标准溶液（Ⅲ）10mL 于 1000mL 容量瓶中，用硝酸溶液（1+199）稀释至刻度。此标准工作液应测试时配制。铜标准工作液的浓度可根据待测水样中铜的浓度范围而改变。

2）铁标准工作液，10μg/L：准确移取铁标准溶液（Ⅲ）10mL 于 100mL 容量瓶中，用硝酸溶液（1+199）稀释至标线。此标准工作液应测试时配制。铁标准工作液的浓度可根据待测水样中铁的浓度范围而改变。

（2）火焰原子吸收法。

1）铜标准工作溶液配制火焰原子吸收法见表 3-32。根据水样中铜含量，按照表 3-32 的规定用移液管分别移取一定体积的铜标准溶液（Ⅰ）、铜标准溶液（Ⅱ），注入一组 100mL 容量瓶中，用硝酸溶液（1+199）稀释至刻度。

表 3-32　　　　　　　　　铜标准工作溶液配制火焰原子吸收法

序　号	0	1	2	3	4	5	6
铜标准溶液（Ⅰ）体积（mL）	0.0	0.5	1.0	2.0	3.0	4.0	5.0
铜含量（mg/L）	0.0	0.5	1.0	2.0	3.0	4.0	5.0
序　号	0	1	2	3	4	5	6
铜标准溶液（Ⅱ）体积（mL）	0.0	0.5	1.0	2.0	3.0	4.0	5.0
铜含量（mg/L）	0.0	0.02	0.1	0.2	0.3	0.4	0.5

2）铁标准工作溶液配制火焰原子吸收法见表 3-33。根据水样中铁含量，按照表 3-33 的规定用移液管分别移取一定体积的铁标准溶液（Ⅰ）、铁标准溶液（Ⅱ），注入一组 100mL 容量瓶中，用盐酸溶液（1+199）稀释至刻度。

表 3-33　　　　　　　　　铁标准工作溶液配制火焰原子吸收法

序　号	0	1	2	3	4	5	6
铁标准溶液（Ⅰ）体积（mL）	0.0	0.5	1.0	2.0	3.0	4.0	5.0
铁含量（mg/L）	0.0	0.5	1.0	2.0	3.0	4.0	5.0
序　号	0	1	2	3	4	5	6
铁标准溶液（Ⅱ）体积（mL）	0.0	1.0	2.0	3.0	4.0	5.0	10.0
铁含量（mg/L）	0.0	0.1	0.2	0.3	0.4	0.5	1.0

3．标准工作曲线的绘制

（1）石墨炉原子吸收法。

1）根据铜、铁元素的检测灵敏度和水样中铜、铁含量，确定进样体积，宜选取 10～40μL。

2）以硝酸溶液（1+199）为空白溶液和稀释溶液，以铜标准工作液（10μg/L）为铜最高浓度校正标准工作溶液，设置五个以上校正标准工作溶液，自动进样器将自动稀释配制校正标准工作溶液，测定空白溶液和校正标准工作溶液的吸光度（峰面积或峰高）。以浓度为横坐标、吸光度为纵坐标，绘制铜标准工作曲线或求得回归方程，线性相关系数应大于 0.995。

3）以硝酸溶液（1+199）为空白溶液和稀释溶液，以铁标准工作液（10μg/L）为铁最高浓度校正标准工作溶液，设置五个以上校正标准工作溶液，自动进样器将自动稀释配制校正标准工作溶液，测定空白溶液和校正标准工作溶液的吸光度（峰面积或峰高）。以浓度为横坐标、吸光度为纵坐标，绘制铁标准工作曲线或求得回归方程，线性相关系数应大于0.995。

（2）火焰原子吸收法。

1）根据铜、铁元素的检测灵敏度和水样中铜、铁含量，选择合适的标准工作溶液范围。

2）以硝酸溶液（1+199）为空白溶液，测定空白溶液和标准工作溶液的吸光度（峰高）。以浓度为横坐标，以吸光度为纵坐标，绘制铜标准工作曲线或求得回归方程，线性相关系数应大于0.995。

3）以盐酸溶液（1+199）为空白溶液，测定空白溶液和标准工作溶液的吸光度（峰高）。以浓度为横坐标，以吸光度为纵坐标，绘制铁标准工作曲线或求得回归方程，线性相关系数应大于0.995。

4. 水样的测定

（1）石墨炉原子吸收法。

1）取样前，向125mL取样瓶中加入硝酸溶液（1+1）1mL，然后采集水样100mL。酸化水样与配制标准工作溶液所用硝酸的纯度以及酸度应保持一致。

2）将盛有水样的取样瓶在沸水浴中加热10min或取一定量水样采用微波消解，冷却至室温。

3）在与测定铜校正标准工作溶液相同的条件下，将水样注入石墨管中，测得吸光度，由铜标准工作曲线得出水样中铜含量。

4）在与测定铁校正标准工作溶液相同的条件下，将水样注入石墨管中，测得吸光度，由铁标准工作曲线得出水样中铁含量。

5）如果水样中铜、铁浓度超过最高标准工作溶液浓度，可设置自动进样器用硝酸溶液（1+199）稀释水样；可人工稀释合适的倍数，重新测试。水样中铜、铁浓度超过100μg/L时，宜选择次灵敏度的波长测试或采用火焰原子吸收法直接测试。

6）分析水样时的进样量应与分析标准工作溶液时的进样量完全相同；每测试一定数目样品后，应分析一个标准样品，若有较大偏差，则应检查石墨炉、光谱测定条件，检查石墨炉管寿命等并进行处理，必要时应重新绘制标准工作曲线，重新测定水样。

（2）火焰原子吸收法。

1）若测定水样中铜含量，则取样前，向125mL取样瓶中加入硝酸溶液（1+1）1mL，然后采集水样100mL。若测定水样中铁含量，则取样前，向125mL取样瓶中加入盐酸溶液（1+1）1mL，然后采集水样100mL。酸化水样与配制标准工作溶液所用硝酸的纯度以及酸度应保持一致。如果仅测溶解性铜或铁，酸化前应用0.45μm滤膜过滤水样。

2）将盛有水样的取样瓶在沸水浴中加热10min或取定量的水样采用微波消解，冷却至室温。当水样中悬浮物较多时，需将消解后的溶液用合适的滤纸进行过滤处理。若水样中铜、铁含量很高，酸度不足，则可适当增加酸的量，同时应测定相应酸度下的空白值。

3）在与测定铜标准工作溶液相同的条件下，测得水样吸光度，由铜标准工作曲线计算得出水样中铜含量。

4）在与测定铁标准工作溶液相同的条件下，测得水样吸光度，由铁标准工作曲线计算得出水样中铁含量。

5）如果水样中铜、铁浓度超过最高标准工作溶液浓度，应选择合适的倍数稀释水样后，重新测试。

3.18.4 数据处理

铜、铁测定结果的精密度见表 3-34 和表 3-35。

表 3-34　　　　　　　铜测定结果的精密度（以相对标准偏差表示）

铜含量（μg/L）	三个实验室的相对标准偏差（%）	
	石墨炉原子吸收法	火焰原子吸收法
＜1	≤15	—
1～3	≤10	—
3～100	≤5	—
100～1000	—	≤2
1000～5000	—	≤1

表 3-35　　　　　　　铁测定结果的精密度（以相对标准偏差表示）

铜含量（μg/L）	三个实验室的相对标准偏差（%）	
	石墨炉原子吸收法	火焰原子吸收法
＜3	≤20	—
3～10	≤10	—
10～100	≤5	—
100～1000	—	≤2
1000～5000	—	≤1

3.18.5 注意事项

（1）如果水样中铜、铁浓度超过最高标准工作溶液浓度，可设置自动进样器用硝酸溶液（1+199）稀释水样，重新测试。水样中铜含量超过 100 μg/L 时，可以通过稀释后测试，也可以用火焰原子吸收法直接测试。

（2）分析水样时的进样量应与分析标准工作溶液时的进样量完全相同。每测试一定数目样品后，应分析每一个标准样品，检查石墨管的寿命，若有影响，则应更换新石墨管。

3.19　氨

水中氨检测方法有分光光度法、电化学分析法、流动注射分析法、离子色谱法、滴定法、酶法、荧光法等，其中分光光度法又分为靛酚蓝分光光度法、水杨酸分光光度法及纳氏试剂分光光度法。本节主要介绍纳氏试剂分光光度法。

3.19.1 原理

纳氏试剂分光光度法利用氨与纳氏试剂（$HgI_2 \cdot 2KI$）生成黄色的化合物。该黄色的化合物在一定波长条件下，其吸光度与氨的含量呈线性关系。根据工作曲线和测得水样的吸光度大小可以通过作图法得出水样中的氨含量。在碱性溶液中，氨与纳氏试剂（$HgI_2 \cdot 2KI$）生成黄色的化合物。其反应为

$$NH_3 + 2(HgI_2 \cdot 2KI) + 3NaOH \longrightarrow NH_2 \cdot HgI \cdot HgO + 4KI + 3NaI + 2H_2O$$
$$\text{（黄色）}$$

在波长 425nm 处进行比色，求出氨含量。

3.19.2　试剂与仪器

1. 试剂

（1）试剂水：应符合 GB/T 6903 规定的 I 级试剂水的要求。

（2）氨标准溶液的配制。

1）氨储备液（1mL 含 0.1mg NH_3）：准确称取 0.3147g 在 110℃下烘干 2h 的优级纯氯化铵，用试剂水溶解后定量转移至 1L 容量瓶中，稀释至刻度，摇匀。

2）氨标准溶液（1mL 含 0.01mg NH_3）：准确移取 10.00mL 氨储备液于 100mL 容量瓶中，稀释至刻度，摇匀。

（3）氢氧化钠溶液（320g/L）。

（4）纳氏试剂的配制。将 10g 碘化汞和 7g 碘化钾溶于少量水中，在缓慢搅拌下将其加入 50mL 氢氧化钠溶液中，用水稀释至 100mL。将此溶液在暗处放 5 天，在使用前用砂芯滤杯或玻璃纤维滤杯过滤两次。将其在棕色瓶中避光存放，此试剂有效期为 1 年。

（5）氢氧化钠溶液（240g/L）。

（6）酒石酸钾钠溶液（300g/L）：将 300g 四水酒石酸钾钠溶于 1L 试剂水中，煮沸 10min，待溶液冷却后稀释至 1L。

（7）硫酸锌溶液（100g/L）：称取 100g 七水硫酸锌溶于水中，稀释至 1L。

（8）碘标准溶液 $\left[c\left(\dfrac{1}{2}I_2 \right) = 0.1mol/L \right]$ 的配制与标定。

1）配制：称取 13g 碘及 35g 碘化钾，溶于少量蒸馏水中，待全部溶解后，用蒸馏水稀释至 1000mL，混匀。此溶液保存于具有磨口塞的棕色瓶中。

2）标定：用硫代硫酸钠标准溶液标定。取 20.00mL 碘标准溶液注入碘量瓶中，加 150mL 蒸馏水，用硫代硫酸钠溶液滴定，溶液呈淡黄色时，加 1mL 淀粉指示剂，继续滴定至溶液蓝色消失。同时做空白试验：取 150mL 蒸馏水，加 0.05mL 碘标准溶液、1mL 淀粉指示剂，用硫代硫酸钠溶液 $[c(Na_2S_2O_3) = 0.1mol/L]$ 滴定至蓝色消失。

3）碘标准溶液的浓度按式（3-60）计算：

$$c = \frac{c_1(V_1 - V_0)}{V - 0.05} \tag{3-60}$$

式中：c 为碘标准溶液的浓度，mol/L；c_1 为硫代硫酸钠标准溶液的浓度，mol/L；V_1 为滴定消耗硫代硫酸钠标准溶液的体积，mL；V_0 为空白试验消耗硫代硫酸钠标准溶液的体积，mL；V 为碘标准溶液的体积，mL；0.05 为空白试验加入碘标准溶液的体积，mL。

（9）碘溶液 $\left[c\left(\dfrac{1}{2}I_2 \right) = 0.002mol/L \right]$：取 1.0mL 试剂（8）碘标准溶液稀释至 50mL。

（10）试剂纯度应符合 GB/T 6903 要求。

2. 仪器

分光光度计：可在 425nm 处使用，配有 10mm 比色皿。

3.19.3 分析步骤

1. 工作曲线的绘制

（1）氨溶液的配制见表 3-36。用移液管分别按表 3-36 移取氨标准溶液至一组 50mL 容量瓶中，分别用水稀释至刻度。

表 3-36 氨 溶 液 的 配 制

编　号	1	2	3	4	5	6	7
氨标准液体积（mL）	0	1.0	3.0	5.0	8.0	10.0	15.0
相当水样氨含量（mg/L）	0	0.2	0.6	1.0	1.6	2.0	3.0

（2）加入 2 滴酒石酸钾钠溶液，摇匀。加入 1.00mL 纳氏试剂，摇匀。

（3）放置 10min，以试剂空白为参比，在 425nm 处测量吸光度。

（4）绘制氨含量和吸光度的工作曲线或回归方程。

2. 水样的测定

（1）取一定体积滤液或清澈水样（记录体积为 V）至 50mL 容量瓶中，稀释至刻度。

（2）加入 2 滴酒石酸钾钠溶液，摇匀。加入 1.00mL 纳氏试剂，摇匀。

（3）放置 10min，以试剂空白为参比，在 425nm 处测量吸光度。

（4）根据测得的吸光度，查工作曲线或由回归方程计算得出氨含量。

3.19.4 数据处理

（1）结果计算。水样中氨含量（mg/L）按式（3-61）计算：

$$X_{NH_3} = \frac{a \times 50}{V} \qquad (3-61)$$

式中：X_{NH_3} 为水样中氨含量，mg/L；a 为从标准曲线上查得或回归方程计算的氨含量，mg/L；V 为取水样的体积，mL；50 为定容体积，mL。

（2）允许差。不同浓度水样的精密度见表 3-37。

表 3-37 不同浓度水样的精密度

水样氨含量（mg/L）	0.120	0.200	0.350	1.000
总体标准偏差（mg/L）	0.011	0.013	0.021	0.042
单人操作标准偏差（mg/L）	0.003	0.002	0.002	0.014

3.19.5 注意事项

（1）试液中加入纳氏试剂后，10min 内即可与氨发生显色反应。若使用前用 0.45μm 膜过滤，则也可不用放置 5 天（膜在使用前先用 I 级试剂水冲洗）。

（2）若水样浑浊，则可向每 100mL 水样中加入 1mL 硫酸锌溶液，摇匀，缓慢搅拌下加入 NaOH 溶液,直至 pH 约为 10.5,静置沉降后用中速滤纸过滤,弃去刚开始滤出的 25mL 滤液。

(3)如水样含有联氨时,因联氨与纳氏试剂反应也生成黄色化合物,产生严重干扰。在联氨含量小于 0.2mg/L 时,可在加入纳氏试剂前加入 1mL 0.002moL/L 碘溶液,放置 15～20min 以消除干扰。

3.20 联 氨

联氨的测定主要有直接法和间接法。直接法适用于锅炉用水和冷却水中联氨含量大于 4mg/L 水样的测定。间接法有两种测定方法:第一方法适用于联氨含量大于 5mg/L 的水样测定,第二方法适用于联氨含量为 0.5～5.0mg/L 的水样测定。

3.20.1 直接法

3.20.1.1 原理

在弱碱性条件下,用碘标准滴定溶液直接滴定水样。根据消耗的碘标准滴定溶液的体积和联氨与碘的化学反应方程式可以通过计算得出水样中的联氨含量。

在试样中加碳酸氢钠使之呈弱碱性,然后用碘标准滴定溶液滴定,定量联氨。其反应方程式如下:

$$N_2H_4 + 2I_2 + 4NaHCO_3 \longrightarrow N_2 + 4H_2O + 4NaI + 4CO_2$$

3.20.1.2 试剂与仪器

(1)碳酸氢钠。

(2)淀粉指示剂(10g/L):称取 1.0g 淀粉,加 5mL 水使其成糊状物,在搅拌下将糊状物加入 90mL 沸腾的水中,煮沸 1～2min,冷却,稀释至 100mL。使用期为两周。

(3)碘(固体)。

(4)硫代硫酸钠标准溶液[$c(Na_2S_2O_3) = 0.1mol/L$]。

(5)碘化钾(固体)。

(6)酚酞指示剂(10g/L 乙醇溶液):称取 1g 酚酞,溶于乙醇(95%),用乙醇(95%)稀释至 100mL。

(7)淀粉指示剂(10g/L):称取 1.0g 淀粉,加 5mL 水使其成糊状物,在搅拌下将糊状物加入 90mL 沸腾的水中煮沸 1～2min,冷却,稀释至 100mL。使用期为两周。

(8)碘标准溶液$\left[c\left(\dfrac{1}{2}I_2 \right) = 0.1mol/L \right]$的配制与标定。

1)配制:称取 13g 碘及 35g 碘化钾溶于少量蒸馏水中,待全部溶解后,用蒸馏水稀释至 1000mL,混匀。此溶液保存于具有磨口塞的棕色瓶中。

2)标定:用硫代硫酸钠标准溶液标定。取 20.00mL 碘标准溶液注入碘量瓶中,加 150mL 蒸馏水,用硫代硫酸钠溶液滴定,溶液呈淡黄色时,加 1mL 淀粉指示剂,继续滴定至溶液蓝色消失。

同时做空白试验:取 150mL 蒸馏水,加 0.05mL 碘标准溶液、1mL 淀粉指示剂,用硫代硫酸钠溶液[$c(Na_2S_2O_3) = 0.1mol/L$]滴定至蓝色消失。

3）碘标准溶液的浓度按式（3-62）计算：

$$c = \frac{c_1(V_1 - V_0)}{V - 0.05}$$ （3-62）

式中：c 为碘标准溶液的浓度，mol/L；c_1 为硫代硫酸钠标准溶液的浓度，mol/L；V_1 为滴定消耗硫代硫酸钠标准溶液的体积，mL；V_0 为空白试验消耗硫代硫酸钠标准溶液的体积，mL；V 为碘标准溶液的体积，mL；0.05 为空白试验加入碘标准溶液的体积，mL。

（9）碘标准滴定溶液 $\left[c\left(\frac{1}{2}I_2 \right) = 0.025\text{mol}/L \right]$：取适量碘标准滴定溶液 $\left[c\left(\frac{1}{2}I_2 \right) = 0.1\text{mol}/L \right]$ 准确地稀释至 4 倍制得。

（10）试剂纯度应符合 GB/T 6903 要求。

（11）碘标准溶液 $\left[c\left(\frac{1}{2}I_2 \right) = 0.01\text{mol}/L \right]$ 的配制与标定：由碘标准溶液 $\left[c\left(\frac{1}{2}I_2 \right) = 0.1\text{mol}/L \right]$ 用蒸馏水准确稀释至 10 倍配成。其浓度不需标定，由计算得出。

3.20.1.3　分析步骤

（1）按规定采集水样。

（2）取 100mL 水样（体积为 V）于 300mL 三角瓶中。

（3）加 2g 碳酸氢钠及 1mL 淀粉指示剂，摇匀。

（4）用碘标准滴定溶液滴定，至溶液颜色变为蓝色并维持约 30s 不褪色。记录消耗碘标准滴定溶液的体积 V_1。同时进行空白试验，记录空白试验消耗碘标准滴定溶液的体积 V_0。

3.20.1.4　数据处理

水样中联氨含量（mg/L）按式（3-63）进行计算：

$$X_{N_2H_4} = \frac{(V_1 - V_0) \times c \times 8}{V} \times 1000$$ （3-63）

式中：$X_{N_2H_4}$ 为水样中联氨含量，mg/L；V_0 为空白试验消耗的碘标准滴定溶液体积，mL；V_1 为滴定水样消耗的碘标准滴定溶液体积，mL；c 为碘标准滴定溶液的浓度，mol/L；V 为水样体积，mL；8 为联氨 $\left(\frac{1}{4}N_2H_4 \right)$ 的摩尔质量，g/mol。

3.20.1.5　注意事项

（1）碘标准溶液 $\left[c\left(\frac{1}{2}I_2 \right) = 0.1\text{mol}/L \right]$ 的浓度，至少每月应标定一次。

（2）碘标准溶液 $\left[c\left(\frac{1}{2}I_2 \right) = 0.01\text{mol}/L \right]$ 浓度容易发生变化，应在使用时配制。

（3）储存碘标准溶液的试剂瓶瓶塞应严密。

（4）可使用碱性高锰酸钾法取代碘滴定法，即用高锰酸钾氧化联氨的方法滴定联氨，操作方法如下：取一定体积的试样（含 N_2H_4 2mg 以上）于 300mL 三角烧瓶，加水到 100mL，加 50g/L 氢氧化钠溶液 2mL，用 20mmol/L 高锰酸钾溶液滴定至产生褐色的沉淀[氧化锰（Ⅳ）]为止。再加入硫酸（1+1）5mL 和过量的 50mmol/L 草酸钠溶液，保持液温在 60~70℃，用 20mmol/L 高锰酸钾溶液返滴定，溶液的颜色呈微红色（维持约 30s）为终点。同时进行空白试验。根据实验结果计算出试样中联氨含量。

3.20.2　间接法

3.20.2.1　原理

间接法在碱性条件用过量的碘与联氨反应，然后用硫代硫酸钠滴定过剩的碘。根据滴定过剩的碘消耗的硫代硫酸钠标准滴定溶液体积和空白试验消耗硫代硫酸钠标准溶液的体积，通过相关化学方程式间接地计算出水样中的联氨含量。

在碱性溶液中，联氨与碘作用，然后在酸性溶液中用硫代硫酸钠滴定过剩的碘。其反应如下：

$$N_2H_4 + 4OH^- + 2I_2 \longrightarrow N_2 + 4H_2O + 4I^-$$

$$I_2 + 2S_2O_3^{2-} \longrightarrow 2I^- + S_4O_6^{2-}$$

3.20.2.2　试剂与仪器

（1）试剂水：GB/T 6903 规定的 I 级试剂水。

（2）硫代硫酸钠（$Na_2S_2O_3 \cdot 5H_2O$）。

（3）重铬酸钾（基准试剂）。

（4）碘化钾。

（5）硫酸（1+8）。

（6）碘标准滴定溶液$\left[c\left(\frac{1}{2}I_2\right) = 0.1mol/L\right]$的配制和标定：配制及标定方法见 3.20.1.2 中（8）。

（7）碘标准滴定溶液$\left[c\left(\frac{1}{2}I_2\right) = 0.01mol/L\right]$的配制及标定：配制及标定方法见 3.20.1.2 中（11）。

（8）硫代硫酸钠标准滴定溶液$[c(Na_2S_2O_3) = 0.1mol/L]$：

1）配制：称取 26g 硫代硫酸钠（或 16g 无水硫代硫酸钠），溶于 1L 已煮沸并冷却的蒸馏水中，将溶液保存于具有磨口塞的棕色瓶中，放置数日后，过滤备用。

2）标定：

（a）用重铬酸钾作基准标定：称取于 120℃烘至恒重的基准重铬酸钾 0.15g（准确至 0.1mg），置于碘量瓶中，加入 25mL 蒸馏水溶解，加 2g 碘化钾及 20mL 硫酸，待碘化钾溶解后于暗处放置 10min，加 150mL 蒸馏水，用硫代硫酸钠标准溶液滴定，溶液呈淡黄色时，加 1mL 淀粉指示剂，继续滴定至溶液由蓝色变成亮绿色。同时进行空白试验。

硫代硫酸钠标准溶液浓度按式（3-64）计算：

$$c = \frac{m \times 1000}{(V - V_0) \times 49.03} \tag{3-64}$$

式中：c 为硫代硫酸钠标准溶液的浓度，mol/L；m 为重铬酸钾的质量，g；V 为标定消耗硫代硫酸钠标准溶液的体积，mL；V_0 为空白试验消耗硫代硫酸钠标准溶液的体积，mL；49.03 为重铬酸钾 $\frac{1}{6}K_2Cr_2O_7$ 的摩尔质量，g/mol。

（b）用碘标准溶液 $\left[c\left(\dfrac{1}{2}I_2\right)=0.1mol/L\right]$ 标定：取 20.00mL 碘标准溶液，注入碘量瓶中，加 150mL 蒸馏水，用硫代硫酸钠溶液滴定，溶液呈淡黄色时，加 1mL 淀粉指示剂，继续滴定至溶液蓝色消失。同时做空白试验：取 150mL 蒸馏水，加 0.05mL 碘标准溶液、1mL 淀粉指示剂，用硫代硫酸钠溶液 $[c(Na_2S_2O_3)=0.1mol/L]$ 滴定至蓝色消失。

硫代硫酸钠标准溶液的浓度按式（3-65）计算：

$$c=\frac{(V-0.05)\times c_1}{V_1-V_0} \tag{3-65}$$

式中：c 为硫代硫酸钠标准溶液的浓度，mol/L；V 为碘标准溶液的体积，mL；0.05 为空白试验加入碘标准溶液的体积，mL；c_1 为碘标准溶液的浓度，mol/L；V_1 为滴定时消耗硫代硫酸钠标准溶液的体积，mL；V_0 为空白试验消耗硫代硫酸钠标准溶液的体积，mL。

（9）硫代硫酸钠标准滴定溶液 $[c(Na_2S_2O_3)=0.01mol/L]$ 的配制和标定：可采用 0.1mol/L 硫代硫酸钠标准溶液，用煮沸冷却的蒸馏水稀释至 10 倍制得。其浓度不需标定，由计算得出。此溶液不稳定，使用时配制。

（10）淀粉指示剂（10g/L）：称取 1.0g 淀粉，加 5mL 水使其成糊状物，在搅拌下将糊状物加入 90mL 沸腾的水中，煮沸 1～2min，冷却，稀释至 100mL。使用期为两周。

（11）氢氧化钠溶液（8g/L）。

（12）硫酸（1+17）。

（13）试剂纯度应符合 GB/T 6903 的要求。

3.20.2.3 分析步骤

1. 联氨含量大于 5mg/L 水样的测定

（1）取一定量水样（体积为 V），注入 250mL 具有磨口塞的锥形瓶中，用试剂水稀释至 100mL。加入 2mL 氢氧化钠溶液，用滴定管精确加入 10.00mL 碘标准滴定溶液（试剂 6），充分混匀，置暗处 3min。

（2）加入 2.5mL 硫酸溶液，用硫代硫酸钠标准滴定溶液（试剂 8）滴定过剩的碘。

（3）在接近终点时（滴定至溶液呈浅黄色），加入 1mL 淀粉指示剂，继续滴定至蓝色消失，记录消耗硫代硫酸钠标准滴定溶液的体积 V_1。同时进行空白试验，记录空白试验消耗硫代硫酸钠标准滴定溶液的体积 V_0。

2. 联氨含量在 0.5～5.0mg/L 水样的测定

（1）取一定量水样（体积为 V）注入 250mL 具有磨口塞的锥形瓶中，用试剂水稀释至 100mL。

（2）加入 2mL 氢氧化钠溶液，并用滴定管精确加入 10.00mL 碘标准滴定溶液（试剂 7），充分混匀，置暗处 3min。

（3）加入 2.5mL 硫酸溶液，用硫代硫酸钠标准滴定溶液（试剂 9）滴定过剩的碘。

（4）在滴定接近终点时，溶液呈浅黄色。加入 1mL 淀粉指示剂，继续滴定至蓝色消失，记录消耗硫代硫酸钠标准滴定溶液的体积 V_1。同时进行空白试验，记录空白试验消耗硫代硫酸钠标准滴定溶液的体积 V_0。

3.20.2.4 数据处理

水样中联氨含量（mg/L）按式（3-66）进行计算。

$$X_{\mathrm{N_2H_4}}=\frac{(V_0-V_1)\times c\times 8}{V}\times 1000 \qquad (3\text{-}66)$$

式中：$X_{\mathrm{N_2H_4}}$ 为水样中联氨含量，mg/L；V_0 为空白试验消耗的硫代硫酸钠标准滴定溶液体积，mL；V_1 为滴定水样消耗的硫代硫酸钠标准滴定溶液体积，mL；c 为硫代硫酸钠标准滴定溶液的浓度，mol/L；V 为水样体积，mL；8 为联氨 $\left(\frac{1}{4}\mathrm{N_2H_4}\right)$ 的摩尔质量，g/mol。

3.20.2.5 注意事项

（1）由于碘极易挥发，因此锥形瓶的塞子只有在加药和滴定时才允许打开，且滴定操作要迅速。

（2）空白试验必须与试样同时进行。

3.21 残 余 氯

余氯是指水经过加氯消毒，接触一定时间后，水中所余留的有效氯。其作用是保证持续杀菌，以防止水受到再污染。余氯有三种形式：总余氯（包括 HOCl、NH_2Cl 和 $NHCl_2$ 等）；化合性余氯（包括 NH_2Cl、$NHCl_2$ 及其他氯胺类化合物）；游离性余氯（包括 HOCl 及 OCl^- 等）。

游离残余氯是指氯溶解在水中生成的次氯酸。化合残余氯是指氯溶解在水中与氨结合生成的氯酰胺。游离残余氯与化合残余氯的总和称为残余氯。我国生活饮用水卫生标准中规定集中式给水出厂水的游离性余氯含量不低于 0.3mg/L，管网末梢水不得低于 0.05mg/L。

余氯的测定常采用两种方法：N，N 为二乙基对苯二胺（DPD）分光光度法和 3,3,5,5-四甲基联苯胺比色法。DPD 分光光度法是通过 DPD 与水中游离余氯迅速反应而产生红色。在碘化物催化下，一氯胺也能与 DPD 反应显色。在加入 DPD 试剂前加入碘化物时，一部分三氯胺与游离余氯一起显色，通过变换试剂的加入顺序可测得三氯胺的浓度。该法适用于经氯化消毒后的生活饮用水及其水源水中游离余氯和各种形态的化合性余氯的测定，其最低检测质量为 0.1μg，若取 10mL 水样测定，则最低检测质量浓度为 0.01mg/L。3,3,5,5-四甲基联苯胺比色法可分别测定总余氯及游离余氯，适用于锅炉用水和冷却水中残余氯含量为 0.01～2.00mg/L 水样的测定。

3.21.1 原理

比色法利用 3,3 二氯酸-二甲基联苯胺（邻联甲苯胺）与残余氯反应生成黄色化合物。该络合物颜色的深浅与水样中残余氯的含量有对应关系。通过对水样的颜色与残余氯标准比色液的颜色进行比较，可以得出水样中残余氯的含量。用亚砷酸钠溶液处理，可以区别残余氯、游离残余氯以及化合残余氯。

在酸性溶液中 3,3 二氯酸-二甲基联苯胺（邻联甲苯胺）与残余氯反应生成黄色化合物。其反应为

$$HOCl \longrightarrow HCl+[O]$$

通过将其与残余氯标准比色液比较，来定量残余氯的含量。用亚砷酸钠溶液处理，可以区别残余氯、游离残余氯以及化合残余氯。

3.21.2 试剂与仪器

1. 试剂

（1）试剂水：GB/T 6903 规定的 II 级试剂水。

（2）盐酸（3+7）。

（3）邻联甲苯胺溶液：称取邻联甲苯胺二酸盐（3，3 二氯酸-二甲基联苯胺）0.14g 溶入 50mL 试剂水中，在不断搅拌下加入盐酸（3+7）50mL，此溶液放入棕色瓶中保存，保存期 6 个月。

（4）磷酸盐缓冲液（pH=6.5）：称取在 110℃下干燥 2h 的无水磷酸氢二钠 22.86g 和磷酸二氢钾 46.14g 溶于试剂水，稀释至 1L，若有沉淀物则应过滤。取此溶液 200mL，稀释至 1L。

（5）铬酸钾-重铬酸钾溶液：称取 3.63g 铬酸钾和 1.21g 重铬酸钾溶入磷酸盐缓冲液中（pH=6.5），定量移入 1000mL 容量瓶，加磷酸盐缓冲液（pH=6.5）稀释至刻度。

（6）亚砷酸钠溶液（5g/L）：将 0.5g 亚砷酸钠溶于试剂水中，稀释至 100mL。

2. 仪器

（1）比色管：底部到 200m±5mm 的高度处为 100mL 刻度线，平底。

（2）比色管架：底部及侧面为乳白板。

3.21.3 分析步骤

1. 残余氯标准比色液的配制

残余氯标准比色液见表 3-38。按表 3-38 所示的比例分别移取铬酸钾-重铬酸钾溶液和磷酸盐缓冲液（pH=6.5）于 100mL 比色管中，混匀。此溶液在暗处保存，产生沉淀时不要使用。

表 3-38 残余氯标准比色液（液层 200mm）

残余氯（mg/L）	铬酸钾-重铬酸钾溶液（mL）	磷酸盐缓冲液（pH=6.5）（mL）	残余氯（mg/L）	铬酸钾-重铬酸钾溶液（mL）	磷酸盐缓冲液（pH=6.5）（mL）
0.01	0.18	99.82	0.15	1.66	98.34
0.02	0.28	99.72	0.20	2.19	97.81
0.05	0.61	99.39	0.25	2.72	97.28
0.07	0.82	99.18	0.30	3.25	96.75
0.10	1.13	98.87	0.35	3.78	96.22

残余氯（mg/L）	铬酸钾-重铬酸钾溶液（mL）	磷酸盐缓冲液（pH=6.5）（mL）	残余氯（mg/L）	铬酸钾-重铬酸钾溶液（mL）	磷酸盐缓冲液（pH=6.5）（mL）
0.40	4.31	95.69	1.2	13.35	86.65
0.45	4.84	95.16	1.3	14.48	85.52
0.50	5.37	94.63	1.4	15.60	84.40
0.60	6.42	93.58	1.5	16.75	83.25
0.7	7.48	92.52	1.6	17.84	82.16
0.8	8.54	91.46	1.7	18.97	81.03
0.9	9.60	90.40	1.8	20.09	79.91
1.0	10.66	89.34	1.9	21.22	78.78
1.1	12.22	87.78	2.0	22.34	77.66

2. 样品的测定

（1）分别取三只 100mL 比色管，在第一只比色管中准确加入 5.00mL 邻联甲苯胺溶液，并加入按规定采集的适量水样（水样体积为 V，残余氯含量在 0.2mg 以下），加水至 100mL 的刻度线，迅速盖上塞子并摇匀。将其在暗处放置 5min，从上方透视，与残余氯标准比色液比较，求出残余氯的浓度，记下结果 $a$mg/L。

（2）移取邻联甲苯胺溶液 5.00mL 至第二只比色管中，加入与步骤（1）相同量的水样，迅速盖好塞子，摇匀。在 5s 内加亚砷酸钠溶液 5.00mL，摇匀；再加试剂水到 100mL 刻度线，摇匀。与残余氯标准比色液比较，求出残余氯的浓度，记下结果 $b$mg/L。

（3）空白试验。

1）移取亚砷酸钠溶液 5.00mL 至第三只比色管中，加入与步骤（1）相同量的水样，摇匀。

2）加邻联甲苯胺溶液 5.00mL，摇匀；加试剂水到 100mL 的刻度线，摇匀。

3）在 5s 以内，与残余氯标准比色液比较，求出残余氯的浓度，记下结果 $c_1$mg/L。

4）继续在暗处放 5min 后，与残余氯标准比色液比较，求出残余氯的浓度，记下结果 $c_2$mg/L。

注意：试样为碱性的情况下加盐酸（1+5），调至 pH 约为 7。发色时的 pH 通常在 1.3 以下。残余氯中化合残余氯达到最高时，在 0℃时需要 6min，在 20℃时需要 3min，在 25℃ 时需要 2.5min。在不进行空白试验的情况下，含铁 0.3mg/L 以上，锰 0.01mg/L 以上及亚硝酸离子 0.3mg/L 以上时会有干扰。要防止铁及锰的干扰，每 100mL 试样，要添加 3mL 1，2-环己烷二胺四乙酸溶液（10g/L）。使用市场上销售的残余氯测定器时，要预先与残余氯标准比色液比较，确认没有问题方可使用。

3.21.4 数据处理

（1）数据计算。根据式（3-67）～式（3-69）计算残余氯、游离残余氯以及化合残余氯的含量：

$$残余氯（mg/L）= (a - c_2) \times \frac{100}{V} \tag{3-67}$$

$$游离残余氯（mg/L）=(b-c_1)\times\frac{100}{V} \tag{3-68}$$

$$化合残余氯（mg/L）=总残余氯-游离残余氯 \tag{3-69}$$

式中：a 为样品的测定中步骤（1）求出的残余氯，mg/L；c_2 为空白试验步骤（4）求出的残余氯，mg/L；V 为所取试样体积，mL；b 为样品的测定中步骤（2）求出的残余氯，mg/L；c_1 为空白试验步骤（3）求出的残余氯，mg/L；100 为定容体积，mL。

（2）允许差。测定结果的相对标准偏差在 5%～10%。

3.21.5 注意事项

（1）取水样应迅速，水样瓶的瓶塞应严密。

（2）若邻联甲苯胺有颜色，则不能使用；若所配制的邻联甲苯胺盐酸溶液略有颜色时，则可加入活性炭，煮沸，过滤脱色后使用。

（3）邻联甲苯胺盐酸溶液不可与橡皮接触。

（4）配制试剂以及储存试剂时，都要避免阳光直照，否则所配试剂会变色。

3.22 离子色谱测定发电厂水和汽中痕量离子

离子色谱法是利用离子交换原理，连续对共存的多种阴离子或阳离子进行分离、定性和定量的方法。采用离子色谱检测水质离子的标准现有 HJ 84《水质　无机阴离子（F^-、Cl^-、NO_2^-、Br^-、NO_3^-、PO_4^{3-}、SO_3^{2-}、SO_4^{2-}）的测定　离子色谱法》、HJ 812《水质　可溶性阳离子（Li^+、Na^+、NH_4^+、K^+、Ca^{2+}、Mg^{2+}）的测定　离子色谱法》、DL/T 954《火力发电厂水汽试验方法　痕量氟离子、乙酸根离子、甲酸根离子、氯离子、亚硝酸根离子、硝酸根离子、磷酸根离子和硫酸根离子的测定　离子色谱法》和 DL/T 301《发电厂水汽中痕量阳离子的测定　离子色谱法》等。前两者适用于地表水、地下水、工业废水和生活污水中 8 种可溶性无机阴离子和 6 种可溶性阳离子的测定；后两者适用于发电厂给水、凝结水、蒸汽和炉水等水样中离子的测定。

火电厂锅炉和核电站蒸发器化学补给水都经过完善的补给水除盐处理，凝结水也经过精处理，但给水中仍然会带入一些痕量杂质。其中，痕量阳离子如钠离子、钾离子、钙离子、镁离子，痕量氟离子、乙酸根离子、甲酸根离子、氯离子、亚硝酸根离子、硝酸根离子、磷酸根离子和硫酸根离子等，被认为是造成锅炉、蒸发器、汽轮机及相关热交换器结垢、腐蚀的重要原因，因此，监测水、汽中存在的痕量阳（阴）离子具有重要意义。

3.22.1 原理

水、汽样品中的阳（阴）离子经阳（阴）离子色谱柱交换分离，以及抑制型或非抑制型电导检测器检测，根据保留时间定性，以峰高或峰面积定量。样品阀处于装样位置时，一定体积的样品溶液被注入样品环或浓缩柱，当样品阀切换到进样位置时，淋洗液将样品环中的样品溶液 [或是将富集于浓缩柱上的被测阴（阳）离子洗脱下来] 带入分析柱，被测离子根据其在分析柱上的保留特性不同实现分离。

离子色谱流路如图 3-6 所示。图 3-6 中虚线框为可选部件。

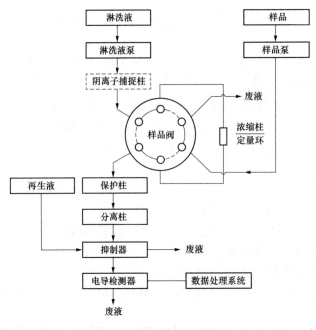

图 3-6 离子色谱流路图

测定水、汽中阴离子时，淋洗液通过抑制器时，所有阳离子被交换为氢离子，氢氧根型淋洗液转换为水，碳酸根型淋洗液转化为弱离子化的碳酸，背景电导率降低；与此同时，被测阴离子被转换为相应的酸，电导率升高。通过电导检测器检测响应信号、数据处理系统记录并显示离子色谱图，以保留时间对被测阴离子定性，以峰高或峰面积对被测阴离子定量。

测定水、汽阳离子时，淋洗液通过抑制器，所有阴离子被交换为氢氧根离子，酸性淋洗液转化为水，背景电导率降低。与此同时，被测阳离子转化为相应的碱（氢氧化物），待测离子的电导率响应升高，信噪比提高。通过电导检测器检测响应信号、数据处理系统记录并显示离子色谱图，以保留时间对被测阳离子定性，采用外标法，以峰高或峰面积对被测阳离子定量。

3.22.2 试剂与仪器

1. 试剂

（1）试剂与试剂水：符合国家标准的优级纯试剂，使用前应于 105℃±5℃ 干燥恒重后（一般 2h），置于干燥器中保存。试剂水为符合 GB/T 6903 规定的一级试剂水。各阴离子含量应小于 0.2μg/L。由于试剂水和试剂的纯度影响方法空白值，建议使用高纯水，用新制备的水配制低含量标准溶液。

（2）淋洗液：根据所用分析柱的特性，选择适合的淋洗液，可参考分析柱使用说明书。

（3）再生液：根据所用抑制器及其使用方式，选择试剂水或适当浓度的硫酸溶液为再生液，参考抑制器使用说明书。

（4）标准储备液：应使用市售有证标准物质溶液作为标准储备液。无法购置到标准物质溶液时，可采用下述方法配制标准储备液。配置所用的试剂都是优级纯（GR），且使用前应在 105℃±5℃ 干燥恒重后，置于干燥器中保存。

1）阴离子标准储备液：

a）氟离子标准储备液（1000mg/L）：称取 2.2100g 氟化钠溶于水中，用水稀释至 1L，储于聚丙烯或高密度聚乙烯瓶中，4℃冷藏存放。

b）氯离子标准储备液（1000mg/L）：称取 1.6484g 氯化钠溶于水中，用水稀释至 1L，储于聚丙烯或高密度聚乙烯瓶中，4℃冷藏存放。

c）硫酸根离子标准储备液（1000mg/L）：称取 1.4787g 无水硫酸钠溶于水中，用水稀释至 1L，储于聚丙烯或高密度聚乙烯瓶中，4℃冷藏存放。

d）磷酸根离子标准储备液（1000mg/L）：称取 1.4324g 磷酸二氢钾溶于水中，用水稀释至 1L，储于聚丙烯或高密度聚乙烯瓶中，4℃冷藏存放。

e）硝酸根离子标准储备液（1000mg/L）：称取 1.3708g 硝酸钠（105℃烘干 2h），溶于水中，用水稀释至 1L，储于聚丙烯或高密度聚乙烯瓶中，4℃冷藏存放。

f）亚硝酸根离子标准储备液（1000mg/L）：称取 1.4997g 亚硝酸钠（干燥器中干燥 24h），溶于水中，用水稀释至 1L，储于聚丙烯或高密度聚乙烯瓶中，4℃冷藏存放，稳定期不少于一个月。

g）甲酸根离子标准储备液（1000mg/L）：称取 1.5107g 无水甲酸钠（105℃烘干 2h），溶于水中，用水稀释至 1L，储于聚丙烯或高密度聚乙烯瓶中，4℃冷藏存放，稳定期不少于一个月。

h）乙酸根离子标准储备液（1000mg/L）：称取 1.3894g 无水乙酸钠（105℃烘干 2h），溶于水中，用水稀释至 1L，储于聚丙烯或高密度聚乙烯瓶中，4℃冷藏存放，稳定期不少于一个月。

2）阳离子标准储备液：

a）钠离子标准储备液（1000mg/L）：称取 2.542g 氯化钠（500～600℃灼烧呈恒重），溶于水中，转移至 1000mL 容量瓶，用水稀释至刻度，储于聚内烯或高密度聚乙烯瓶中，4℃冷藏存放。

b）钾离子标准储备液（1000mg/L）：称取 1.907g 氯化钾（500～600℃灼烧呈恒重），溶于水中，转移至 1000mL 容量瓶中，用水稀释至刻度，储于聚内烯或高密度聚乙烯瓶中，4℃冷藏存放。

c）镁离子标准储备液（1000mg/L）：称取 1.657g 氧化镁（800℃灼烧至恒重）于 100mL 烧杯中，用水润湿，滴加盐酸（优级纯）至溶解，再过量加入 2.5mL 盐酸，转移至 1000mL 容量瓶中，用水稀释至刻度，储于聚内烯或高密度聚乙烯瓶中，4℃冷藏存放。

d）钙离子标准储备液（1000mg/L）：称取 2.497g 碳酸钙（105～110℃干燥至恒重）于 100mL 烧杯中，用水润湿，滴加盐酸至溶解，再过量加入 2.5mL 盐酸，转移至 1000mL 容量瓶中用水稀释至刻度，储于聚内烯或高密度聚乙烯瓶中，4℃冷藏存放。

e）铵离子标准储备液（1000mg/L）：称取 2.965g 氯化铵（105～110℃干燥至恒重），溶于水中，转移至 1000mL 容量瓶中，用水稀释至刻度，储于聚内烯或高密度聚乙烯瓶中，4℃冷藏存放。

2. 仪器

（1）离子色谱仪：淋洗液泵、淋洗液发生器、符合要求的分离柱、抑制器、电导检测器、数据处理系统（色谱工作站以及用于数据的记录、处理和存储）、大样品环（如 1mL），浓缩柱和浓缩泵（选择使用），阴（阳）离子捕捉柱。

（2）特殊器皿：容量瓶（聚丙烯材质，各种规格）；样品瓶（聚丙烯或高密度聚乙烯材质，各种规格）。

3.22.3 分析步骤

1．取样

（1）按规定方法采集水样。

（2）用聚丙烯或高密度聚乙烯瓶取样，让水样溢流赶出空气，盖上瓶盖。不应使用玻璃瓶取样，因为玻璃瓶会导致离子污染。

（3）水样采集后应在48h内分析，需要分析甲酸根离子、乙酸根离子、亚硝酸根离子和磷酸根离子时，水样应4℃冷藏存放。

（4）为防止引入离子污染，不要对水样进行防腐或过滤处理。对有杂质的水样，进样时可用一次性针筒过滤器过滤水样。

2．仪器的准备

（1）按照仪器使用说明书调试、准备仪器，平衡系统至基线平稳。选择合适的分析柱、抑制器及相应的工作条件。

（2）根据分析柱的性能、待测水样中阴离子含量等因素，选择使用大样品环或浓缩柱进样方式，确定进样体积。

（3）根据分离柱的性能和待测水样中的阳离子含量，选择直接进样或浓缩柱进样方式。对水样中 μg/L 级阳离子的测定，应使用大容积样品定量环（如 500μL）直接进样，对水样中 mg/L 级阳离子的测定，应使用小容积样品定量环（如 25μL）直接进样。

表 3-39 和表 3-40 分别是某电厂测定水、汽样品中痕量阴、阳离子色谱工作条件。某电厂采用表 3-39 色谱条件测定水样阴离子色谱分离图及采用表 3-40 色谱条件测定水样阳离子色谱分离图分别见图 3-7 和图 3-8。

表 3-39　　　　　某电厂测定水、汽样品中痕量阴离子色谱工作条件

分析柱	IonPac AG15，AS15，2mm
捕捉柱	ACT-HC 9×75mm
淋洗液	0～7min，8mmol/L KOH；7～20min，梯度增至 55mmol/L KOH；20～30min，55mmol/L KOH
淋洗液来源	EG40 淋洗液发生器
抑制器	ASRS-ULTRA 2mm
再生液	试剂水
柱箱温度	30℃
淋洗液流速	0.45mL/min
进样量	1mL

表 3-40　　　　　某电厂测定水、汽样品中痕量阳离子色谱工作条件

选择条件	A	B
色谱柱	IonPac CG12A，CS12A（2mm）	IonPac CG16A，CS16（3mm）
淋洗液	20mmol/L 甲磺酸	32mmol/L 甲磺酸
淋洗液来源	甲磺酸淋洗液发生器	甲磺酸淋洗液发生器
抑制器	CSRS300（2mm），自动抑制外接水模式	CSRS300（2mm），自动抑制外接水模式
再生液	试剂水	试剂水

选择条件	A	B
柱箱温度（℃）	30	40
淋洗液流速（mL/min）	0.25	0.36
进样量（μL）	500	1000

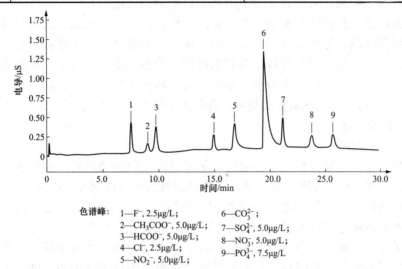

色谱峰：　1—F^-, 2.5μg/L；　　6—CO_3^{2-}；
　　　　　2—CH_3COO^-, 5.0μg/L；　7—SO_4^{2-}, 5.0μg/L；
　　　　　3—$HCOO^-$, 5.0μg/L；　　8—NO_3^-, 5.0μg/L；
　　　　　4—Cl^-, 2.5μg/L；　　　9—PO_4^{3-}, 7.5μg/L
　　　　　5—NO_2^-, 5.0μg/L；

图 3-7　某电厂采用表 3-39 色谱条件测定水样阴离子色谱分离图

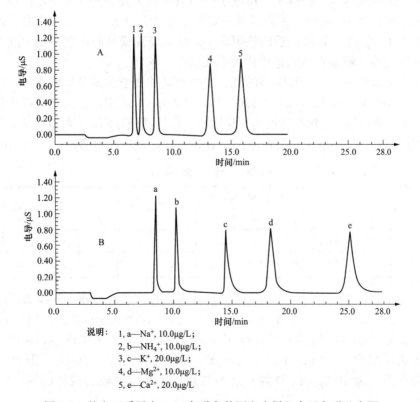

说明：　1, a—Na^+, 10.0μg/L；
　　　　2, b—NH_4^+, 10.0μg/L；
　　　　3, c—K^+, 20.0μg/L；
　　　　4, d—Mg^{2+}, 10.0μg/L；
　　　　5, e—Ca^{2+}, 20.0μg/L

图 3-8　某电厂采用表 3-40 色谱条件测定水样阳离子色谱分离图

3. 混合标准工作溶液

（1）中间混合标准溶液的配制。根据待测阴（阳）离子种类和各种阴（阳）离子的检测灵敏性，准确量取适量所需阴（阳）离子标准储备液，用水稀释定容，制备成低 mg/L 级（如 1.0mg/L Cl^-、2.0mg/L SO_4^{2-}；1.0mg/L Na^+、1.0mg/L NH_4^+、1.0mg/L Mg^{2+}、2.0mg/L K^+、2.0mg/L Ca^{2+}）混合标准溶液，储于聚丙烯或高密度聚乙烯瓶中，4℃冷藏存放，此中间混合标准溶液可存放一周，若含有亚硝酸根离子，则应当天配制。

（2）混合标准工作溶液的配制。混合标准工作溶液应当天配制，混合标准工作溶液的浓度范围应包括被测样品中阴（阳）离子的浓度。配制混合标准工作溶液是通过准确量取适量中间混合标准溶液，用水稀释定容后制得的。准备一个空白溶液、至少五个浓度水平的混合标准工作溶液。以试剂水为空白溶液。混合标准工作溶液中各阴离子的浓度水平通常分别为 5、10、15、20、25μg/L 或更高；各阳离子的浓度水平通常分别为 2.5、5.0、10.0、15.0、20.0μg/L 或更高。

4. 标准工作曲线的绘制

（1）分析空白溶液离子标准工作溶液，记录谱图上的出峰时间，确定各离子的保留时间。分析空白溶液、混合标准工作溶液，以峰高或峰面积为纵坐标，以离子浓度为横坐标，绘制标准工作曲线或求出回归方程，线性相关系数应大于 0.995。测定阳离子时应注意：铵是弱碱，在抑制电导检测方式下，铵离子的响应为非线性状态。

（2）如果空白溶液谱图中有与某被测阴离子保留时间相同的可测峰，外推该阴离子标准工作曲线至横坐标，在横坐标上的截距代表空白溶液中该阴离子的浓度。将空白溶液中所含该阴离子的浓度加入各浓度水平标准工作溶液中该阴离子的浓度中，例如，标准工作溶液中氯离子浓度为 10.0μg/L，空白溶液中氯离子浓度为 0.2μg/L，则该标准工作溶液氯离子浓度修正为 10.2μg/L。以修正后的该阴离子浓度对峰高或峰面积重新做标准工作曲线。

（3）标准工作溶液和水样的进样体积必须保持一致。

（4）如需同时测定发电厂加氨后的汽、水中痕量钠离子和高含量铵离子，应增加铵离子系列标准工作溶液，如 125、250、500、750、1000μg/L 或更高。宜先完成痕量浓度水平的标准工作溶液测试后，再对高浓度水平铵标准工作溶液进行测试。对铵离子工作曲线可采用点到点的回归方式，标准工作溶液系列见表 3-41。某发电厂给水阳离子色谱图见图 3-9。

表 3-41　　　　　　　　　　　　标 准 工 作 溶 液 系 列

项目	标准工作溶液系列浓度水平（μg/L）											回归方式
	0	1	2	3	4	5	6	7	8	9	10	
Na^+	空白	2.5	5.0	10.0	15.0	20.0	—	—	—	—	—	线性
NH_4^+	空白	2.5	5.0	10.0	15.0	20.0	125	250	500	750	1000	点到点

如果空白溶液谱图中有与某被测阴离子保留时间相同的可测峰，外推该阴离子标准工作曲线至横坐标，在横坐标上的截距代表空白溶液中该阴离子的浓度。将空白溶液中所含该阴离子的浓度加入各浓度水平标准工作溶液中的该阴离子浓度中，例如，若标准工作溶液中氯离子浓度为 10.0μg/L，空白溶液中氯离子浓度为 0.2μg/L，则该标准工作溶液氯离子浓度修正为 10.2μg/L。以修正后的该阴离子浓度对峰高或峰面积重新做标准工作曲线。

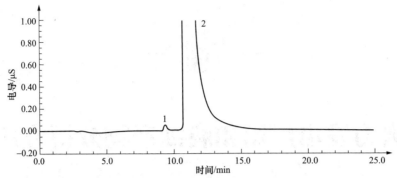

说明：色谱柱：IonPac CG16,CS16(3mm)。
淋洗液：32.0mmol/L 甲磺酸。
淋洗液来源：甲磺酸淋洗液发生器。
流速：0.36mL/min。
抑制器：CSRS 300(2mm)，自动抑制外接水模式。
进样量：1000μL。
抑制器电流：34mA。
色谱峰：1— Na^+, 0.60μg/L。
2— NH_4^+, 0.98mg/L

图 3-9　某发电厂给水阳离子色谱图

5. 水样分析

按标准工作溶液的测试条件，对水样进行两次平行测定，根据被测阳离子的峰高或峰面积，由相应的标准工作曲线确定各离子浓度。

若怀疑样品中有颗粒物，则在进样时应采用 0.45μm 一次性针筒过滤器过滤水样。

3.22.4　数据处理

（1）结果计算。由仪器数据处理系统得出样品测定值，取两次测定的算术平均值作为测定结果。

（2）允许差。待测离子浓度在 0.5～1μg/L 时，相对标准偏差小于 15%；待测离子浓度在 1～20μg/L 时，相对标准偏差小于 5%。

3.22.5　注意事项

（1）应避免在采样、存储和分析环节中的污染。

（2）当样品中某种离子浓度过高，影响待测离子定量时，可适当稀释样品，或采用梯度淋洗的方法减少干扰。

（3）对于用浓缩柱进样时，某些高浓度阴离子会造成另一些阴离子穿透体积降低，这些高浓度阴离子的作用相当于淋洗液，将另一些阴离子从浓缩柱洗脱下来（参阅浓缩柱说明书，浓缩体积不要大丁穿透体积的 80%）。

（4）采用大样品环（如 1mL）直接进样或浓缩柱预浓缩水样测定水、汽中痕量 μg/L 级氟离子（F^-）、乙酸根离子（CH_3COO^-）、甲酸根离子（$HCOO^-$）、氯离子（Cl^-）、亚硝酸酸根离子（NO_2^-）、硝酸根离子（NO_3^-）、磷酸根离子（PO_4^{3-}）和硫酸根离子（SO_4^{2-}）。

（5）进行 μg/L 级或更低浓度的分析时，污染是严重问题，在测试的所有环节（采样、存储和分析）都必须非常小心，避免污染。

4

火力发电厂垢和腐蚀产物分析方法

热力设备一旦发生结垢和腐蚀,将严重地危害热力设备的安全、经济运行。因此火力发电厂垢和腐蚀产物的分析是电厂化学监督的重要内容之一。由于垢和腐蚀产物大多是成分复杂的化合物或混合物,进行垢样和腐蚀产物分析的任务和宗旨,就是要确定各化学成分在试样中所占的百分比,了解垢和腐蚀产物的成分和形成原因,在热力系统上正确地采取防止结垢和腐蚀的措施,为进行必要的化学清洗提供可靠的数据。

垢和腐蚀产物的主要分析方法与水、汽分析方法类似,主要有化学分析和仪器分析。随着现代科学技术的发展,部分化学分析方法因其局限性很少被使用,取而代之的是更加简便易行的仪器分析方法,如 X 射线荧光光谱分析(XRF)和 X 射线衍射分析(XRD)。本章主要介绍了热力系统内聚集的水垢、盐垢、水渣和腐蚀产物的水分、灼烧减(增)量、三氧化二铁、三氧化二铝、铜、氧化钙、氧化镁、磷酸酐、硫酸酐;水溶性垢碱、碳酸盐及重碳酸盐、氯化物、氧化钠、氟离子、氯离子、磷酸根、亚硝酸根、硝酸根、硫酸根以及钾、钠、镁、钙、铬、锰、铁、镍、铜、锌含量的测定。

4.1 水 分

通常由于垢和腐蚀产物的各组成成分都是以干燥状态表示的,因此必须测定水分,并把它计入组成之中。这适用于测定垢和腐蚀产物试样的水分含量。

4.1.1 原理

垢和腐蚀产物试样所含水分在 105℃干燥时脱水,通过测定试样减少的质量可测定水分。

4.1.2 仪器

(1)鼓风干燥箱:带有自动控温装置,能保持温度在 105~110℃,控温精度为±1℃。
(2)玻璃称量瓶:直径为 40mm,高为 25mm,并带有严密的磨口盖。
(3)分析天平:感量在 0.1mg。

4.1.3 分析步骤

(1)迅速称取分析试样 0.5~1.0g(称准至 0.2mg),置于已在 110℃下恒重的称量瓶中平摊。
(2)打开称量瓶盖,放入预先鼓风并已加热到 105~110℃的干燥箱中,在鼓风条件下干燥 2h。

（3）取出称量瓶，立即盖好瓶盖，在空气中冷却约 2min，然后放在干燥器内冷却至室温（约 20min），迅速称其质量（称准至 0.2mg）。

（4）再在 105～110℃烘箱内烘 1h，取出称量瓶，置于干燥器内，冷却至室温，迅速称其质量，直至连续两次称量的质量之差不超过 0.4mg 则为恒重。

4.1.4　数据处理

（1）结果表述。试样中水分 X（%）按式（4-1）计算：

$$X = \frac{m_1 - m_2}{m} \times 100\% \tag{4-1}$$

式中：m_1 为干燥前试样与称量瓶的总质量，g；m_2 为干燥后试样与称量瓶的总质量，g；m 为试样的质量，g。

（2）测定结果的允许差。当水分含量不大于 1%时，同一实验室分析结果允许差为 0.01%，不同实验室的为 0.02%。

4.2　灼烧减（增）量

测定垢和腐蚀产物的灼烧减（增）量。有测 450℃灼烧减（增）量和测 900℃灼烧减（增）量两种测定方法。虽然试样灼烧后质量变化无一定规律，但从灼烧后质量的改变，可以对垢和腐蚀产物的特性和组成进行初步的判断。校核垢和腐蚀产物的测定结果时，应计入灼烧减（增）量。减量要加到测定结果总和中去，增量应从测定结果总和中减去。

4.2.1　原理

垢和腐蚀产物试样灼烧时，由于水分脱出，有机物燃烧，碳酸盐等化合物分解，金属或低价元素氧化等，使得灼烧后的试样质量有所变化。有的质量减少，有的质量增加。质量减少称为灼烧减量，质量增加称为灼烧增量。

4.2.2　仪器

（1）高温炉：最高温度为 1200℃，控温精度为±2℃。
（2）瓷舟：长方形，底长为 45mm，宽为 22mm，高为 14mm。
（3）干燥器：内装干燥剂（变色硅胶或无水氯化钙）。
（4）分析天平：感量为 0.1mg。

4.2.3　分析步骤

1. 450℃灼烧减（增）量的测定

准确称取 0.5～1.0g 分析试样（称准至 0.2mg），平铺于预先在 900℃灼烧至恒重的瓷舟内。记录样品和瓷舟的总质量（m_1）。将瓷舟放入 450℃±5℃的高温炉中灼烧 1h，然后放入干燥器中冷却至室温，并迅速称其质量。再将瓷舟放入 450℃±5℃的高温炉中灼烧 20min，然后放入干燥器中冷却至室温，并迅速称其质量。反复灼烧直至恒重（m_2），450℃灼烧减（增）量 X_1（%）按下式计算：

$$X_1 = \frac{m_1 - m_2}{m} \times 100\%$$ （4-2）

式中：m_1 为灼烧前试样和瓷舟的总质量，g；m_2 为灼烧后试样和瓷舟的总质量，g；m 为试样质量，g。

2. 900℃灼烧减（增）量的测定

把已测定过 450℃灼烧减（增）量的试样（连同瓷舟）置于 900℃±5℃的高温炉中灼烧 1h，取出放入干燥器中，冷却至室温，迅速称其质量。再将瓷舟置于 900℃±5℃的高温炉中，灼烧 20min，然后放入干燥器中冷却至室温，并迅速称其质量，反复灼烧直至恒重（m_3）。900℃灼烧减（增）量 X_2（%）按下式计算：

$$X_2 = \frac{m_2 - m_3}{m} \times 100\%$$ （4-3）

式中：m_2 为测定过 450℃灼烧减量的试样和瓷舟的总质量，g；m_3 为在 900℃灼烧后的试样和瓷舟的总质量，g；m 为试样质量，g。

4.2.4 数据处理

同一实验室内分析结果的允许差不应大于 0.3%，不同实验室间分析结果的允许差不用大于 0.5%。

4.3 三 氧 化 二 铁

4.3.1 原理

试样中的铁经过溶解处理后，以铁（Ⅲ）的形式存在于溶液中。在 pH 为 1～3 的酸性介质中，铁（Ⅲ）与磺基水杨酸形成紫色络合物，反应式如下：

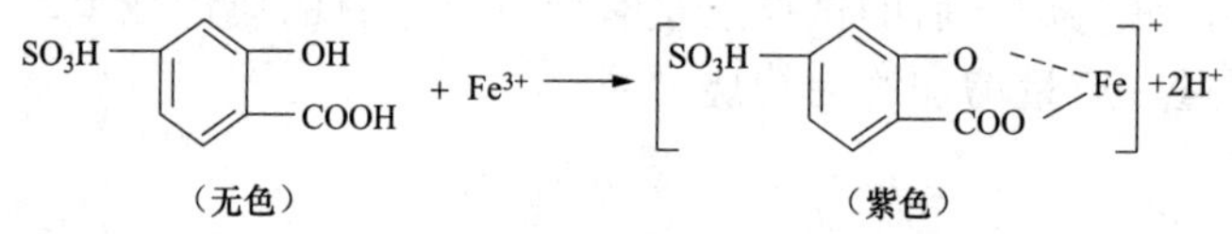

磺基水杨酸与铁形成的络合物没有 EDTA 与铁形成的络合物稳定，因而在用 EDTA 标准溶液滴定时，磺基水杨酸-铁络合物中的铁被 EDTA 逐步夺取出来。滴定到终点时磺基水杨酸全部游离出来，使溶液的紫色变为淡黄色（铁含量低时呈无色）。

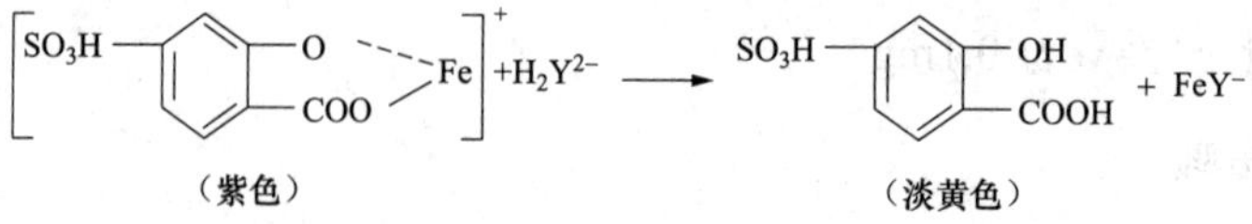

铝、锌、钙、镁等均不干扰测定。但是，在滴定溶液中，铜含量大于 0.08mg（CuO 含量大于 0.1mg）、镍含量大于 0.03mg（NiO 含量大于 0.04mg）时，干扰测定，使测定结果偏高。滴定溶液中磷酸根含量大于（250mg P_2O_5）3.3mg 时，会生成磷酸铁沉淀，干扰测定。对于铜、镍的干扰，可用加邻啡啰啉方法消除；对磷酸根的干扰，可采用少取试样的方法消除。此法适用于测定氧化铁垢、铁铜垢等垢和腐蚀产物中的三氧化二铁的含量。铁（Ⅲ）与磺基水杨酸的络合物如表 4-1 所示。

表 4-1　　　　　　　　　　　　　铁（Ⅲ）与磺基水杨酸的络合物

pH	结 构 式	摩尔比	颜色
1.5~2.5	$\left[\text{HO}_3\text{S}-\text{C}_6\text{H}_3(\text{O})(\text{COO}) \right> \text{Fe} \right]^+$	1:1	紫红色
4~8	$\left[\left(\text{HO}_3\text{S}-\text{C}_6\text{H}_3(\text{O})(\text{COO}) \right>_2 \text{Fe} \right]^-$	2:1	绛 色
8~11.5	$\left[\left(\text{HO}_3\text{S}-\text{C}_6\text{H}_3(\text{O})(\text{COO}) \right>_3 \text{Fe} \right]^{3-}$	3:1	黄 色

4.3.2　试剂

（1）铁标准溶液（1mL 相当于 1mg Fe_2O_3）。准确称取优级纯还原铁粉（或者纯铁丝）0.6994g，也可称取已在 800℃灼烧恒重的三氧化二铁（优级纯）1.000g，置于 100mL 烧杯中。加水 20mL，加盐酸溶液（1+1）50mL，缓慢加热溶解。当完全溶解后，加过硫酸铵 0.1~0.2g，煮沸 3min，冷却至室温，倾入 1L 容量瓶，用水稀释至刻度。

（2）100g/L 磺基水杨酸指示剂。称取 10g 磺基水杨酸溶解于水中，稀释至 100mL。

（3）2mol/L 盐酸溶液。量取密度为 1.19g/L 的优级纯盐酸 180mL，稀释至 1000mL。

（4）盐酸溶液（1+1）。

（5）氨水溶液（1+1）。

（6）1g/L 邻啡啰啉溶液。称取 0.5g 邻啡啰啉溶解于水中，稀释至 500mL。

（7）EDTA 标准溶液。称取 EDTA 1.9g，溶于 200mL 水中，溶液倾入 1L 容量瓶，并稀释至刻度。

EDTA 溶液对铁的滴定度的标定：准确吸取铁标准溶液（1mL 含 1mg Fe_2O_3）5mL，加水稀释至 100mL，按 4.3.3（不加邻啡啰啉）标定 EDTA 溶液对铁的滴定度。

EDTA 溶液对铁（Fe_2O_3）的滴定度 T 按下式计算：

$$T = \frac{CV}{a} \tag{4-4}$$

式中：C 为铁标准溶液的含量，mg/mL；V 为铁标准溶液的体积，mL；a 为标定所消耗 EDTA 溶液的体积，mL。

4.3.3　分析步骤

（1）吸取待测试液 VmL（含 0.5mg Fe_2O_3 以上），注入 250mL 锥形瓶中，补加试剂水到 100mL。

（2）加 100g/L 磺基水杨酸指示剂 1mL，徐徐地滴加氨水（1+1）并充分摇动。中和过量的酸至溶液由紫色变为橙色（pH 约为 8）。

（3）加 2mol/L 盐酸溶液 1~2mL，调节 pH 为 1.8~2.0（用精密 pH 试纸检验），加 1g/L 邻啡啰啉 5mL，加热至 70℃左右，趁热用 EDTA 标准溶液滴定至溶液由紫红色变为浅黄色（铁含量低时为无色），即为终点（滴定完毕时溶液温度应在 60℃左右）。

4.3.4 数据处理

（1）结果表述。试样中铁（Fe_2O_3）的含量 $X_{Fe_2O_3}$（%）按下式计算：

$$X_{Fe_2O_3} = \frac{Ta}{m} \times \frac{500}{V} \times 100\% \qquad (4\text{-}5)$$

式中：T 为 EDTA 标准溶液对三氧化二铁的滴定度，mg/mL；a 为滴定铁所消耗 EDTA 标准溶液的体积，mL；m 为试样的质量，mg；V 为吸取待测试液的体积，mL。

（2）测定结果的允许差。氧化铁测定结果的允许差见表 4-2。

表 4-2 氧化铁测定结果的允许差 %

三氧二铁的含量	同一实验室	不同实验室
≤5	0.3	0.6
5～10	0.4	0.8
10～20	0.5	1.0
20～30	0.6	1.1
30～50	0.8	1.5
50 以上	1.1	2.0

4.3.5 注意事项

（1）标定 EDTA 标准溶液时，由于铁标准溶液的铁含量高，故加数滴指示剂即可。测定铁含量较低的试液时，可适当地多加指示剂。

（2）试样中铁含量低时，可将 EDTA 溶液适当稀释后滴定，此时滴定终点的颜色为无色。

（3）铁（Ⅲ）与磺基水杨酸在不同的 pH 下可形成不同摩尔比的络合物，具有不同的颜色（见表 4-1）。调节 pH，中和过量的酸，就是利用此性质进行的。

（4）EDTA 溶液与铁（Ⅲ）的反应在 60～70℃ 下进行为宜，温度低、反应速度慢，易造成超滴，使测定结果偏高。

（5）EDTA 滴定铁溶液接近终点时，应逐滴加入 EDTA 溶液，且多摇、细观察，以防过滴。

4.4 三氧化二铝

4.4.1 原理

在 pH 为 5 的介质中，加入过量的 EDTA 溶液，除铝与 EDTA 络合外，铜、锰、亚铁、镍以及高铁、锡、钛等离子均与 EDTA 生成稳定络合物。用铜标准溶液回滴过剩的 EDTA，以 1-2-吡啶偶氮、2-萘酚（PAN）作为指示剂，终点颜色由淡黄色变为紫红色。然后加入适量的氟化物，置换出与铝、钛络合的 EDTA，再次用铜标准溶液滴定，终点由黄色变为紫红色，其反应式如下：

加 EDTA：

$$Al^{3+}+H_2Y^{2-}\longrightarrow AlY^-+2H^+$$
$$Me+H_2Y^{2-}\longrightarrow MeY^{2-}（Me 代表钙、铜、锌等二价离子）$$

加氟化钠：

$$AlY^-+6NaF_6+2H^+\longrightarrow Na_3AlF_6+H_2Y^{2-}+3Na^+$$

滴定时：

$$H_2Y^{2-}+Cu^{2+}\longrightarrow CuY^{2-}+2H^+$$
$$Cu^{2+}+PAN\longrightarrow Cu\text{-}PAN$$
$$（黄色）\qquad（紫红色）$$

垢和腐蚀产物中常见的成分（离子）均不干扰测定。在测定条件下，钛（Ⅳ）、锡（Ⅳ）干扰测定，使测定结果偏高。通常，试样中这些元素含量甚微，对测定结果无明显影响。

4.4.2 试剂

（1）乙酸-乙酸铵缓冲溶液（pH=5）。称取 77g 乙酸铵溶于约 300mL 蒸馏水中，加 200mL 冰乙酸，用水稀释至 1L。

（2）氨水（1+1）。

（3）硫酸溶液（1+1）。

（4）盐酸溶液（1+1）；盐酸溶液（1+9）；2mol/L 盐酸溶液：量取密度为 1.19g/mL 的优级纯盐酸 180mL，稀释至 1000mL。

（5）10g/L 酚酞指示剂（乙醇溶液）。

（6）4g/LPAN 指示剂（乙醇溶液）。

（7）饱和氟化钠溶液（储存丁聚乙烯瓶中）。

（8）硼酸（固体）。

（9）5g/L EDTA 溶液。

（10）铝标准溶液（1mL 相当于 1mg Al_2O_3）。取少量高纯铝片置于小烧杯中，用盐酸溶液（1+9）浸泡几分钟，使铝片表面氧化物溶解。先用蒸馏水洗涤数次，再用无水乙醇洗数次，放入干燥器中干燥。准确称取处理过的铝片 0.5293g，置于 150mL 烧杯中。加优级纯氢氧化钾 2g，蒸馏水约 10mL，待铝片溶解后，用盐酸（1+1）酸化，先产生氢氧化铝沉淀，继续加盐酸溶液（1+1），使沉淀物完全溶解后，再加 10mL 盐酸溶液（1+1）冷却至室温，倾入 1L 容量瓶，用蒸馏水稀释至刻度。

（11）铝工作溶液（1mL 相当于 0.1mg Al_2O_3）。准确地取上述标准溶液（1mL 相当于 1mg Al_2O_3）10mL，注入 100mL 容量瓶，用蒸馏水稀释至刻度。

（12）铜储备溶液（1mL 相当于 1mg CuO）。称取硫酸铜（$CuSO_4\cdot 5H_2O$）3.1g（称准至 1mg），溶于 300mL 蒸馏水中，加硫酸溶液（1+1）1mL，倾入 1L 容量瓶中，用蒸馏水稀释至刻度。

（13）铜工作溶液（1mL 相当于 0.2mg CuO）。取铜储备液（1mL 含 1mg CuO）200mL，用试剂水稀释至 1L。该溶液对氧化铝的滴定度按下述测定方法标定。取铝工作溶液（1mL 相当于 0.1mg Al_2O_3）5mL 注入 250mL 锥形瓶，加水至 100mL，按本节 4.4.3 分析步骤进行标定。

铜工作溶液对铝（Al_2O_3）的滴定度 T 按式（4-4）计算，其中：C 为铝标准溶液的含量，mg/mL；V 为铝标准溶液的体积，mL；a 为标定所消耗铜工作溶液的体积，mL。

4.4.3 分析步骤

（1）用移液管吸取待测试液 VmL（含 0.05mg Al_2O_3 以上），注入 250mL 锥形瓶中，加蒸馏水至 100mL 左右。

（2）加 5g/L EDTA 溶液 10mL，加 10g/L 酚酞指示剂 2 滴，以氨水（1+1）中和至溶液微红，滴加 2mol/L 盐酸溶液使红色刚好退去，之后再多加 4 滴。

（3）加乙酸-乙酸铵缓冲溶液 5mL，加 4g/L PAN 指示剂 3 滴，溶液为黄色，于电炉上加热至沸腾，取下稍冷。

（4）用铜储备溶液（1mL 相当于 1mg CuO）滴定，接近终点时（溶液呈淡黄色）改用铜工作溶液（1mL 相当 0.2mg CuO）滴定到紫红色（不计读数，但应滴准）。

（5）加饱和氟化钠溶液 5mL，硼酸约 0.1g，再于电炉上加热至沸腾，取下稍冷，用铜工作溶液（1mL 相当于 0.2mg CuO）滴定至由黄色变为紫红色即为终点。记录消耗铜工作溶液的体积 amL。

4.4.4 数据处理

（1）结果表述。试样中氧化铝（Al_2O_3）的含量 X% 按式（4-5）计算，其中：T 为铜工作溶液对氧化铝的滴定度，mg/mL；a 为第二次滴定时消耗铜工作溶液的体积，mL；m 为试样的质量，mg；V 为吸取待测试液的体积，mL。

（2）氧化铝测定结果的允许差见表 4-3。

表 4-3　　　　　　　　　　　　氧化铝测定结果的允许差　　　　　　　　　　　　%

氧化铝含量	同一实验室	不同实验室
≤2	0.3	0.6
2~5	0.4	0.8
5~10	0.5	1.0
10 以上	0.6	1.2

4.4.5 注意事项

（1）由于氟离子与铁离子能生成 $(FeF_6)^{3-}$ 络离子，可能使 EDTA-Fe 络合物破坏，从而影响铝的测定。为避免此现象发生，需控制一定的氟量，控制煮沸时间，并加少量硼酸，使多余的氟离子形成 BF_4。

（2）以上分析步骤也可用二甲酚橙作为指示剂，以锌盐滴定。但是，对铁含量高的样品，以 PAN 作为指示剂最好。

（3）在测定中，每次所取试样为 4mg（取多项分析试液 10mL）。若取样量超过 4mg，为保证 Al^{3+}/EDTA 摩尔比不变，应适当增加 5g/L EDTA 溶液加入量。在一般情况下，取样量增加 4mg，5g/L EDTA 溶液加入量增加 10mL。

（4）用 5% 氟化铵溶液可代替饱和氟化钠溶液。

（5）用铜盐滴定时，颜色变化与试样中铜、铁含量和指示剂的保存情况有关，颜色变化有时由黄色变绿色，再变为紫蓝色。

4.5 氧 化 铜

垢和腐蚀产物试样中铜的测定有分光光度法和碘量法。分光光度法适用于热力系统内聚集的水垢、盐垢、水渣和腐蚀产物中铜的测定，也适用于某些化学清洗液中铜含量的分析测定。而碘量法适用于测定铜垢、铜铁垢中铜（以氧化铜计）的含量，对于制备的液体样品而言，当取样量为 25mL 时，其检出限为 2mg/L。

对铜的测定——分光光度法原理参见本书 3.16 节，实验操作的主要不同之处如下所述。

（1）工作曲线的绘制范围。铜的工作液配制见表 4-4。

表 4-4 铜 的 工 作 液 配 制

测定范围（mg）	工作溶液浓度（mg/mL）	加入工作溶液的体积（mL）						波长（mm）	比色皿（mm）
0~0.05	0.01	0.0	0.5	1.0	2.0	3.0	0	4.0	600	30
>0.05	0.1	0.0	0.5	1.0	2.0	3.0	0	4.0	650	10

按表 4-4 用移液管分别移取铜标准溶液 0~5mL 至一组 50mL 的容量瓶。要求绘制铜含量和吸光度的工作曲线的相关系数应大于 0.999。

（2）结果的处理。水样中铜含量 X_{CuO}（%）按式（4-6）进行计算：

$$X_{CuO} = \frac{m_{CuO}}{m} \times \frac{500}{V} \times 100\% \qquad (4-6)$$

式中：m_{CuO} 为从标准曲线上查得的铜含量，mg；V 为取待测试液的体积，mL；m 为称取垢样的质量，mg；500 为定容体积，mL。

氧化铜测定结果的允许差见表 4-5。本节主要介绍铜的测定——碘量法。

表 4-5 氧化铜测定结果的允许差 %

垢样中氧化铜的含量	同一实验室	不同实验室
<5	0.3	0.6
5~10	0.4	0.8
10~20	0.5	1.0
20~50	0.8	1.5
>50	1.0	1.8

4.5.1 原理

在微酸性介质中，铜（Ⅱ）可用碘化钾还原为铜（Ⅰ），生成碘化亚铜沉淀，同时析出等量的游离碘（I_2）。用硫代硫酸钠标准溶液滴定游离碘，以淀粉作为指示剂，溶液蓝色消退即为终点。其反应式如下：

$$2Cu^{2+} + 4I^- \longrightarrow Cu_2I_2 \downarrow + I_2$$

$$I_2 + 2S_2O_3^{2-} \longrightarrow 2I^- + S_4O_6^{2-}$$

铁（Ⅲ）干扰测定。可用加氟化氢铵掩蔽，消除其干扰。由于碘化亚铜能吸附少量碘，故影响测定。可加入硫氰化钾使碘化亚铜转化为溶解度更小的硫氰化亚铜，释放出吸附的碘。

4.5.2 试剂

（1）铜标准溶液（1mL 相当于 1mg CuO）。称取 0.7989g 金属铜（优级纯及以上）置于 200mL 烧杯中，加入硝酸溶液（1+1）10mL，在电炉中加热使其溶解，并继续加热至冒烟为止（除尽二氧化氮），加热试剂水 100mL，溶解干涸物，冷却后并转入 1L 容量瓶中，用试剂水稀释至刻度。

（2）氨水（1+1）。

（3）氟化氢铵（固体）。

（4）碘化钾（固体）。

（5）0.5%淀粉指示剂。称取可溶性淀粉 0.5g，置于玛瑙研钵中，加少量除盐水研磨成糊状物，徐徐加入 100mL 煮沸的除盐水中，继续煮沸 1min，冷却后备用。该试剂不宜存放，应在使用时配制。

也可使用 0.1%聚乙烯醇取代淀粉指示剂，长期存放。由于聚乙烯醇难溶于水，配置使用热水溶解，并不停地搅拌至完全溶解，使用指示剂时，无须配制 10%硫氰酸铵溶液。

（6）10%硫氰酸铵溶液。

（7）硫代硫酸钠标准溶液（1mL 约相当于 1mg CuO）。称取硫代硫酸钠（$Na_2S_2O \cdot 5H_2O$）5g，溶于煮沸并冷却的试剂水中，稀释至 1L。将该溶液储存于具有磨口塞的棕色瓶中，放置 7 日后，过滤、标定。必要时，可稀释使用。

（8）硫代硫酸钠标准溶液对氧化铜的滴定度按下法标定。吸取铜标准溶液 10mL，注入 250mL 锥形瓶中，补加试剂水至 50mL，滴加氨水（1+1）至铜氨络离子的蓝色出现，以下按 4.5.3（2）、（3）完成滴定。硫代硫酸钠的滴定度按下式计算：

$$T = \frac{Ca}{V} \tag{4-7}$$

式中：T 为硫代硫酸钠标准溶液对氧化铜的滴定度，mg/mL；C 为铜标准溶液的含量，mg/mL；a 为取铜标准溶液的体积，mL；V 为标定时消耗硫代硫酸钠溶液的体积，mL。

4.5.3 分析步骤

（1）吸取待测试液 VmL（含铜量大于 0.5mg CuO），注入 250mL 锥形瓶，补加除盐水至 50mL，滴加氨水（1+1）至氢氧化铁沉淀，或者有铜氨络离子的颜色（蓝色）出现，并且应有氨味。

（2）加氟化氢铵 1g。当沉淀物全部溶解后加碘化钾 4g（CuO 含量低于 5%时，加 4g 即可），摇匀，在暗处放置 5min。

（3）用硫代硫酸钠标准溶液滴定。当接近终点时（溶液颜色淡黄），加入 5mL 淀粉指示剂。当滴至蓝褐色将消失时，加硫氰酸铵 5mL，继续滴定至蓝紫色突然消失，即为终点。铜含量低，消耗硫代硫酸钠标准溶液的体积小于 1mL 时，应使用微量滴定管。使用 0.1%聚乙烯醇（17-88）作为指示剂，加入量为 1mL，无须加入硫氰酸铵溶液。用硫代硫酸钠标准溶液滴定时，颜色从红色变为无色为终点。

（4）取 50mL 除盐水，按测定步骤进行空白试验。

4.5.4 数据处理

（1）结果表述。试样中氧化铜（CuO）的含量 X_{CuO}(%)按下式计算：

$$X_{CuO} = \frac{T(a-a_0)}{m} \times \frac{500}{V} \times 100\%$$

(4-8)

式中：T 为硫代硫酸钠标准溶液对氧化铜的滴定度，mg/mL；m 为试样质量，mg；V 为吸取待测试液的体积，mL；a 为滴定时消耗硫代硫酸钠标准溶液的体积，mL；a_0 为滴定空白时消耗硫代硫酸钠标准溶液的体积，mL。

（2）测定结果的允许差。氯化铜测定结果的允许差见表 4-6。

表 4-6　　　　　　　　　氧化铜测定结果的允许差　　　　　　　　　　%

CuO 含量水平	同一实验室内允许差	不同实验室间允许差
≤4.0	0.05	0.10
4.0~24.0	0.10	0.40
≥24.0	0.30	1.00

4.6　氧化钙和氧化镁

垢和腐蚀产物的许多常见成分，如铁（III）、铝（III）、铜（II）、锌（II）以及磷酸根、硅酸根等离子会干扰钙、镁氧化物的测定。根据掩蔽剂不同，可分为两种测定方法：一是 L-半胱氨酸盐酸盐-三乙醇胺联合掩蔽法，适用于铁、铜含量较低的试样；二是铜试剂分离法，适用于铁、铜含量较高的试样，或在第一种方法效果不好时使用。

4.6.1 原理

垢和腐蚀产物中的钙和镁经熔融、溶解处理后，以离子形式存在于待测溶液中。在 pH 为 10 的介质中，钙、镁离子和酸性铬蓝 K 或铬黑 T 形成稳定的紫红色络合物。但是，这些络合物没有 EDTA 和钙、镁离子形成的络合物稳定，因此，用 EDTA 标准溶液滴定时，除 EDTA 与钙、镁离子络合外，还能夺取指示剂与钙镁离子形成的铬合物中的钙和镁，使酸性铬蓝 K 或铬黑 T 游离，显出其本身的蓝色，指示滴定终点。从消耗 EDTA 标准溶液的体积，便可计算钙、镁含量总和，其反应式如下：

加指示剂：

In+Me——→MeIn

（蓝色）（紫红色）

滴定过程中：

Me+Y——→MeY

滴定终点时：

MeIn+Y——→MeY+In

（紫红色）（蓝色）

在 pH 为 12.5～13 的介质中，镁离子形成氢氧化镁沉锭，钙则仍以离子形式存在。此时，用 EDTA 标准溶液滴定，以酸性铬蓝 K 等作为指示剂，滴定至纯蓝色即为终点。测定值仅为钙的数量。从钙、镁总量中减去钙的数量，便可求得镁的数量。本法适用于测定垢和腐蚀产物试样中氧化钙和氧化镁的含量。

4.6.2 试剂

（1）酸性铬蓝 K-萘酚绿 B 指示剂。称取酸性铬蓝 K（$C_{10}H_9O_{12}S_3Na_3$）0.5g、萘酚绿 B1.00g 和预先在 110℃ 干燥的氯化钾 50g，研细、混匀后放置于棕色广口瓶备用。

（2）三乙醇胺溶液（1+4）。量取浓三乙醇胺[$HN(C_2H_4OH)_3$]20mL，加除盐水 80mL，混匀即可。

（3）2.5%铜试剂。称取铜试剂[$(C_2H_5)_2NCS_2Na \cdot 3H_2O$]2.5g，溶于 100mL 水中，过滤后使用。

（4）1%L-半胱氨酸盐酸盐溶液。称取 L-半胱氨酸（$C_3H_7O_2NS$）1g 溶于 60mL 水中，加 4mL 盐酸溶液（1+1），稀释至 100mL。或者直接称取 L-半胱氨酸盐酸盐 1.3g，用 60mL 水溶解，加 2mL 盐酸溶液（1+1），稀释至 100mL。

（5）pH 为 10 的氨-氯化铵缓冲溶液。称取 20g 氯化铵溶于 500mL 水中，加入 150mL 浓氨水，稀释至 1L。

（6）2mol/L 氢氧化钠溶液。

（7）氨水（1+1）。

（8）盐酸（1+1）。

（9）EDTA 标准溶液 0.002mol/L。取 EDTA 1.9g，溶于 200mL 除盐水中，稀释至 1L。

4.6.3 分析步骤

1. L-半胱氨酸盐酸盐-三乙醇胺联合掩蔽法

（1）钙的测定。准确吸取待测试液 VmL（CaO 含量在 0.1mg 以上），注入 250mL 锥形瓶，加水至 100mL，用 2mol/L 氢氧化钠溶液调节 pH 为 10 左右（用 pH 试纸检验）。

加 2mol/L 氢氧化钠 3mL，三乙醇胺溶液（1+4）2mL，1%L-半胱氨酸盐酸盐 3～4mL，0.05g 酸性铬蓝 K-萘酚绿 B 指示剂。

立即用 EDTA 标准溶液在剧烈摇动下滴定至溶液由紫红色变为蓝色，即为终点，同时做空白试验。

（2）镁的测定。在测定过钙的溶液中，逐滴加入盐酸（1+1）调节 pH 为 4 左右，充分摇动使氢氧化镁沉淀溶解。用氨水（1+1）调节 pH 到 8 左右（用 pH 试纸检验）。加 pH 为 10 的氨-氯化铵缓冲溶液 5mL，立即用 EDTA 标准溶液，在快速摇动下滴定至溶液由酒红色变为蓝色，即为滴定终点，同时做空白试验。

2. 铜试剂分离法

（1）钙的测定。准确吸取待测试液 VmL（含氧化钙在 0.1mg 以上，五氧化二磷量小于 1mg），注入 50mL 烧杯中，用 2mol/L 氢氧化钠将试液的 pH 调至 5～6，加 2.5%铜试剂 2mL。铜、铁等干扰离子形成沉淀。

沉淀物用定量滤纸过滤，用除盐水充分洗涤沉淀物。将滤液和洗涤液都收集于 250mL

锥形瓶中,用 2mol/L 氢氧化钠溶液调节 pH 为 10 左右(用 pH 试纸检验)。然后按上述 4.6.3 中（1）钙的测定操作步骤进行分析,同时做空白试验。

（2）镁的测定。在测定过钙的溶液中,按上述 4.6.3 中"（2）镁的测定"操作步骤进行分析,同时做空白试验。

4.6.4 数据处理

（1）结果表述。试样中钙（CaO）的百分含量 X_{CaO}（%）按下式计算:

$$X_{CaO} = \frac{c \times (V_1 - V_3)}{m} \times \frac{0.5}{V} \times 56.08 \times 100\% \tag{4-9}$$

试样中镁（MgO）的百分含量 X_{MgO}（%）按下式计算:

$$X_{MgO} = \frac{c \times (V_2 - V_4)}{m} \times \frac{0.5}{V} \times 40.30 \times 100\% \tag{4-10}$$

式中:c 为 EDTA 标准溶液的浓度,mol/L;V 为吸取试液的体积,mL;V_1 为滴定钙消耗 EDTA 标准溶液的体积,mL;V_2 为滴定镁消耗 EDTA 标准溶液的体积,mL;V_3 为滴定钙空白消耗 EDTA 标准溶液的体积,mL;V_4 为滴定镁空白消耗 EDTA 标准溶液的体积,mL;m 为试样质量,mg;56.08 为氧化钙的摩尔质量,g/mol;40.30 为氧化镁的摩尔质量,g/mol;0.5 为样品的总体积,L。

（2）测定结果的允许差。氧化钙、氧化镁测定结果的允许差见表 4-7。

表 4-7　　　　　　　　　　　氧化钙、氧化镁测定结果的允许差　　　　　　　　　　　%

氧化钙或氧化镁含量	氧化钙允许差		氧化镁允许差	
	同一实验室	不同实验室	同一实验室	不同实验室
≤2	0.3	0.6	0.4	0.9
2~5	0.4	0.8	0.5	1.5
5~10	0.5	1.0	0.6	1.2
10~30	0.6	1.2	0.8	1.6
30~50	1.2	2.0	为	为
≥50	1.2	2.4	为	为

4.7　二　氧　化　硅

4.7.1　原理

在 pH 为 1.2~1.3 的条件下,硅与钼酸铵反应生成硅钼黄,进一步用 1-2-4 酸还原剂把硅钼黄还原成硅钼蓝。此蓝色深浅与试样中含硅量有关,可用比色法测定硅含量。其反应式如下:

$$4MoO_4^{2-} + 6H^+ \longrightarrow Mo_4O_{13}^{2-} + 3H_2O$$

$$H_2SiO_4 + 3Mo_4O_{13}^{2-} + 8H^+ \longrightarrow H_4[Si(Mo_3O_{10})_4] + 3H_2O$$

本法适用于测定水垢、盐垢、水渣和腐蚀产物中二氧化硅的含量。垢和腐蚀产物中的常见成分均不干扰测定。仅磷酸根对测定有明显的干扰，加入酒石酸、氟化钠等可消除其干扰。

4.7.2 仪器与试剂

1. 仪器

（1）分光光度计：可在波长为 660、750nm 处使用，配有 10、30mm 比色皿。

（2）多孔水浴锅。

（3）5mL 有机玻璃移液管（分度值 0.1mL）。

（4）10mL 移液管（分度值 0.1mL）。

（5）50mL 滴定管（分度值 0.1mL）。

（6）150mL 或 250mL 聚乙烯塑料瓶或密封聚乙烯塑料杯。

（7）实验所用器皿应在使用前用盐酸溶液（1+1）进行浸泡处理，用试剂水反复冲洗后备用。

2. 试剂

（1）二氧化硅标准溶液。

1）储备溶液（1mL 含 0.1mg SiO_2）。取研磨成粉状的二氧化硅（优级纯）约 1g，置于 700～800℃的高温炉中灼烧 0.5h。称取灼烧过的二氧化硅 0.1000g 和已于 270～300℃焙烧过的粉状无水碳酸钠（优级纯）1.0～0.5g，置于铂坩埚内混匀，在上面加一层碳酸钠，在冷炉状态放入高温炉升温至 900～950℃熔融 30min。冷却后，将铂坩埚放入聚乙烯塑料烧杯中，用 70～80℃的试剂水溶解熔融物，待熔融物全部溶解后取出铂坩埚，以热试剂水仔细淋洗坩埚内外壁，待溶液冷却至室温后，定量移入 1L 容量瓶中，定容、混匀后移入聚乙烯塑料瓶中储存。此溶液应完全透明，若浑浊须重新配制。

2）标准溶液 I（1mL 含 0.05mg SiO_2）。取储备溶液（1mL 含 0.1mg SiO_2）24.00mL，移入 50mL 容量瓶，用试剂水稀释至刻度。

3）标准溶液 II（1mL 含 0.005mg SiO_2）。取标准溶液 I（1mL 含 0.05mg SiO_2）10.00mL，移入 100mL 容量瓶，用试剂水稀释至刻度（此溶液应在使用的时配制）。

（2）盐酸溶液（1+1）：优级纯或更高级别试剂。

（3）三氯化铝溶液（1mol/L）：称取结晶三氯化铝（$AlCl_3 \cdot 6H_2O$）241g 溶于约 600mL 试剂水中，稀释至 1L。

（4）100g/L 钼酸铵溶液。称取 50g 钼酸铵〔$(NH_4)Mo_7O_{24} \cdot 4H_2O$〕溶于 400mL 试剂水中，稀释至 500mL。

（5）氢氟酸（HF）溶液（1+7）：优级纯或更高级别试剂。

（6）1-2-4 酸还原剂。

（a）称取 1-2-4 酸还原剂（$NH_2 \cdot C_{10}H_5 \cdot OH \cdot SO_3H$）1.5g 和无水亚硫酸钠（$Na_2SO_3$）7g，溶于 200mL 试剂水中；

（b）称取 90g 亚硫酸氢钠（$NaHSO_3$）溶于约 600mL 试剂水中。

（c）将（a）和（b）所配制的两种溶液混合并稀释至 1L。若溶液浑浊，则须过滤后使用。将所配溶液储存于温度小于 5℃的冰箱中避光保存。

以上所有试剂均应储存于聚乙烯塑料瓶中。

4.7.3 分析步骤

1. 绘制工作曲线

（1）含硅量为 0～0.05mg 二氧化硅的样品测定。

1）0～0.05mg SiO_2 工作溶液的配制见表 4-8。按表 4-8 的规定取二氧化硅标准溶液Ⅱ（1mL 含 0.005mg SiO_2），注入一组聚乙烯瓶中，用滴定管添加试剂水使其体积为 50.0mL。

2）样品瓶置于 25～30℃的水浴中至温度恒定。分别加三氯化铝溶液 3.0mL，摇匀，用有机玻璃移液管准确加氢氟酸溶液（1+7）1.0mL，摇匀，放置 5min。

3）加盐酸溶液（1+1）1.0mL 且摇匀，加钼酸铵溶液 2.0mL 且摇匀，放置 5min；加草酸溶液 2.0mL 且摇匀，放置 1min；再加 1,2,4 酸还原剂 2.0mL，放置 8min。

4）在分光光度计上用 750nm 波长、30mm 比色皿，以试剂水作为参比测定吸光度，根据测得的吸光度绘制工作曲线或回归方程。

表 4-8　　　　　　　　　　0～0.05mg SiO₂ 工作溶液的配制

标准溶液Ⅱ体积（mL）	0	2.00	00	6.00	8.00	10.00
添加试剂水体积（mL）	50.0	48.0	46.0	40	42.0	40.0
SiO₂含量（mg）	0.0	0.010	0.020	0.030	0.040	0.050

（2）含硅量为 0～0.25mg 二氧化硅的样品测定。

1）0～0.25mg SiO_2 工作溶液的配制见表 4-9。按表 4-9 的规定取二氧化硅标准溶液Ⅰ（1mL 含 0.05mg SiO_2），注入一组聚乙烯瓶中，用滴定管添加试剂水使其体积为 50.0mL。

2）样品瓶置于 25～30℃的水浴中至温度恒定。分别加三氯化铝溶液 3.0mL 且摇匀，用有机玻璃移液管准确加氢氟酸溶液（1+7）1.0mL 且摇匀，放置 5min。

3）加盐酸溶液（1+1）1.0mL 且摇匀，加钼酸铵溶液 2.0mL 且摇匀，放置 5min；加草酸溶液 2.0mL 且摇匀，放置 1min；再加 1,2,4 酸还原剂 2.0mL，放置 8min。

4）在分光光度计上用 660nm 波长、10mm 比色皿，以试剂水作为参比测定吸光度，根据测得的吸光度绘制工作曲线或回归方程。

表 4-9　　　　　　　　　　0～0.25mg SiO₂ 工作溶液的配制

标准溶液Ⅰ体积（mL）	0	1.00	2.00	3.00	00	4.00
添加试剂水体积（mL）	50.0	49.0	48.0	47.0	46.0	44.0
SiO₂含量（mg）	0.0	0.050	0.10	0.15	0.20	0.25

2. 试样的测定

（1）试样的吸取。

1）直接吸取：适用于垢和腐蚀产物氧化铁和氧化铜的含量小于70%时。应根据含硅量的大小，准确吸取多项分析液 V_1mL（0.5～4.0mL，SiO_2 少于 0.25mg），注入聚乙烯塑料瓶中。

2）预处理法：适用于垢和腐蚀产物氧化铁和氧化铜的含量大于70%时。准确吸取多项分析液 100mL 于烧杯中，用 10%氢氧化钠溶液和 1mol/L 盐酸溶液调整试液的 pH 至中性（用 pH 计控制 pH 为 6～8），此时样品溶液中的铜离子形成絮状物沉淀，静置一会儿，用快速滤纸过滤，滤液及沉淀洗涤滤液收集于 200mL 容量瓶中，用试剂水定容。然后摇匀，根据含硅量的大小，准确吸取滤液 V_2mL（4.0～50.0mL，SiO_2 少于 0.25mg），注入聚乙烯塑料瓶中。

（2）根据试样的吸取体积，用滴定管添加试剂水使其体积为 50.0mL。加入盐酸溶液（1+1）1.0mL，摇匀，用有机玻璃移液管准确加入氢氟酸溶液（1+7）1.0mL，摇匀，盖好瓶盖，置于沸腾水浴锅里加热 15min。

（3）将加热好的样品冷却，置于 25～30℃的水浴中至温度恒定，然后加三氯化铝溶液 3.0mL，摇匀，放置 5min。

（4）加入钼酸铵溶液 2.0mL，摇匀，放置 5min。加草酸溶液 2.0mL，摇匀，放置 1min。加 1,2,4 酸还原剂 2.0mL，摇匀，放置 8min。

由于 1,2,4 酸还原剂有强烈的刺激性气味，也可用 4%的抗坏血酸（加入量为 3mL）代替，但是，抗坏血酸溶液不稳定，宜使用时配制。

（5）在分光光度计上用 660nm 波长、10mm 比色皿或 750nm 波长、30mm 比色皿，以试剂水作为参比测定吸光度，根据测出的吸光度从相应的工作曲线上查出二氧化硅含量。

4.7.4 数据处理

（1）结果表述。

1）直接吸取多项分析液中二氧化硅（SiO_2）的含量 X_{SiO_2}(%)按式（4-11）进行计算：

$$X_{SiO_2} = \frac{m_1}{m} \times \frac{500}{V_1} \times 100\% \tag{4-11}$$

式中：m 为垢和腐蚀产物试样的质量，mg；m_1 为从工作曲线上查出的二氧化硅的质量，mg；V_1 为吸取待测试液的体积，mL；500 为垢和腐蚀产物多项分析试液的定容体积，mL。

2）多项分析液经过预处理二氧化硅（SiO_2）的含量 X_{SiO_2}(%)按式（4-12）进行计算：

$$X_{SiO_2} = \frac{m_1}{m} \times \frac{500}{V_2} \times 2 \times 100\% \tag{4-12}$$

式中：V_2 为吸取预处理后滤液的体积，mL；其他同式（4-11）。

（2）二氧化硅测定结果的允许差见表 4-10。

表 4-10　　　　二氧化硅测定结果的允许差　　　　%

二氧化硅含量范围	同一实验室	不同实验室
≤2	0.2	0.4
2～5	0.3	0.6
5～10	0.5	0.8
10～20	0.6	1.0
≥20	0.8	1.4

4.8 氧 化 锌

4.8.1 原理

在 pH 为 5～6 的乙酸-乙酸钠缓冲溶液中,以二甲酚橙作指示剂,用 EDTA 标准溶液滴定。溶液由红色变为亮黄色(氧化锌质量小于 1.6mg 时,溶液由橙色变为亮黄色)即为终点,其反应式如下:

$$Zn^{2+}+XO \longrightarrow [ZnXO]^{2+}$$
$$Zn^{2+}+H_2Y^{2-} \longrightarrow ZnY^{2-}+2H^+$$
$$[ZnXO]^{2+}+H_2Y^{2-} \longrightarrow ZnY^{2-}+XO+2H^+$$
$$[红(橙)色] \qquad\qquad (黄色)$$

铁(Ⅲ)、铜(Ⅱ)、铝(Ⅲ)等离子干扰测定。可用浓氨水沉淀分离铁(Ⅲ),用加硫代硫酸钠和饱和氟化钠溶液的方法,把铜(Ⅱ)、铝(Ⅲ)干扰离子还原或掩蔽,从而消除其干扰。本法适用于测定垢和腐蚀产物中锌(以氧化锌计)的含量。测定下限约为 0.2mg。

4.8.2 试剂

(1)乙酸-乙酸钠缓冲溶液(pH 为 5～6)。称取结晶乙酸钠(CH₃COONa·3H₂O)200g,加 500mL 水使其溶解,加冰乙酸 10mL,倾入 1L 容量瓶,用水稀释至刻度。

(2)2g/L 二甲酚橙指示剂。称取 0.2g 二甲酚橙($C_{31}H_{32}N_2O_{13}S$),溶于约 100mL 除盐水,稀释至 100mL。使用期不超过 15 天。

(3)1g/L 甲基橙指示剂。称取 0.1g 甲基橙,溶于 70℃的水,冷却,稀释至 100mL。

(4)EDTA 标准溶液(约 0.005mol/L)。称取 1.9g EDTA 溶于 200mL 试剂水中,稀释至 1L。EDTA 对氧化锌的滴定度标定:吸取锌工作溶液 10.00mL,补加试剂水至 100mL,按 4.8.3 完成标定,EDTA 标准溶液对锌的滴定度 *T* 按 4.3 中式(4-4)计算,注意式(4-4)中 *C* 为锌工作溶液的含量,mg/mL;*V* 为锌工作溶液的体积,mL;*a* 为标定时消耗 EDTA溶液的体积,mL。

(5)10%硫代硫酸钠溶液:称取 10g 硫代硫酸钠溶于 100mL 水中,储存于棕色瓶中。

(6)饱和氟化钠溶液。

(7)锌标准溶液(1mL 相当于 1mg ZnO)。称取于 800℃灼烧至恒重的基准氧化锌1.000g,用少量水润湿,滴加盐酸溶液(1+1),使氧化锌全部溶解,再过量滴加数滴,倾入 1L 容量瓶中,用水稀释至刻度。或者称取经乙酸处理过的锌粒(保证试剂)0.8034g,用盐酸溶液(1+1)约 10mL 溶解,倾入 1L 容量瓶,用除盐水稀释至刻度。

锌工作溶液(1mL 相当于 0.4mg ZnO)。取锌标准溶液(1mL 相当于 1mg ZnO)100mL,注入 250mL 容量瓶,用除盐水稀释至刻度。

4.8.3 分析步骤

(1)取待测试液 100mL,注入 250mL 烧杯中,用浓氨水中和至 pH 为 7(用 pH 试纸检验)。加浓氨水 20mL 进行沉淀,煮沸 1min,趁热过滤,将滤液收集于 250mL 容量瓶中。氧化铁含量超过 60%的垢和腐蚀产物,可进行第三次沉淀。否则。因氢氧化铁吸附锌氨络离子造成测定结果偏低。

（2）将滤纸上的沉淀物用热盐酸溶液（1+1）溶解。待沉淀物溶解后，用热除盐水洗涤滤纸 2～3 次。把滤液与洗涤液收集于原烧杯中，用浓氨水调节 pH 为 7（用 pH试纸检验）。加 20mL 浓氨水再次进行沉淀，用热除盐水洗涤沉淀物 2～3 次。将第二次过滤的滤液洗涤液一并收集于 250mL 容量瓶中，冷却至室温，用水稀释至刻度，摇匀。

（3）吸取上述分离、沉淀后的试液100mL（含锌量大于 0.6mg ZnO），注入 250mL 锥形瓶中。加 0.1%甲基橙指示剂 1 滴，用盐酸溶液（1+1）中和至微红色。加 10%硫代硫酸钠溶液 3mL，加饱和氟化钠溶液 2mL，摇匀。加乙酸-乙酸钠缓冲溶液 10mL，加二甲酚橙指示剂 2～3 滴。

（4）在不断摇动下，用 EDTA 标准溶液滴定至溶液由红色（含锌量小于 1.6mg ZnO 时为橙色）变为亮黄色即为终点。记录消耗 EDTA 标准溶液的体积（a mL）。

4.8.4 数据处理

（1）结果表述。试样中氧化锌的含量 X_{ZnO}（%）按式（4-13）计算：

$$X_{ZnO} = \frac{cVM}{m} \times \frac{500}{100} \times 2.5 \times 100\% \tag{4-13}$$

式中：c 为 EDTA 标准滴定溶液浓度，mol/mL；V 为滴定时消耗 EDTA 标准溶液的体积，mL；m 为试样质量，mg；M 为氧化锌的摩尔质量，g/mol。

（2）测定结果的允许差。取平行测定结果的算数平均值为测定结果，两次平行测定结果的绝对差值不大于 0.20%。

4.9 磷 酸 酐

4.9.1 原理

在酸性介质中（硫酸浓度为 0.3mol/L），磷酸盐与偏钒酸铵、钼酸铵反应生成黄色磷钼杂多酸类络合物为磷钒钼黄酸。其反应式如下：

$$2H_3PO_4+22(NH_4)_2Mo_4+2NH_4VO_3+23H_2SO_4 \longrightarrow P_2O_5 \cdot V_2O_3 \cdot 22MoO_3 \cdot nH_2O$$
$$+23(NH_4)_2SO_4+(26-n)H_2O$$

溶液颜色深度与磷酸盐含量成正比关系。可在 420nm 波长下测定磷钒钼黄酸。本法适用于测定水垢和腐蚀产物中磷酸盐（以磷酸酐计）的含量。水垢和盐垢中常见成分均不干扰测定。

4.9.2 仪器与试剂

1. 试剂

（1）磷标准溶液（1mL 相当于 1mgP_2O_5）。磷酸二氢钾（KH_2PO_4）在 100～105℃干燥1～2h，待其恒重后称取 1.918g，精确至 0.2mg，溶于约 500mL 水中，转移至 1000mL 容量瓶中，稀释至刻度，摇匀。

（2）磷工作溶液（1mL 相当于 0.1mgP_2O_5）。取磷标准溶液 10.0mL 于 100mL 容量瓶中，稀释至刻度，摇匀。

（3）钼酸铵-偏钒酸铵-硫酸显色溶液（简称钼钒酸显色液）。

1）称取 50g 钼酸铵[(NH₄)₆Mo₇O₂₄·4H₂O]和 2.5g 偏矾酸铵（NH₄VO₃），溶于约 300mL 水中。

2）量取 195mL 浓硫酸，在不断搅拌下徐徐加入约 300mL 水中，并冷却至室温。

3）将 2）所述配制的溶液倒入 1）所述配制的溶液中，用水稀释至 1L。

2. 仪器

分光光度计：配有 30mm 的比色皿。

4.9.3 分析步骤

（1）绘制工作曲线。磷标准溶液的配制见表 4-11。根据待测垢样的磷酸盐（按 P_2O_5 计）含量范围，按表 4-11 中所列数值分别把磷工作溶液（1mL 相当于 $0.1mgP_2O_5$）注入一组 50mL 容量瓶中，加 30mL 水。

分别于每个容量瓶中，加 5mL 钼钒酸显色液，用水稀释至刻度，摇匀，放置 2min 后，以试剂空白作为参比，选择 30mm 比色皿，于分光光度计 420nm 波长测定吸光度，绘制工作曲线。工作曲线相关系数应大于 0.999。

表 4-11 磷 标 准 溶 液 的 配 制

测定范围（mg）	工作溶液浓度（mg/mL）	取工作溶液体积（mL）					
0~1.0	0.1	0	2.0	4.0	6.0	8.0	10.0

（2）试样的测定。取多项分析试液 VmL（含 P_2O_5 小于 1.0mg），注入 50mL 容量瓶中，加除盐水 30mL，加钼钒酸显色液 5mL，用水稀释至刻度，摇匀，放置 2min。以不加显色剂的多项分析稀释试液作为参比，按步骤（1），测定吸光度。根据工作曲线计算五氧化二磷的含量。

4.9.4 数据处理

（1）结果表述。试样中磷酸盐（P_2O_5）的含量 $X_{P_2O_5}$（%）按下式计算：

$$X_{P_2O_5} = \frac{W}{m} \times \frac{500}{V} \times 100\%$$ （4-14）

式中：W 为从工作曲线上查出的五氧化二磷的质量，mg；m 为试样质量，mg；V 为吸取待测试液的体积，mL。

（2）磷酸盐测定结果的允许差见表 4-12。

表 4-12 磷酸盐测定结果的允许差 %

磷酸盐含量	同一实验室	不同实验室
≤10.0	0.30	0.60
10.0~20.0	0.60	1.20
≥20	0.80	1.50

4.9.5 注意事项

（1）温度增加 10℃，吸光度增加 1%左右。为减少温度影响，绘制工作曲线试验的温度与试样测定时的温度应基本一致。若两者温度差大于 5℃时，应重新制作工作曲线或者采取加温或降温措施。

（2）采用 721 型分光光度计时，若波长在 420nm 处，空白试样（待测试样的稀释液）调不到透过率为 100%时，可采用略大于 420nm 的波长进行测定。

（3）铁（Ⅲ）离子等有颜色，而且对在 420nm 附近的光有较强吸收能力。为消除此影响，可采用与试样稀释度相同的待测试液作为参比进行测定。

4.10 硫 酸 酐

火力发电厂和腐蚀产物中硫酸盐含量测定采用分光光度法、硫酸钡光度法和铬酸钡光度法，硫酸钡光度法测量范围为 0～7.5%，铬酸钡光度法则为 0～12.5%。

4.10.1 硫酸钡光度法

4.10.1.1 原理

在酸性介质中，硫酸根与钡离子作用，在控制的试验条件下，生成难溶的硫酸钡沉淀。其反应式如下：

$$Ba^{2+} + SO_4^{2-} \longrightarrow BaSO_4 \downarrow$$

在使用条件试剂和恒定搅拌的特殊条件下，生成的硫酸钡是颗粒大小均匀的晶型沉淀物，使溶液形成稳定的悬浊液，其浊度的大小与硫酸根含量成正比，据此可用比浊法测定硫酸根含量。

条件试剂中加一定量盐酸，除硫酸根以外，其他弱酸根离子如碳酸根、磷酸根、硅酸根等在此条件下以酸式盐形式存在，不与钡离子结合而产生沉淀，从而消除这些离子的干扰；条件试剂中加一定量乙醇、甘油有机溶剂，可以减少硫酸钡的溶解度；加一定量强电解质氯化钠，可以防止硫酸钡形成胶体沉淀。

在此法的测定条件下，铁（Ⅲ）的颜色对测定有一定影响，可用不加氯化钡的待测试液作为参比液，消除其干扰。本法适用于测定水垢和盐垢中硫酸盐（以硫酸酐计）的含量。测定范围为 0～0.5mg 或 0.5～2.5mg。

4.10.1.2 试剂与仪器

1. 试剂

（1）氢氧化钠（1mol/L）。

（2）盐酸（1mol/L）。

（3）氯化钡（$BaCl_2 \cdot 2H_2O$）溶液（25%）：用煮沸冷却后的水配置 25%的氯化钡溶液，储存在磨口玻璃瓶中备用 [氯化钡（$BaCl_2 \cdot 2H_2O$）固体试剂，粒度为 0.745～0.447mm（20～30 目）]。

（4）条件试剂。将 30mL 浓盐酸、50mL 甘油、100mL 95%乙醇依次加入 500mL 玻璃磨口瓶中，将 75 g 优级纯氯化钠用 300mL 水分次溶解，并转入至上述磨口瓶中。

（5）硫酸盐标准溶液（1mL 含 1mg SO_4^{2-}）。称取 1.479g 在 110～130℃烘干 2h 的优级纯无水硫酸钠，准确至 0.2mg。用少量水溶解后，定容至 1L。

（6）硫酸盐标准溶液（1mL 含 0.10mg SO_4^{2-}）。准确吸取 10.00mL 硫酸盐溶液，注入 100mL 容量瓶中，用水稀释至刻度，摇匀。

2. 仪器

（1）分光光度计：配有 30mm 比色皿。

（2）磁力搅拌器、搅拌子。

（3）秒表：精度为 0.2s。

（4）沙芯抽滤器。

4.10.1.3 分析步骤

1. 绘制工作曲线

（1）根据试样中硫酸盐含量，绘制工作曲线。硫酸盐标准溶液的配制见表 4-13，按表 4-13 数据，吸取硫酸盐工作溶液（1mL 含 0.10mg SO_4^{2-}）注入一组 50mL 容量瓶中，用水稀释至刻度，摇匀。取干燥的 250mL 锥形瓶多个，分别加入 1 个磁力搅拌子，将上述工作溶液分别转移至锥形瓶中，各加 2.5mL 条件试剂，并放入搅拌仪器混合。

表 4-13 硫酸盐标准溶液的配制

SO_4^{2-} 工作液（mL）	0	1.0	2.5	4.0	7.5	10.0	14.0
SO_4^{2-} 含量（mg）	0	0.1	0.25	0.50	0.75	1.0	1.5

（2）加入 2.5mL 氯化钡溶液，以恒定的速度准确搅拌 1.0min，取下放置 5min 后，将悬浮液倾入 30mm 比色皿中，在波长 420mm 测定吸光度。

（3）以硫酸盐含量（mg）对吸光度绘制工作曲线。

2. 试样的测定

（1）吸取待测液 VmL（硫酸盐含量应在工作曲线对应的含量范围内），注入 50mL 容量瓶中，定容至刻度，摇匀。

（2）按绘制工作曲线中的步骤测定吸光度，根据工作曲线计算试样中硫酸盐的质量 m_1。

（3）垢样中 Fe_2O_3 含量大于 30%时，待测液应进行预处理。测定方法为：用量筒移取 50mL（记为 V_1）待测液，转入 250mL 玻璃烧杯中，用 1mol/L 氢氧化钠、1mol/L 盐酸调节样品 pH 接近中性（用 pH 试纸检验），此时样品中的铁已变成絮状沉淀，摇匀，静置一会儿，用 0.45μm 滤膜、砂芯抽滤器抽滤，收集滤液。将滤液转入 250mL 三角锥瓶中，并用水冲洗瓶壁 2～3 次，冲洗液转入 250mL 三角锥形瓶中。在电炉上加热浓缩至样品体积略小于 40mL。冷却后，再定容至 V_1mL。

4.10.1.4 数据处理

（1）结果表述。试样中硫酸盐的含量 $X_{SO_4^{2-}}$（%）按下式计算：

$$X_{SO_4^{2-}} = \frac{m_1}{m} \times \frac{0.8334 \times 500}{V} \times 100\% \qquad (4-15)$$

式中：m_1 为从工作曲线上查出的硫酸盐质量，mg；m 为试样质量，mg；V 为吸取待测试液的体积，mL；0.8334 为硫酸盐（SO_4^{2-}）换算成硫酸酐（SO_3）的系数。

（2）硫酸酐测定结果允许差见表 4-14。

表 4-14　　　　　　　　　　硫酸酐测定结果的允许差　　　　　　　　　%

硫酸酐含量范围	同一实验室
≤3	0.3
3～5	0.7
5～7.5	0.9

4.10.1.5　注意事项

本法是规范性较强的试验方法，对于有关各试验条件，应从严控制，否则将影响数据的重现性。

（1）绘制工作曲线试验的温度与试样的温度差不应大于 5℃，否则，将增加测定误差。

（2）绘制工作曲线和测定试样，都应"逐个"发色，在规定时间测定吸光度。

4.10.2　铬酸钡光度法

4.10.2.1　原理

硫酸根与过量的酸性铬酸钡悬浊液作用，把部分铬酸钡转化为硫酸钡沉淀，并定量置换出黄色铬酸根离子，利用分光光度法测定吸光度，间接求出硫酸根的含量。

为了提高灵敏度，对于硫酸酐含量小于 0.1mg 的试样，在经离心分离、过滤后的溶液中，加入二苯氨基脲溶液与铬酸根离子显色。用分光光度法测其吸光度，以确定硫酸根含量。

4.10.2.2　试剂与仪器

1. 试剂

试剂水应符合 DL/T 1151.1《火力发电厂垢和腐蚀产物分析方法　第 1 部分：通则》中的要求，且为煮沸冷却水。

（1）酸性铬酸钡悬浊液。量取 0.5mol/L 乙酸和 0.01mol/L 盐酸各 100mL，加入铬酸钡 0.5g，制成混合液。将混合液倾入 500mL 塑料瓶中，激烈摇荡均匀，制成悬浊液。使用时摇匀后再用。

（2）0.5%二苯氨基脲［也称二苯卡巴腙（肼）、二苯偶氮碳酰肼］乙醇溶液。称取二苯氨基脲 0.5g 溶于 100mL 乙醇。为使该溶液稳定，可加入 1mol/L 盐酸 1mL，倾入棕色瓶中储存。该试剂的稳定期大约一个月。试剂失效时，溶液呈微黄色。

（3）含钙的氨水。称取 1.85g 无水氯化钙，溶解于 500mL 氨水（3+4），储存在聚乙烯瓶中。

（4）硫酸盐标准溶液（1mL 含 1mg SO_4^{2-}）。配制方法见 4.10.1.2。

（5）硫酸盐工作溶液 I（1mL 含 0.10mg SO_4^{2-}）。准确吸取 50mL 硫酸盐标准溶液，注入 500mL 容量瓶中，用试剂水稀释至刻度，摇匀，倾入聚乙烯瓶中储存。

（6）硫酸盐工作溶液 II（1mL 含 0.01mg SO_4^{2-}）。取硫酸盐工作溶液 I 稀释至 10 倍而成。

2. 仪器

（1）分光光度计：配有 5mm 比色皿。

（2）比色管：10mL 和 25mL。

4.10.2.3　分析步骤

1. 绘制 0.1～0.5mg SO_4^{2-} 工作曲线

（1）硫酸盐工作溶液的配制见表 4-15。按表 4-15 规定取硫酸盐工作溶液 I 注入一组 25mL 的离心试管中，用滴定管添加试剂水，使其体积为 10mL，摇匀。在 20～30℃水浴中恒温 5min。

（2）于每个比色管中加酸性铬酸钡悬浊液 2mL，摇匀，放置 1min；加含钙的氨水澄清液 0.5mL，摇匀；加 95%乙醇 4.0mL，摇匀。

表 4-15　　　　　　　　　　　　　　**硫酸盐工作溶液的配制**

硫酸盐测定范围（mg）	工作溶液含量（mg/mL）	工作液体积（mL）						波长（nm）
0.1～0.5	0.1	0	1.0	2.0	3.0	0	4.0	370
0～0.1	0.01	0	1.0	3.0	4.0	7.0	9.0	545

（3）用双层中速定量滤纸（ϕ11cm）过滤，取滤液于 5mm 比色皿中，在波长 370nm 处，以空白试剂作为参比，测定吸光度，绘制工作曲线，工作曲线的相关系数应大于 0.999。

2. 绘制 0～0.1mg SO_4^{2-} 工作曲线

（1）按表 4-15 规定取硫酸盐工作溶液 II，注入一组 25mL 的比色管中。用试剂水定容至 10mL。

（2）于每个比色管中加酸性铬酸钡悬浊液 2.0mL，摇匀，放置 1min；加含钙的氨水澄清液 0.5mL，摇匀；加 95%乙醇 4.0mL，摇匀。

（3）取澄清液，用中速定量滤纸（ϕ11cm）过滤于 10mL 比色管中，使滤液体积约为 4.0mL，加 1.0mL 二苯氨基脲和 2mol/L 盐酸 1.0mL 充分摇匀，将发色液放置 2min。在波长 545nm 处，用 5mm 的比色皿，以空白试剂作为参比，测定吸光度，绘制工作曲线，工作曲线的相关系数应大于 0.999。

3. 试样的测定

（1）准确吸取 VmL 待测试液（硫酸盐含量在工作曲线含量范围内）注入 25mL 比色管中，用滴定管添加试剂水，使其体积为 10mL，在 20～30℃水浴中恒温 5min。

（2）以下测定按 4.10.2.3 中 1.绘制 0.1～0.5mg SO_4^{2-} 工作曲线或 2.绘制 0～0.1mg SO_4^{2-} 工作曲线所述操作步骤进行，测定吸光度，从工作曲线上查出相应的硫酸根离子量（m_1）。

4.10.2.4　数据处理

（1）结果表述。试样中硫酸酐（SO_3）的含量 X_{SO_3}（%）按式（4-15）计算。

（2）测定结果允许差。硫酸酐测定结果允许差见表 4-16。

表 4-16　　　　　　　　　　　　　　**硫酸酐测定结果允许差**　　　　　　　　　　　%

硫酸酐含量	允许差	硫酸酐含量	允许差
≤1.25	0.05	4.0～10.0	0.2
1.25～2.5	0.1	10.0～12.5	0.3
2.5～4.0	0.15		

4.11 水溶性垢中碱、碳酸盐及重碳酸盐

4.11.1 原理

水溶性垢和腐蚀产物中所含的碱性物质一般为氢氧化物、碳酸盐、碳酸氢盐等，它们能与酸反应，故可用适当的指示剂进行酸碱滴定，通过计算求出它们的含量。

用酚酞作为指示剂滴定时，发生如下反应：

$$OH^- + H^+ \longrightarrow H_2O$$
$$CO_3^{2-} + H^+ \longrightarrow HCO_3^-$$

以甲基橙作为指示剂继续滴定时，发生如下反应：

$$HCO_3^- + H^+ \longrightarrow CO_2 \uparrow + H_2O$$

当水溶性中五氧化二磷或二氧化硅的含量大于 10%时，可采用碱度校正方法将其影响扣除。

4.11.2 试剂

（1）10g/L 酚酞指示剂（乙醇溶液）。称取 1.0g 酚酞，溶于乙醇（95%），用乙醇（95%）稀释至 100mL。

（2）1g/L 甲基橙指示剂。称取 0.1g 甲基橙，溶于 70℃的水中，冷却，稀释至 100mL。

（3）硫酸标准溶液 $[c(1/2H_2SO_4) = 0.05mol/L 或 0.01mol/L]$。

4.11.3 分析步骤

（1）用移液管准确移取待测水溶液试样 V mL（碱、碳酸盐、重碳酸盐的总量不少于 5mg）至 250mL 锥形瓶中。

（2）加水稀释至 100mL，加酚酞指示剂 1 滴，若溶液呈红色，则用硫酸标准溶液滴定至恰为无色，耗酸量为 a mL。

（3）再向溶液中加入甲基橙指示剂 2～3 滴，用硫酸标准溶液继续滴定至溶液为橙红色为止，耗酸量为 b mL（不包括 a 耗酸量）。

4.11.4 数据处理

（1）结果表述。根据水中碱性物质氢氧根、碳酸根、重碳酸根三者相互关系可知：氢氧根与重碳酸根不可能同时存在于同一溶液中，故不同的滴定值 a 和 b 与氢氧根、碳酸根、重碳酸根所消耗滴定剂的相互关系如表 4-17 所示。

表 4-17 不同的滴定值 a 和 b 与氢氧根、碳酸根、重碳酸根所消耗滴定剂的相互关系

滴定值	氢氧根消耗滴定剂体积 V_1（mL）	碳酸根消耗滴定剂体积 V_2（mL）	重碳酸根消耗滴定剂体积 V_3（mL）
$b=0$	a	0	0
$a>b$	$a-b$	$2b$	0
$a=b$	0	$2b$	0

滴定值	氢氧根消耗滴定剂体积 V_1（mL）	碳酸根消耗滴定剂体积 V_2（mL）	重碳酸根消耗滴定剂体积 V_3（mL）
$a<b$	0	$2a$	$b-a$
$a=0$	0	0	b

水溶性垢样中氢氧化钠、碳酸钠、碳酸氢钠的含量 X_{NaOH}（%）、$X_{Na_2CO_3}$（%）、X_{NaHCO_3}（%）分别按下式计算：

$$X_{NaOH} = \frac{c \times V_1 \times 40}{m} \times \frac{500}{V} \times 100\% \qquad (4\text{-}16)$$

$$X_{Na_2CO_3} = \frac{c \times V_2 \times 53}{m} \times \frac{500}{V} \times 100\% \qquad (4\text{-}17)$$

$$X_{NaHCO_3} = \frac{c \times V_3 \times 84}{m} \times \frac{500}{V} \times 100\% \qquad (4\text{-}18)$$

式中：c 为硫酸标准溶液的浓度，mol/L；V 为取试样体积，mL；m 为称取试样质量，mg。V_1、V_2 及 V_3 分别为表 4-17 中氢氧根、碳酸根及重碳酸根消耗滴定剂的体积，mL。

（2）测定结果的允许差。平行测定结果的允许差不应大于 1.0%。取平行测定结果的算数平均值为测定结果。

4.11.5 注意事项

（1）溶样后应立即测定，以减小空气中二氧化碳的影响。若需测定五氧化二磷、二氧化硅含量，则应在本测定之后再进行。

（2）本法的计算是假定与氢氧根或碳酸根、重碳酸根结合的阳离子是钠离子为前提进行的。

（3）若水溶性垢样中磷酸盐、硅的含量超过 10%，应进行碱度校正，可参考 DL/T 502 《火力发电厂水汽分析方法》中有关的章节进行。也可将五氧化二磷、二氧化硅质量换算成相应的磷酸盐、硅酸盐质量，分别除以磷酸根的式量（993）、硅酸盐的二分之一式量 $\left(\frac{1}{2} \times 76.07\right)$，从滴定时消耗酸的总摩尔数（乘 2）中减去磷、硅酸盐相应的数量，然后进行百分含量计算。

4.12 水溶性垢样中氯化物

4.12.1 原理

水溶性盐垢中的氯化物经水溶解后，可以转化为氯离子，在中性或微酸条件下用摩尔法测定其含量，其反应式如下：

$$Cl^- + Ag^+ \longrightarrow AgCl \downarrow$$

滴定至终点时有

$$2Ag^+ + CrO_4^{2-} \longrightarrow Ag_2CrO_2 \downarrow （橙色）$$

此法适用于测定水溶性盐垢中氯化物（以氯化钠计）的含量。水溶性盐垢中可能存在的离子不干扰测定。

4.12.2 试剂

（1）氯化钠标准溶液（1mL 含 0.5mg NaCl）。称取 0.5g（称准至 0.2mg）优级纯氯化钠基准试剂（预先在 500～600℃高温炉内灼烧 30min 或在 105～110℃干燥 2h，置于干燥器中冷却至室温），溶于约 100mL 水中，再用水稀释定容至 1L。

（2）硝酸银标准溶液（1mL 相当于 0.5mg NaCl）。称取 1.8g 硝酸银溶于约 100mL 水中，再稀释至 1L，储存在棕色瓶中。

硝酸银标准溶液对氯化钠的滴定度，用下述方法标定。用移液管准确地吸取氯化钠标准溶液（1mL 含 0.5mg NaCl）10mL 三份，各加水 90mL，加 10%铬酸钾指示剂 1mL，用待标定硝酸银溶液滴定至橙色即为终点。三次滴定所消耗硝酸银溶液体积的平均值为 a，另取 100mL 高纯水做空白试验，所消耗硝酸银的体积为 b。

硝酸银溶液对氯化钠的滴定度（T_{NaCl}）按下式计算：

$$T_{NaCl} = \frac{10 \times 0.5}{a-b} \qquad (4\text{-}19)$$

式中：T_{NaCl} 为硝酸银溶液对氯化钠的滴定度，mg/mL；10 为取氯化钠标准溶液的体积，mL；0.5 为 1mL 氯化钠标准溶液含 0.5mg NaCl；a 为三次滴定所消耗硝酸银溶液体积的平均值，mL；b 为空白试验所消耗硝酸银溶液的体积，mL。

（3）10%铬酸钾指示剂。

（4）1%酚酞指示剂（乙醇溶液）。

（5）硫酸溶液：0.05mol/L。

（6）氢氧化钠溶液：0.1mol/L。

4.12.3 分析步骤

（1）吸取待测试液 100mL（含氯化钠大于 3.3mg），若待测试液中氯化钠含量高于 168mg/L 时，可适当少取待测试液并用水稀释至 100mL。

（2）加酚酞指示剂 1 滴。若溶液显红色，用 0.05mol/L 硫酸中和至红色恰好消失。若酚酞不显色，用 0.1mol/L 氢氧化钠中和至酚酞刚好显红色，再用 0.05mol/L 硫酸中和到红色消失。

（3）加 10%铬酸钾指示剂 1mL，用硝酸银标准溶液滴定至橙色即为终点。所消耗硝酸银标准溶液的体积为 a mL。取 100mL 试剂水做空白试验，测定值为 b mL。

4.12.4 数据处理

（1）结果表述。试样中氯化钠含量 X_{NaCl}(%) 按下式计算：

$$X_{NaCl} = \frac{(a-b)T_{NaCl}}{m} \times \frac{500}{V} \times 100\% \qquad (4\text{-}20)$$

式中：a 为滴定试样所消耗硝酸银标准溶液的体积，mL；b 为空白试验消耗硝酸根标准溶液的体积，mL；m 为试样质量，mg；V 为取试样的体积，mL。

（2）测定结果的允许差。水溶性盐垢中氯化钠不同含量时的允许差如表 4-18 所示。

表 4-18 　　　　　　　　　水溶性盐垢中氯化钠不同含量时的允许差 　　　　　　　　　%

氯化钠含量	同一实验室内允许差 T_2	不同实验室间允许差 $Y_{2,2}$
<1.0	0.05	0.1
1.1~10.0	0.2	0.5
10.1~20.0	0.5	1.0
20.1~50.0	1.0	2.0

4.13　水溶性垢样中氧化钠

4.13.1　原理

钠是水溶性盐垢中的主要阳离子。可用离子选择性电极法测定其含量。钠离子选择性电极的电位随溶液中钠离子的浓度变化而变化，符合能斯特方程，即钠离子的浓度的对数与电极电位呈线性关系，通过测定电位值，求得钠离子的浓度，检验结果以氧化钠计。

取适当水溶性盐垢试液，用固定离子强度法或标准加入法测出钠离子含量，然后再计算出氧化钠或与相应阴离子结合的钠盐的百分含量。

此法适用于测定水溶性盐垢样中钠（以氯化钠计）的含量，也适用于测定酸溶后垢样中钠的含量，但应控制 pH 大于 10（氢离子干扰测定）；不适用于碱熔法和偏硼酸锂熔融法溶解的试液的检测。其检测下限为 0.02%。

4.13.2　试剂与仪器

1. 试剂

（1）氯化钠标准溶液的配制。配制氯化钠标准溶液必须用经 550℃±50℃高温炉中灼烧至恒重的工作基准试剂氯化钠。

1）0.1mol/L 标准钠储备溶液（pNa1）。精确称取氯化钠 4.8443g，置于 1L 的容量瓶中并稀释至刻度，摇匀。

2）0.01mol/L 标准钠储备溶液（pNa2）。精确称取准氯化钠 0.5844g，置于 1L 的容量瓶中并稀释至刻度，摇匀。

3）0.001mol/L 标准钠储备溶液（pNa3）。精确吸取 100mL 浓度为 0.01mol/L 的钠储备液，移入 1L 的容量瓶中，并稀释至刻度，摇匀。$1×10^{-4}$mol/L 钠标准溶液（pNa 4）、pNa5 的溶液，均采用逐步稀释方法配制。

以上溶液配制后，应立即置于聚乙烯或聚丙烯塑料瓶中，并于室温下洁净处或冰箱中保存，0.1、0.01 和 0.001mol/L 保存期不超过 1 年。$1×10^{-4}$mol/L 钠标准溶液应随用随配。

（2）碱化剂：二异丙胺[$(CH_3)_2CHNH(CH_3)_2$]（含量 98%）溶液或三乙醇胺[$HN(CH_2CH_2OH)_3$]（含量大于 75%）溶液。

2. 仪器

（1）离子计或类似的其他表计：仪器精度应在±0.01 pNa，或可精确至 0.1mV。

（2）钠离子选择电极和甘汞电极（氯化钾的浓度为 0.1mol/L），或复合型钠离子电极。

（3）磁力搅拌器。

（4）试剂瓶：所有的试剂瓶均应使用聚乙烯或聚丙烯塑料制品，塑料容器用洗涤剂清洗后用 1:1 的热盐酸浸泡 6h，用水冲洗干净后使用。各塑料容器应专用，不宜更换不同浓度的定位溶液或者互相混淆。

4.13.3　分析步骤

（1）按照有关仪器说明书进行电极预处理和测量前的准备工作（调零、温度补偿、满刻度校正等操作），使仪器处于使用状态，测量时磁力搅拌器速度应恒定。定位溶液温度和水样温度差为 ±5℃。

（2）仪器校正。

1）取 pNa3 的标准溶液 100mL，加 2mL 二异丙胺或三乙醇胺调节至 pH 大于 10，调节电极至适当位置，打开搅拌器电源开关，缓慢均匀搅拌溶液，待读数稳定后，以此溶液定位（读数为 pNa3）。

2）取 pNa4 的标准溶液 100mL，加 2mL 碱化剂调节至 pH 大于 10，均匀搅拌溶液，待读数稳定后，以此溶液校核，若读数为 pNa4±0.02，即可进行试样测定。并记录电极斜率 S（即 pNa3 和 pNa4 的电位差值）。

（3）样品测定。

1）直接测量法（固定离子强度法）：取水溶性待测试液 V mL（稀释至 100m 时，钠离子浓度在 $10^{-3}\sim10^{-4}$mol/L），用试剂水稀释至 100mL，加碱化剂 2mL，测定溶液中钠离子的含量，记为 ρmg/L。

2）标准加入法。

（a）取水溶解试液 V mL（稀释至 100mL 时，钠离子浓度应为 $10^{-4}\sim10^{-3}$mol/L），注入 100mL 容量瓶，加碱化剂 2mL，用试剂水稀释至刻度。

（b）将调好 pH 的试液倒入烧杯中，把电极插入被测液中，在搅拌的状态下，用离子计测出在试验条件下的电位 E_1。

（c）用 1mL 或 2mL 的吸液管准确地加入 pNa1 的钠标准溶液 1.00mL，搅拌均匀后，再次测量电位 E_2。

若离子计无 pNa 值显示，则读数可用浓度值来表示（如 mg/L，mol/L）；若待测溶液呈酸性，则应预先加入碱化剂，确保被测溶液的 pH 大于 10。若待测试液的钠离子含量高，则取试样体积过小。此时先取 10.0mL 待测试液，稀释至 100mL，然后再取 VmL 进行测定。

4.13.4　数据处理

（1）结果表述。

1）垢样中氧化钠（Na₂O）含量 $X_{\mathrm{Na_2O}}$（%）按式（4-21）计算，计算结果修约至小数点后两位。

$$X_{\mathrm{Na_2O}} = \frac{\rho\times0.1\times1.348}{m}\times\frac{500}{V}\times100\% \tag{4-21}$$

式中：ρ 为 VmL 试液稀释后中钠离子的浓度，mg/L；0.1 为 VmL 试液定容体积，L；1.348 为钠离子含量换算成氧化钠含量时的换算系数；V 为吸取待测试液的体积，mL；m 为试样质量，mg。

2）ρ 值的计算。

直接测量法（固定离子强度法），ρ 值为 pNa 计的读数，mg/L。

标准加入法中，ρ 值按式（4-22）计算，即

$$\rho = \frac{22.99}{10^{\frac{E_2-E_1}{S}} - 1}$$（4-22）

式中：22.99 为钠元素的摩尔质量，g/mL；E_2 为添加钠离子标准溶液的试样电位，mV；E_1 为未添加钠离子标准溶液的试样电位，mV；S 为 pNa 电极的实测斜率（级差电位），mV。

（2）测定结果的允许差。氢化钠测定结果的允许差如表 4-19 所示。

表 4-19　　　　　　　　　　　　　氧化钠测定结果的允许差　　　　　　　　　　　　　　%

氧化钠含量	同一实验室	不同实验室
≤1	0.05	0.20
1～5	0.10	1.20
5～20	0.30	1.80
≥20	0.50	2.30

4.14　离子色谱法测定水溶性垢样中的阴离子

由于三氧化二铁、氧化铜、氧化钙等成分都是难溶于水的化合物，故盐垢（水溶性垢）试液中存在这些成分的机会不多，一般不进行上述成分的测定。若需要测定时，用酸溶法或熔融法将试样分解后，按 4.3～4.6 等所述有关方法测定。对于水溶性的二氧化硅、磷酸酐和硫酸酐等成分，可按 4.7、4.9 和 4.10 中所述方法进行测定。

采用离子色谱法测定水溶性垢中的阴离子，包括氟离子、氯离子、磷酸根、亚硝酸根、硝酸根和硫酸根；采用原子吸收光谱法测定水溶性垢样中的阳离子（主要是钾、钠）。这适用于热力系统内沉积的水溶性垢样中其他成分的测定。

4.14.1　试剂

（1）试剂水：应符合 GB/T 6682—2008 要求的二级水的规定，并按 GB/T 14642《工业循环冷却水及锅炉水中氟、氯、磷酸根、亚硝酸根、硝酸根和硫酸根的测定　离子色谱法》进行脱气处理。

（2）淋洗液：根据所用分析注的特性，参考分析注使用说明书，选择合适的淋洗液。

（3）再生液：根据所用抑制器及使用方法，参考抑制器使用说明书，选择合适的再生液。

（4）标准储备液。

1）氯离子（Cl^-）标准储备液（1000mg/L）。称取 1.648g 氯化钠（105℃烘干 2h）溶于水中，转移至 1000mL 容量瓶中，用水稀释至刻度，摇匀；储于聚丙烯或高密度聚氯乙烯瓶中，4℃冷藏存放。

2）磷酸根离子（PO_4^{3-}）标准储备液（1000mg/L）。称取 1.433g 磷酸二氢钾溶于水中，

转移至 1000mL 容量瓶中,用水稀释至刻度,摇匀;储于聚丙烯或高密度聚氯乙烯瓶中,4℃冷藏存放。

3)硫酸根离子(SO_4^{2-})标准储备液(1000mg/L)。称取 1.479g 硫酸钠(105℃烘干 1h)溶于水中,转移至 1000mL 容量瓶中,用水稀释至刻度,摇匀;储于聚丙烯或高密度聚氯乙烯瓶中,4℃冷藏存放。

4)硝酸根离子(NO_3^-)标准储备液(1000mg/L)。称取 1.371g 硝酸钠(105℃烘干 2h)溶于水中,转移至 1000mL 容量瓶中,用水稀释至刻度,摇匀;储于棕色玻璃磨口瓶中,4℃冷藏存放。其他阴离子如氟离子(F^-)、亚硝酸根离子(NO_2^-)储备液的制备,根据实际测定的需要,参照 GB/T 14642 中相关方法进行配制。

5)离子色谱测定用标准工作溶液。对于 F^-、Cl^-、PO_4^{3-}、NO_3^- 等阴离子混合标准工作溶液,根据实际测定的离子浓度范围,取各离子标准储备液分别注入一组容量瓶中,用水稀释至刻度,配制成混合标准工作溶液。准备至少三个浓度水平的混合标准溶液。

4.14.2　仪器和设备

(1)离子色谱仪:该仪器的组成及技术指标要求应符合 GB/T 14642 中相关的规定。
(2)0.45μm 一次性针筒微膜过滤器(水相)。

4.14.3　试样的制备

(1)按照 2.2.4 水溶性垢待测试液的制备进行制备水溶性垢样溶液。

(2)以 0.45μm 一次性针筒微膜过滤器进行过滤,为防止膜对试样的污染,可用少量样品润洗膜,弃去过滤液的前面部分。

(3)处理后的试样体积应以测试所需要的体积数量为宜。如试样中阴离子的含量偏高,可量取一定量处理后的水样,选择合适的比例稀释。

(4)水溶性垢中钠盐成分主要为氧化钠、氯化钠、碳酸钠、碳酸氢钠、磷酸三氢钠等,因此水溶性垢溶液有时呈碱性,当按照 2.2.3 试样溶解后溶液 pH 大于 8 时,使用离子色谱测定阴离子应经过预处理,处理步骤如下:

1)参照 DL/T 502.12《火力发电厂水汽分析方法　第 12 部分:硫酸盐的测定(容量法)》中规定的方法制备阳离子交换柱。

2)将阳离子交换柱的液面调高至与树脂层面齐平,向交换柱内注满水溶性垢样溶液,以最快的速度流出,使液面与树脂层面齐平,重复此操作三次。

3)再次向交换柱内注满水溶性垢样溶液,并将液面滴至滴定管"0"刻度处,用 50mL 洗净并干燥的取样瓶以每秒 2~3 滴的速度收集流出溶液 5mL。

4)用 pH 试纸检验流出液的 pH,若溶液显酸性,则用移液管移取水溶性垢样溶液并滴入,调节溶液 pH 接近 7。

4.14.4　分析步骤

(1)仪器的准备。按照仪器使用说明调试、准备仪器,平衡系统至基线平稳。选择合适的分析柱、抑制器及相应的工作条件。根据样品离子的浓度正确选择量程范围。选用的样品定量环为 25μL。

（2）混合标准溶液的配置。根据实际工作需要按照 4.14.1 中 5）的规定配制。

（3）标准工作曲线的绘制。分析混合标准工作曲线，记录色谱图上的出峰时间，确定阴离子的保留时间；以阴离子浓度为横坐标，以峰高或峰面积为纵坐标，绘制标准工作曲线或计算出回归方程，线性相关系数大于 0.999 以上。

（4）试样的分析。在与标准工作溶液相同的测试条件下，按照 GB/T 14642 的规定对试样进行分析测定，根据被测阴离子的峰高或峰面积，由相应的标准工作曲线确定各阴离子浓度（mg/L）。

4.14.5　数据处理

（1）结果计算。

1）应按照式（4-23）计算垢样中阴离子含量 X_b（%）。

$$X_b = [(C_1 \times V) / M] \times 100\% \qquad (4\text{-}23)$$

式中：X_b 为垢样中阴离子符号，如 F^-、Cl^-、PO_4^{3-}、NO_3^-；C_1 为从工作曲线上查出的离子浓度，mg/L；V 为可溶性垢样溶解时定容体积，L；M 为称取垢样的质量，mg。

2）垢样中氯含量应以氯化钠（NaCl）形式表示，质量分数为 Y_1（%），X_{Cl^-} 为氯离子含量（%）按式（4-24）计算，即

$$Y_1 = 1.65 \times X_{Cl^-} \qquad (4\text{-}24)$$

3）垢样中硫酸根含量应以硫酸酐（SO_3）形式表示，质量分数为 Y_2(%)，$X_{SO_4^{2-}}$ 为硫酸根离子含量（%）按式（4-25）计算，即

$$Y_2 = 1.20 \times X_{SO_4^{2-}} \qquad (4\text{-}25)$$

4）垢样中磷酸根含量应以硫酸酐（P_2O_5）形式表示，质量分数为 Y_3(%)，$X_{PO_4^{3-}}$ 为磷酸根离子含量（%）按式（4-26）计算，即

$$Y_3 = 1.49 \times X_{PO_4^{3-}} \qquad (4\text{-}26)$$

5）其他离子应按垢样中可能的存在形式进行转换计算。

（2）精密度。相对标准偏差应小于 3.0%。

4.15　原子吸收光谱法测定水溶性垢样中的阳离子

4.15.1　试剂

（1）硝酸溶液（1+1）。

（2）镧溶液：称取 31.2g 硝酸镧（$LaNO_3 \cdot 6H_2O$）放入烧杯，加入适量水溶解，转移至 100mL 容量瓶，用水稀释至刻度。

（3）硝酸铯溶液：称取 1.0g 硝酸铯，放入烧杯，加入适量水溶解，转移至 100mL 容量瓶，用水稀释至刻度。

（4）标准储备液：1.000g/L。

（5）应按 GB/T 11904《水质 钾和钠的测定 火焰原子吸收分光光度法》、GB/T 14636《工业循环冷却水及水垢中钙、镁的测定 原子吸收光谱法》、GB/T 14637《工业循环冷却水及水垢中铜、铁、锌的测定 原子吸收光谱法》、GB/T 11911《水质 铁、锰的测定 火焰原子吸收分光光度法》的规定，配制钠、钾元素的标准储备液，浓度为 1.000g/L。

（6）钾、钠标准工作溶液：10mg/L。取钾标准溶液 0.5mL 于 50mL 容量瓶中，用水稀释到标线，摇匀备用。用同样的方法配制钠的标准工作溶液。

4.15.2 仪器和设备

原子吸收光谱仪：仪器的组成及技术指标要求符合 GB/T 11904、GB/T 14636、GB/T 14637、GB/T 11911 的规定。

4.15.3 工作条件的选择与试样的制备

（1）工作条件的选择：应按照仪器使用说明书所提供的最佳条件分别调节钾、钠的波长（分别为 766.5mm 和 589.0mm），调试灯电流、通带、积分时间、火焰条件，仪器开机点火应稳定 5~10min 后进行测定。

（2）试样的制备：应按照 DL/T 1151.15《火力发电厂垢和腐蚀产物分析方法 第15部分：水溶性垢待测试液的制备》制备水溶性垢样溶液。采用偏硼酸钾熔融法或酸溶法溶解后的垢样溶液，也可按照 GB/T14636、GB/T 14637、GB/T 11911 的规定用原子吸收光谱测定钾、钠、钙、镁、铁、铜等阳离子含量。

4.15.4 分析步骤

（1）标准曲线的绘制。

1）分别准确移取钾标准工作溶液和钠标准工作溶液 0、2.50、4.00、7.50、10.00mL，置于 50mL 容量瓶中，两个标准系列浓度为 0.00、0.5、1.0、1.5、2.0mg/L。

2）分别加入 2.5mL 硝酸铯溶液和 2.5mL 硝酸溶液（1+1），用水定容至刻度，摇匀。

3）在仪器最佳工作条件下，依次调仪器的波长至钾、钠的波长处，以试剂空白调零测定各校准液的吸光度。

4）以测定的吸光度为纵坐标，相对应的钾和钠含量（mg/L）为横坐标，分别测绘出钾和钠校准曲线。

（2）试样测定步骤如下：

1）依次准确移取两份分析试样 V_1mL 于 50mL 容量瓶中。若试样中钾、钠含量超过曲线范围，则可稀释后测定。

2）分别加入 2.5mL 硝酸铯溶液和 2.5mL 硝酸溶液（1+1），用水定容至刻度，摇匀。

3）按校准曲线制作的仪器条件，以空白调零，测定其吸光度，从标准曲线中得到相应的钾和钠的含量（mg/L）。

（3）测定钙、镁、铁、铜、锌等阳离子含量时，应按照 GB/T 14636、GB/T 14637、GB/T 11911 的规定绘制标准曲线并进行测试。

4.15.5 数据处理

（1）结果计算。

1）分析试液中钾、钠含量（mg/L）应按式（4-27）进行计算，即

$$C_2=(C_1\times50)/V_1 \tag{4-27}$$

式中：C_1 为从校准曲线上查得到的测试液中钾、钠的含量，mg/L；V_1 为测定时移取的分析试液的体积，mL；C_2 为分析试液中钾、钠、钙、镁的含量，mg/L。

2）垢样中钾含量应以钾的氧化物（K_2O）形式表示，质量分数为 Z_1（%），按式（4-28）进行计算，即

$$Z_1=1.205\times[(C_2\times V_2)/M]\times100\% \tag{4-28}$$

3）垢样中钠含量应以钠的氧化物（Na_2O）形式表示，质量分数为 Z_2（%），按式（4-29）进行计算，即

$$Z_2=1.348\times[(C_2\times V_2)/M]\times100\% \tag{4-29}$$

4）垢样中钙含量应以钙的氧化物（CaO）形式表示，质量分数为 Z_3（%），按式（4-30）进行计算，即

$$Z_3=1.40\times[(C_2\times V_2)/M]\times100\% \tag{4-30}$$

5）垢样中镁含量应以镁的氧化物（MgO）形式表示，质量分数为 Z_4（%），按式（4-31）进行计算，即

$$Z_4=1.667\times[(C_2\times V_2)/M]\times100\% \tag{4-31}$$

式中：V_2 为可溶性垢样溶解时定容体积，L；M 为垢样质量，mg。

（2）精密度和准确度。钾和钠含量测定值偏差为：

1）单个实验室内，进行六次测定，相对标准偏差为：钾 0.50%；钠 1.52%。

2）五个实验室内，各进行了六次测定，取得 30 个分析结果，相对偏差为：钾 2.27%；钠 0.90%。

4.15.6 注意事项

（1）仪器的燃烧器上方要安装排风装置。

（2）两种气源离仪器适当距离。

（3）经常检查管道防止气体泄漏，严格遵守有关操作规程。

（4）使用乙炔气为燃料时，钢瓶内含有丙酮和硅藻土等填料，当压力低于 0.5MPa 时应更换乙炔钢瓶，防止瓶内丙酮等物会沿着管道流进火焰，造成火焰燃烧不稳定，噪声增大。

（5）按照本法规定进行分析测试时，应符合 GB/T 11904、GB/T 14636、GB/T 14637、GB/T 11911 中规定的安全要求。

4.16 碳酸盐垢中二氧化碳

碳酸盐垢的主要成分往往是碳酸钙、碳酸镁。碳酸盐垢中的主要阴离子为碳酸根，可以用灼烧减量粗略估算，也可以直接测定。对碳酸盐垢中碳酸酐（CO_2）的测定，可采用较为简便的酸碱滴定法。对于磷酸盐和硅酸盐等对测定的干扰，其影响可用碱度校正方法扣除。当磷酸盐、硅酸盐（五氧化二磷或二氧化硅）含量大于 10% 时，为避免干扰，可采用盐酸处理碳酸盐垢样，垢样中碳酸盐分解析出二氧化碳被碱石棉吸收，根据吸收器质量的增重，求出碳酸盐垢中二氧化碳的含量。

4.16.1 酸碱滴定法

4.16.1.1 测定原理

用一定量硫酸标准溶液分解试样，过量的酸用氢氧化钠标准溶液回滴，根据消耗的碱量计算二氧化碳含量。本法适用于碳酸盐垢中二氧化碳含量的测定，对于磷酸盐和硅酸盐等对测定的干扰，一般适用于测定不含磷酸盐的碳酸盐垢。

4.16.1.2 试剂与仪器

1. 试剂

（1）硫酸标准溶液：$c(H_2SO_4)$=0.05mol/L。

（2）氢氧化钠标准溶液：$c(NaOH)$ = 0.01mol/L。

（3）甲基红为亚甲基蓝混合指示液。

2. 仪器

（1）标准筛：0.098mm（160目）。

（2）电子天平：感量为0.1mg。

（3）水浴锅。

（4）锥形瓶：250mL。

4.16.1.3 分析步骤

将垢样磨细到全部试样能通过0.098mm（160目）标准筛的筛网。称取0.1g试样（称准至0.2mg），置于300mL锥形瓶中，用少许水润湿试样。用移液管准确加入0.05mol/L硫酸标准溶液50mL，用插有内径为4~5mm玻璃管的橡皮塞塞住锥形瓶，将瓶放入沸水浴内加热10min。待试样溶解，气泡停止发生后，再继续加热10min。冷却至室温后用水冲洗玻璃管、瓶壁、橡皮塞，加甲基红为亚甲基蓝混合指示液3滴，用0.1mol/L氢氧化钠标准溶液滴定剩余的酸，溶液由紫红色变为绿色即为终点。

4.16.1.4 数据处理

（1）结果计算。碳酸盐中二氧化碳的含量 X_{CO_2}(%) 按下式计算：

$$X_{CO_2} = \frac{[50 \times 2 \times c(H_2SO_4) - V \times c(NaOH)] \times 44.012}{2 \times m} \times 100\% \qquad (4\text{-}32)$$

式中：$c(H_2SO_4)$ 为硫酸标准溶液浓度，mol/L；$c(NaOH)$ 为氢氧化钠标准溶液浓度，mol/L；V 为滴定剩余酸所消耗的氢氧化钠的体积，mL；m 为试样质量，mg；44.012为二氧化碳的分子量。

（2）测定结果的允许差。碳酸盐垢中二氧化碳含量测定结果的室内允许差不大于0.60%。

4.16.2 重量分析法

4.16.2.1 测定原理

用盐酸处理碳酸盐垢样，垢样中的碳酸盐分解析出二氧化碳，用碱石棉吸收二氧化碳，根据吸收器质量的增加，求出碳酸盐垢中二氧化碳的含量。

4.16.2.2 试剂与仪器

1. 试剂

（1）盐酸溶液（1+3）。

（2）氢氧化钠溶液（2mol/L）。

（3）无水氯化钙：粒度在 3～6mm。

（4）碱石棉：粒度在 1～2mm。

2. 仪器

（1）测定装置。二氧化碳测定装置图如图 4-1 所示。装置由净化系统、反应系统和吸收系统三部分组成。

净化系统由内装氢氧化钠溶液的洗气瓶组成。反应系统由 1 个 500mL 的直口三颈平底烧瓶、进气管、冷凝器和管状具塞漏斗组成。吸收系统由以下部件组成：U 形管（图 4-1 中 8）内装无水氯化钙，用于吸收从反应系统出来的水分；U 形管（图 4-1 中 9 和 10）前 2/3 装碱石棉，后 1/3 装无水氯化钙，用于吸收二氧化碳及其与碱石棉反应生成的水分。

（2）电子天平：感量为 0.1mg。

（3）气体流量计：量程为 20～500 mL/min。

（4）水力泵或下口瓶。

（5）万能电炉。

4.16.2.3　分析步骤

（1）链接仪器并检查气密性。如图 4-1 所示，先将各部件连接好，夹好弹簧夹，关闭漏斗上的活塞，打开各 U 形管和二通玻璃活塞，开启水力泵抽气，经 1～2min 后，若气泡计每分钟漏气不超过 2 个，则达到气密的要求。

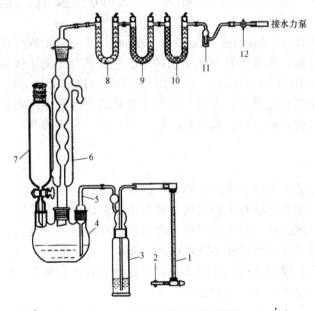

图 4-1　二氧化碳测定装置图

1—气体流量计；2—弹簧夹子；3—洗气瓶；4—直口三颈平底烧瓶；5—进气管；6—冷凝管；

7—管状具塞漏斗；8～10—U 形管；11—气泡计；12—二通玻璃活塞

（2）准确称量按 2.2.2 制备的试样 1g（称准到 0001g），放入三颈平底烧瓶中，用 100mL 水将黏附在瓶口的试样洗入瓶中，轻轻摇动烧瓶使试样全部处于水中。

（3）接通仪器各部件，打开弹簧夹，以 50mL/min±5mL/min 的流量抽入空气，约 10min

后，关闭 U 形管（图 4-1 中 8、9、10）及二通玻璃活塞，取下 U 形管（图 4-1 中 9、10），用清洁、干燥、没有松散纤维的布擦净，用电子天平称量。再将其连到仪器上，重复以上操作，直到每支 U 形管质量变化不超过 0.001g 时为止。注意每天开始试验时，进行 U 形管质量恒定试验。

（4）将质量恒定的 U 形管重新接好，以 50mL/min±5mL/min 的流量抽入空气。打开冷却水，在漏斗中加入 25mL 的盐酸溶液（1+3），打开活塞，使盐酸溶液在 1~2min 内慢慢滴入平底烧瓶中。注意不要太快，以免反应过猛。为了防止空气进入平底烧瓶，应在漏斗中尚存少量盐酸时，便关闭漏斗活塞。用万能电炉慢慢加热平底烧瓶使其中液体在 7~8min 后接近微沸。注意，在溶液接近微沸时，应降低加热温度。保持接近微沸状态 30min。停止加热，关闭 U 形管（图 4-1 中 8、9、10）及二通玻璃活塞。然后取下 U 形管（图 4-1 中 9、10），按（3）所述擦净并称量。

4.16.2.4　数据处理

碳酸盐垢中二氧化碳的含量 X_{CO_2}（%）按式（4-33）计算，即

$$X_{\text{CO}_2} = \frac{m_2 - m_1}{m} \times 100\% \tag{4-33}$$

式中：m_1 为试验前 U 形管 9 和 10 的总质量，g；m_2 为试验后 U 形管 9 和 10 的总质量，g；m 为碳酸盐垢样的质量，g。

4.17　金属元素的测定——等离子发射光谱法

电感耦合等离子体（inductively coupled plasma，ICP）是指载气点火后在距管口形成的高温原子化激发光源；等离子发射光谱法则是以电感耦合等离子体为光源的原子发射光谱法。本节主要根据 DL/T 1151.21《火力发电厂垢和腐蚀产物分析方法　第 21 部分：金属元素的测定　等离子发射光谱法》编写，适用于处理后火力发电厂垢和腐蚀产物试样中的金属元素（钠、镁、钾、钙、铬、锰、铁、镍、铜、锌）含量的测定。

4.17.1　原理

等离子发射光谱法是在炬管中产生高频电磁场，使炬管中的氢气电离产生离子和电子而导电，在炬管口形成火炬状稳定的等离子体炬焰，液体样品由载气（氩气）带入雾化系统进行雾化，并以气溶胶形式进入炬管的中心通道，在高温和惰性气体中充分原子化、电离、激发。不同金属元素的原子在激发或电离时发射出特征光谱，特征光谱的强度与样品中元素的含量成正比。根据特征谱线的波长定性检测金属元素种类，根据某一金属元素特征光谱的强度定量测定该金属元素的含量。

测试金属元素的方法为：该元素的测试强度减去左、右背景强度平均值，即得该元素实际强度的测试结果。典型的金属元素等离子发射光谱测试图谱见图 4-2。

等离子体发射光谱法测试时存在一些干扰，包括物理干扰、化学干扰和光谱干扰。本法主要存在光谱干扰，即共存元素的谱线重叠、未解离的分子光谱谱带的重叠、连续或复合现象的背景影响、各种因素产生的漫射光和散射光，通常可以采用选用非重叠波长、背景校正等方法解决。金属元素特征测试谱线见表 4-20。

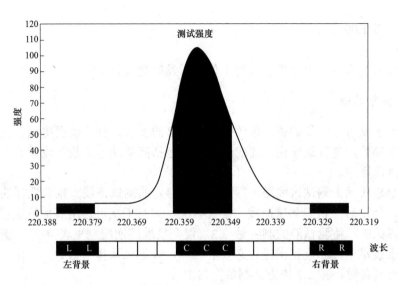

图 4-2　典型的金属元素等离子发射光谱测试图谱

表 4-20　　　　　　　　　　　　金属元素特征测试谱线

金属元素	测试谱线（nm）	干扰元素
Na	588.995	无
Mg	279.553	Mn
Al	167.079	无
	308.215	Mn
K	766.490	Fe
	769.896	无
Ca	393.366	Cu
Cr	283.563	无
Mn	257.610	Al、Cr、Fe
Fe	259.840	Mn
	239.204	无
Ni	221.647	无
Cu	32754	Fe
Zn	213.856	Cu、Ni
	202.548	Mg

4.17.2　试剂与仪器

1. 试剂与材料

（1）硝酸（HNO_3）：分析纯，$\rho_{20}=1.42g/mL$（ρ_{20} 为 20℃时的密度）。

（2）盐酸（HCl）：分析纯，$\rho_{20}=1.19g/mL$。

（3）氩气：纯度不低于 99.99%。

（4）标准溶液：市售的有证标准溶液，钠、镁、铝、钾、钙、铬、锰、铁、镍、铜、锌单一金属元素 1.000g/L。

2. 仪器

等离子发射光谱仪：电感耦合等离子体原子发射光谱仪。

4.17.3 分析步骤

（1）等离子发射光谱仪调整。按照仪器说明书的要求，打开仪器电源。仪器稳定后，优化仪器操作参数，使其最佳化，需优化的参数包括高频功率、载气流量、雾化压力、积分时间和进样速度等。

设置待测金属元素测试谱线图，标准不指定特定的测试谱线，推荐选择的特征测试谱线见表4-20。使用时应检查测试谱线的干扰状况，如有干扰可选用其他特征谱线。

（2）待测试液。待测试液的制备见 2.2。混合校准溶液配制见表 4-21。测定时根据表4-21 金属元素校准溶液浓度范围进行必要的稀释，并记录稀释倍数 D。

待测试液制备时，按 2.2 的方法制备空白溶液。

（3）混合工作溶液。用移液管准确吸取 10.00mL 金属元素钠、钙、铁、铝、锰、铜、铬标准溶液，4.00mL 金属元素钾、镁、镍、锌标准溶液于 100mL 容量瓶中定容，配制含 100mg/L 金属元素钠、钙、铁、铝、锰、铜、铬和 50mg/L 金属元素钾、镁、镍、锌的混合工作溶液。

表 4-21   混 合 校 准 溶 液 配 制

编号	混合工作溶液体积（mL）	金属元素校准溶液浓度（mg/L）										
		钠	镁	铝	钾	钙	铬	锰	铁	镍	铜	锌
1	0	0	0	0	0	0	0	0	0	0	0	0
2	0.50	0.50	0.25	0.50	0.25	0.50	0.50	0.50	0.50	0.25	0.50	0.25
3	2.00	2.00	1.00	2.00	1.00	2.00	2.00	2.00	2.00	1.00	2.00	1.00
4	00	00	2.00	00	2.00	00	00	00	00	2.00	00	2.00
5	7.00	7.00	3.50	7.00	3.50	7.00	7.00	7.00	7.00	3.50	7.00	3.50
6	10.00	10.00	4.00	10.00	4.00	10.00	10.00	10.00	10.00	4.00	10.00	4.00

（4）混合校准溶液。按表 4-21 规定用移液管准确吸取一定体积的混合工作溶液于 100mL 容量瓶中，同时加 1mL HNO_3 或 HCl 酸化并定容，配制一组不同浓度的金属元素混合校准溶液。

（5）校准曲线绘制。按（1）进行仪器的调整后，设定每一个待测金属元素测试谱线。根据表4-21 每一校准溶液中各种金属的浓度，在等离子发射光谱上建立测试程序，进行校准测试。测定每一校准溶液中每个金属元素在设定测试谱线处的等离子发射光谱强度。然后以待测金属元素测试等离子发射光谱强度为纵坐标，以每一校准溶液对应金属元素浓度为横坐标绘制校准曲线。

（6）待测试液测定。在与校准曲线绘制相同的条件下，依次测试空白和待测试液中金属元素的等离子发射光谱强度，扣除空白值后，在校准曲线上查得待测金属浓度 c。

4.17.4 数据处理

（1）结果的表述。待测试液的测定如果小于各金属元素的定量下限，报未检出，表4-22

为金属元素检出限。

表 4-22 金 属 元 素 检 出 限

金属元素	测试谱线（nm）	检出限（μg/L）
Na	588.995	0.2
Mg	279.553	0.005
Al	167.079	0.1
K	766.490	0.2
Ca	393.366	0.005
Cr	283.563	0.1
Mn	257.610	0.05
Fe	259.940	0.15
Ni	221.647	0.2
Cu	32754	0.3
Zn	213.856	0.05

火力发电厂垢和腐蚀产物中金属元素的含量以该元素的高价氧化物形式表示，按式（4-34）计算各金属元素组分的含量，即

$$X(R_xO_y)=[(c\times D\times V\times G\times 10^{-4})/m]\times 100\% \qquad (4\text{-}34)$$

式中：$X(R_xO_y)$ 为试样中被测金属氧化物含量，%；c 为试液中被测金属元素浓度，mg/L；D 为试液的稀释倍数；V 为试液定容体积，mL；G 为金属元素氧化物换算系数（参见表 4-23）；m 为试样质量，g。

表 4-23 金属元素氧化物换算系数

氧化物	换算系数	氧化物	换算系数
Na_2O	1.348	MnO_2	1.579
MgO	1.658	Fe_2O_3	1.430
Al_2O_3	1.890	Ni_2O_3	1.409
K_2O	1.205	CuO	1.252
CaO	1.399	ZnO	1.245
CrO_3	1.923		

（2）精密度。同一实验室重复测定的相对标准偏差不应大于 2%。

4.18 X 射线荧光光谱和 X 射线衍射分析

本节主要介绍使用 X 射线荧光光谱法、X 射线衍射法对火力发电厂垢和腐蚀产物的化学成分（C～U 元素）和物相组成进行定性、定量分析。

4.18.1 名词和术语

（1）X 射线荧光光谱分析：原子内层轨道电子受外界高能 X 射线激发，跃迁至外层轨

道，产生空轨道。原子外层轨道电子跃入内层空轨道时放出能量，产生该元素的特征 X 射线（也称荧光 X 射线），特征 X 射线由一系列不连续的、表示发射元素特征的独立谱线组成。分析试样的荧光 X 射线中的特征 X 射线及其强度，可进行试样中各种化学成分的定性、定量分析，称为 X 射线荧光光谱分析（XRF 分析）。

（2）分析线：用于判定某待测元素是否存在，并根据其相对强度确定待测元素含量的特征谱线。

（3）背底：叠加在分析线上的连续谱，主要来自试料对入射辐射的散射，也称本底、背景。

（4）物相分析：对物质存在的状态、形态、价态进行确定的分析过程。

（5）X 射线衍射分析：X 射线照射到晶体上发生散射，散射波中与入射波波长相同的相干散射波互相干涉，产生衍射图谱（X-ray diffraction pattern，也称 X 射线衍射花样或 XRD 图谱）。不同物相的化学成分和晶体结构不同，从而形成不同的衍射图谱。当试样为多晶体（即晶体粉末）时，得到粉末衍射图谱。分析试样的 XRD 图谱中各衍射线的位置及相对强度，可进行试样中各种物相的定性、定量分析，称为 X 射线衍射分析（XRD 分析）。

（6）粉末衍射文件：已知物质的粉末 XRD 图谱，被用于与待测样品的 XRD 图谱比对以确定该物质是否存。国际衍射数据中心（The International Centre for Diffraction Data，ICDD）出版的粉末衍射文件（简称 PDF 卡片）是使用最广泛的标准粉末衍射图谱。

（7）全谱拟合分析：以 X 射线与晶体相互作用的理论、晶体结构模型和晶体结构参数为基础，利用各种峰型函数，计算多晶体的 X 射线衍射谱图，通过调整晶体结构模型及其参数、峰型函数及其参数，使计算的多晶体衍射谱图与实验衍射谱图相符合，从而获得试样的晶体结构参数和组成的试验数据处理方法。

4.18.2　测定原理

利用 X 射线荧光分析法分析试样中的化学成分的含量；利用 X 射线衍射分析法分析试样中所含有的物相；利用全谱拟合软件处理 X 射线粉末衍射实验数据，确定试样中各种物相的含量。

4.18.3　试样的采集与处理

1. 试样的采集

（1）根据 2.2.1 确定试样采集方法。

（2）根据分析目的、试样的形态不同，可以采集粉末（颗粒）试样或整块固体试样。如果为粉末（颗粒）试样，采样量不应少于 15g。特定区域、微区分析的整块固体试样在取样时应保证分析的区域有适宜的平面部分可用。

2. 试样预处理

（1）粉末（颗粒）试样应按 DL/T 1151.2《火力发电厂垢和腐蚀产物分析方法　第 2 部分：试样的采集与处理》的规定逐级粉碎、缩分至粒度小于 150μm（即全部通过 100 目筛）。

（2）取 10～15g 试样（1），粉碎至粒度小于 74μm（即全部通过 200 目筛）。如有专用的制样设备，可直接粉碎至粒度小于 45μm（即全部通过 330 目筛），用于 XRF 分析。

（3）取 2～3g 试样（2），粉碎至粒度小于 45μm（如果有专用的制样设备可将试样粉碎后粒度控制在 0.1～10μm，将有助于改善分析结果的不确定度），用于 XRD 分析。

（4）将粉碎好的试样［（2）和（3）］在 105～110℃烘干 2h，放入干燥器内保存。

（5）进行特定区域分析、微区分析的试样，应采用适当方法将试样切割至分析仪器允许的形状和大小，将待分析区域根据分析要求进行处理后，放入干燥器内保存待测。本部分未规定此类试样的化学成分及物相分析方法，可参照本部分中粉末试样的定性和定量分析方法及相关仪器对试样的要求进行分析。

4.18.4 化学成分分析

1. 试剂

硼酸：XRF 分析专用，用于难成型试样压片时的黏合剂，500℃灼烧 2h，放入干燥器内备用。

有证标准样品/标准物质：用于绘制校准曲线和对仪器进行校正。

2. 仪器

（1）X 射线荧光光谱仪，符合 JJG 810《波长色散 X 射线荧光光谱仪检定规程》的要求，应配备相应软件，可进行定性分析、无标定量分析、定量分析等。不同型号或不同配置的仪器可分析的元素范围不同，如果试样中含有 C 元素，应优先选择可分析 C～U 元素的仪器。根据仪器设计和检测方法的不同，常见的 X 射线荧光光谱仪可分为波长色散型荧光光谱仪（WDXRF）和能量色散型荧光光谱仪（EDXRF），推荐采用波长色散型荧光光谱仪。一般 X 射线荧光光谱仪应由专职人员操作，防护设施应符合 GBZ 115《X 射线衍射和荧光分析仪卫生防护标准》的规定。

（2）X 射线荧光分析制样用粉末压片机可以控制压片的时间及压力。

（3）玛瑙研钵或试样粉碎机。

3. 化学成分定性及无标定量分析

（1）试样压片。称取约 4.0g 试样放入粉末压片模具内拨平，用硼酸镶边垫底，用粉末压片机在固定的压力（宜选择 $2.94×10^5～3.43×10^5N$）下，保持 10～30s，压制成试样圆片（制备所有有证标准样品/标准物质、试样等压片的时间和压应保持一致），放于干燥器内保存待测。

若试样的黏合性不好，导致压片成型困难，则可在试样中加入 20%～40%的硼酸作为黏合剂，混合均匀后，压片后进行分析。此情况下的分析结果应根据加入硼酸的量进行校正。

（2）定性及无标定量分析。

1）按照操作规程将仪器设置到工作状态，稳定在 30min 以上。

2）选择无标定性-定量分析软件，输入试样基本信息，试样状态可选择为氧化物、粉末压片。

3）根据试样来源情况，选定待分析的元素。碳酸盐、硫酸盐、硅酸盐、磷酸盐、硫化物及各种金属氧化物是凝汽器、锅炉管道、汽轮机叶片等系统（设备）垢和腐蚀产物主要的存在形式，应予以重点考虑。若不能确定待分析元素的范围，则应选择仪器能够分析的全部元素进行分析（如果使用的仪器不能分析 C 元素，则应通过其他的分析试验确定试样中是否含有 C 元素及其含量）。

4）根据待分析的元素，选择测量条件。

5）测量试样压片的 XRF 光谱，通过无标定量软件确定试样的成分及含量，结果以元素的形式表示。

4. 化学成分定量分析

（1）校准曲线。

1）选择有一定浓度和梯度范围的系列有证标准样品/标准物质作为标准校准样品，并确保每个测量元素的有证浓度的数量应大于或等于该元素校准曲线系数个数的 3 倍。如果选用的系列有证标准样品/标准物质未能覆盖待测试样的含量范围，可使用系列有证标准样品/标准物质的混合物或加入高纯试剂配制成合成标样。

2）将系列有证标准样品/标准物质按前述要求压片。

3）确定各元素的分析条件。

4）对系列有证标准样品/标准物质的压片进行分析。

5）根据实际情况选择合适的校准方程，如理论 α 影响系数法、基本参数法、经验 α 系数法等。但必须注意校准方程系数的个数，每增加一个系数，须增加 3 个标准样品以确保该系数的可靠性。

（2）试样的测定。

1）按照仪器说明书将仪器设置到工作状态，稳定 30min 以上。

2）选择相应的分析方法开始测量。

3）为补偿背景和灵敏度漂移，需先进行漂移校正。漂移校正试样对每个元素均应包括一个零含量和一个高含量标准试样，高含量点应大于待测元素最高含量的 60%。漂移校正试样按要求压片后测量。

4）试样按要求压片后测量，每个待测试样平行测定两次。

5）计算各种成分的含量，以元素的形式、质量百分数表示。

6）用平均值表示结果，结果保留到小数点后一位。

（3）精密度。在重复性条件下，含量不大于 1.0% 的成分，绝对差值不大于这两个测定值的算术平均值的 10%，以大于 10% 的情况不超过 5% 为前提；含量大于 1.0% 的待测成分，绝对差值不大于这两个测定值的算术平均值的 5%，以大于 5% 的情况不超过 5% 为前提。

4.18.5 物相分析

1. 试剂

（1）α-A1$_2$O$_3$，光谱纯，粒度为 0.1～48μm，放于铂金皿中，在 1200～1300℃灼烧 24h，干燥器内保存待用，相分析用参考物质。

（2）GBW（E）130017《X 射线衍射仪校正和定量相分析用 α-SiO$_2$ 标准物质》，α-SiO$_2$ 标准物质，相分析用参考物质。

（3）有证标准样品，标准物质：用于对仪器进行校正或加入试样中作为参考物质，GBW（E）130014《X 射线衍射硅粉末标准物质》，硅标准物质，用于仪器校正。

2. 仪器

（1）X 射线衍射仪应满足 JJG 629《多晶 X 射线衍射仪检定规程》中 B 级的要求，并定期使用有证标准样晶/标准物质。

（2）对仪器角度和衍射线强度进行校正。X 射线衍射仪应由专职人员操作，防护设施符合 GBZ 115 的要求。

（3）仪器使用计算机控制，配备晶体粉末数据库检索软件、PDF 数据库文件、X 射线衍射图谱全谱拟合处理软件。检索软件应可进行全自动检索，或针对特定衍射峰出现的位置、试样的化学成分等条件进行定性检索。

3. 分析步骤

（1）按照操作规程将仪器设置到工作状态，稳定 30min 以上。

（2）取 0.4g 试样，平铺于试样载玻片上，用毛玻璃片从垂直方向压平，置于 X 射线衍射仪的试样架上待测。

（3）输入试样信息，设定测量条件。一般情况下测量参数可设定如下（也可先采用扫描速度 2θ 不小于 4°/min，对样品进行一次快速扫描，根据扫描结果设定参数）：

1）发散狭缝和散射狭缝不大于 1°。

2）接受狭缝不大于 0.2mm。

3）扫描方式：步进扫描（若采用连续扫描，则扫描速度 2θ 不大于 0.5°/min）。

4）扫描步长不大于 0.02°，每步停留时间不小于 2s。

5）扫描范围：15°～80°。

（4）测定试样的 XRD 图谱。试样的 XRD 图谱最强衍射峰强度不应小于 1×10^4，如果小于此计数值，就应增加每步停留时间。

（5）每个待测试样平行测定两次，保存测定结果。

4. 物相定性分析

（1）用物相检索软件打开试样的 XRD 图谱。

（2）如果试样的 XRD 图谱由多个尖锐的峰和连续的背底组成，且背底基本为一水平线，可判断试样组成物相为晶态物质。

（3）如果试样的 XRD 图谱为一条只有 1、2 个弥散峰的散射曲线或无任何特征的散射线，可判断该试样组成为非晶态物质。

（4）如果试样的 XRD 图谱表现为在尖锐峰衍射下有弥散峰的散射曲线，可判断该试样含有非晶态物质。含有非晶态物质的试样可对其所含的晶态物质进行分析。

（5）使用软件对试样的 XRD 图谱进行 K_{α_2} 谱线分离、平滑、扣除背底（上述对图谱的修正视仪器操作条件、图谱质量而定，可选择全部或部分项目进行，也可不进行）等操作。

（6）采用软件自动或手动寻峰。如采用软件自动寻峰，应进行检查，防止漏峰。

（7）根据化学成分分析结果，按照元素含量的大小顺序，依次选定检索的元素组合（每次选择检索的元素组合应符合基本阴、阳离子组合要求），提高检索的准确度。

（8）由计算机进行检索，对检索结果列出的备选物相结合 PDF 卡片数据进行选择，确定试样中存在的物相。由于 PDF 卡片数量巨大，同一种物相会检索出大量备选卡片，确定物相时应注意结合具体试样的 XRD 图谱进行比选，同样情况下，尽量选择最新版本的卡片。

（9）重复（7）～（8），直到选定的物相及其组合能够解释试样的 XRD 图谱中所有的衍射峰及相对强度，也能够解释试样化学成分分析结果且在误差范围之内（若试样中含有非晶态物质，则应注意 SiO_2 等易形成非晶态物质成分可能会有部分以非晶态形式存在，产生较大差异）。

（10）确认物相检索结果并存储，准备进行物相定量分析。

（11）若在物相定性分析时发现 XRD 图谱表现明显的择优取向、各峰的相对强度与 PDF

卡片中相应峰的相对强度有明显差异等现象，则应按照 JY/T 009—1996《转靶多晶体 X 射线衍射方法通则》中 7.1、7.2 的规定重新制样分析。

5. 物相定量分析

（1）不含非晶态成分试样的物相定量分析。

1）运行全谱拟合分析软件，调入试样的 XRD 图谱原始数据。

2）调入试样中各物相的初始晶体结构模型数据。

3）进行全谱拟合分析，分步修正参数，改善修正结果。

4）当 RW 因子降至 10%以下时，结束全谱拟合，保存测定结果。

（2）含有非晶态物质试样的物相定量分析。

1）称取相同质量（精确到 1mg）的试样和 α-A1$_2$O$_3$ 参考物质（若试样中含有 α-A1$_2$O$_3$，则参考物质可选用 α-SiO$_2$），混合均匀。

2）取 1）中混合物 0.4g，按照 4.18.5 中"3.分析步骤"（2）～（5）制样并测定。

3）运行全谱拟合分析软件，调入混合物的 XRD 图谱［4.18.5 中"3.分析步骤"（5）原始数据］，调入试样中各物相［4.18.5 中"4.物相定性分析"（10）］和参考物质的初始晶体结构模型数据，重复 3）～4）。

4）对全谱拟合结果按式（4-35）进行修正，得到各物相的实际含量，即

$$x_i = \frac{x_{iw}}{x_{rw}} \times 100\% \qquad (4\text{-}35)$$

式中：x_i 为试样中晶态物质 i（i=1、2、3、…、n，$i \neq a$）的实际质量分数，%；x_{iw} 为拟合出的试样与参考物质的混合物中晶态物质 i 的质量分数，%；x_{rw} 为拟合出的试样与参考物质的混合物中参考物质 r 的质量分数，%。

5）试样中各种非晶态物质的总含量按式（4-36）进行计算，即

$$x_a = (1 - \sum x_i) \times 100\% \qquad (4\text{-}36)$$

式中：x_a 为试样中各种非晶态物质的实际质量分数的总和，%。

6）用平均值表示结果，结果用整数表示。

（3）精密度。在重复性条件下，两次独立测定结果的绝对差值不大于 10%，当含量大于 10%时，两次测定绝对差值不大于其算术平均值的 5%。

4.18.6 分析结果的校核

XRF 化学成分分析结果和 XRD 物相分析结果的一致性应进行校核。校核时将 XRD 物相分析结果转变成化学成分（即元素含量）的形式表示，将同种元素的含量相加，与 XRF 化学成分分析结果比较。两项测定结果（即元素含量）的绝对差值不大于 10%，当含量大于 10%时，两次测定绝对差值不大于其算术平均值的 5%。

物相分析中未出现的元素不参与校核。

4.18.7 试验报告

试验报告应至少包括下面的内容：

（1）试样信息，包括试样名称、来源、取样日期、取样位置（部位）、前处理过程等。

（2）使用的标准及出版年号。

（3）XRF 仪器型号、辐射类型、仪器操作条件、定性分析方法、定量分析方法等。

（4）试样的化学成分分析结果：以元素形式、质量百分数表示，微量成分（含量小于0.1%）除特别要求的，可不报告。

（5）试样的物相成分分析结果：以物相形式、质量百分数表示。

（6）试验日期。

4.19 垢和腐蚀产物简易鉴别方法、人工合成样及锅炉炉管结垢量

在定量分析之前，可用一些简易方法，如通过某些元素或官能团的特征反应，定性或半定量地鉴别其中一些成分，为选择定量分析方法和分析结果的判断提供有价值的依据。

4.19.1 鉴定方法

1. 物理方法鉴定

物理方法鉴定主要是通过对垢和腐蚀产物的颜色、状态、坚硬程度、有无磁性等进行观察和试验，以确定垢和腐蚀产物的某些成分。通常，三氧化二铁呈赤色，四氧化三铁、氧化铜呈黑色，钙镁垢、硫酸盐垢、碳酸盐垢以及盐垢多为白色。有磁性的试样，一般含有四氧化三铁（磁性氧化铁）或金属铁。硅垢（二氧化硅）一般较坚硬，钙镁垢则较疏松。

2. 化学方法鉴定

化学方法鉴定是通过垢和腐蚀产物与某些化学试剂发生特征反应来鉴别某些成分。一般称取 0.5g 试样，置于 100mL 烧杯中，加 50mL 蒸馏水，配制成悬浊液。然后进行水溶液试验和加酸试验。

（1）水溶液试验。

1）测定水溶液的 pH：取澄清液 20～30mL，用 pH 计测定水溶液的 pH。若 pH 大于 9，则说明有氢氧化钠、磷酸三钠等强碱性盐类存在；若 pH 小于 9，则说明试样中无强碱性水解盐类存在。

2）硝酸银试验：取数滴澄清液，置于黑色滴板上，加 2～3 滴酸性硝酸银（5%溶液）。若有白色沉淀物生成，则说明有水溶性氯化物存在。

3）氯化钡试验：取数滴澄清液，加 2～3 滴氯化钡溶液（10%溶液），加 2 滴盐酸溶液（1+1）。若有白色沉淀物生成，而且加酸不溶解，则说明有水溶性硫酸盐存在。

（2）加酸试验。取少量带悬浊物的试液注入试管中，加 1～2mL 浓盐酸或浓硝酸，然后分别加入其他试剂，根据发生的化学反应现象，可以粗略地判断垢和腐蚀产物有哪些成分。垢和腐蚀产物与酸的化学反应如表 4-24 所示。

表 4-24　　　　　　　　　　　垢和腐蚀产物与酸的化学反应

加入试剂	现　　象	可能存在的成分
盐酸	产生气泡。碳酸盐含量越高，泡沫越多	碳酸盐
盐酸和硝酸	溶解缓慢，可看到白色不溶物	硅酸盐

加入试剂	现　　象	可能存在的成分
冷盐酸（难溶）加硝酸（加热后溶解）	溶解后溶液呈淡黄色。加 5%硫氰酸铵溶液数滴，溶液变红色。或者加入 5%亚铁氰化钾 [K₄Fe(CN)₆] 溶液数滴，溶液变蓝色	氧化铁
冷盐酸（难溶）加硝酸（加热后溶解）	溶解后溶液呈淡黄绿色或淡蓝色。取一部分溶液注入另一试管，加浓氨水，生成氢氧化铁和氢氧化铜沉淀物。继续加氨水，氢氧化铜溶解，生成铜氨络离子，蓝色加深。另取数滴溶液加数滴 5%亚铁氰化钾溶液，生成红棕色沉淀物	氧化铜
盐酸	取一部分酸溶液，加 10%钼酸铵溶液，生成黄色的磷钼黄沉淀物，加浓氨水至溶液呈碱性，黄色沉淀物溶解	磷酸盐
盐酸和硝酸	取一部分酸溶液，加入 10%氯化钡溶液数滴，溶液混浊，有白色沉淀物生成	硫酸盐

4.19.2　人工合成试样

在进行垢和腐蚀产物的分析过程中，往往由于操作者没有掌握分析方法的要领，某些操作不正确，或者仪器、试剂发生意想不到的问题，致使分析工作出现异常，分析数据不可靠。通常，垢和腐蚀产物都是化学成分复杂的化合物或混合物，查找分析异常的原因受众多因素影响，较为困难。采用人工合成试样可以起到事半功倍的效果。由于人工合成试样是用标准溶液或标准物质配制而成的，其成分较为简单，相互干扰较少，而且所有成分都是已知的。故测定人工合成试样，容易暴露问题，从而找到解决问题的办法。

另外，测定人工合成试样，对于培训新手、分析人员，熟悉和掌握火力发电厂垢和腐蚀产物分析方法，以及一般性技术考核工作都可起到较好的作用。

采用人工合成试样，用测定垢和腐蚀产物试样的方法进行测定时，测定结果的允许差应符合规定，以保证分析数据的可靠性。

1. 人工合成试样的配制

（1）用标准溶液配制。前面所述的各测定方法中，在标定标准溶液（如标定 EDTA 标准溶液），或者在比色分析制作工作曲线时，已经制备了铁、铝、铜、钙、镁、磷、硅等氧化物和硫酸盐的标准溶液，可以利用这些标准溶液制备人工合成试样。人工合成试样的制备见表 4-25。具体操作步骤如下：按表 4-25 所列数据分别吸取上述各标准溶液，注入 500mL 容量瓶中，用除盐水稀释至刻度，即可配制成 1、2、3 号人工合成试样。这些人工合成试样含溶质的数量与多项分析试液相同，即 1mL 含有 0.4mg 分析试样。

（2）用基准试剂配制。取三氧化二铁、氧化铜、氧化镁（均为优级纯试剂），在 750～800℃下灼烧至恒重。取碳酸钙、硫酸钠（均为优级纯试剂）在 100℃下烘至恒重。然后，按表 4-25 中列出的数据（溶质的质量）分别称取三氧化二铁、氧化铜、碳酸钙（换算成氧化钙）、氧化镁、硫酸钠，置于 250mL 烧杯中，加 20mL 盐酸溶液（1+1），煮沸，使所有试剂溶解。若溶液蒸干或有不溶物，可再加 10mL 盐酸溶液（1+1）和适量除盐水，继续加热。待试剂完全溶解后，冷却至室温。将此试液倾入 500mL 容量瓶中，按表 4-25 中所列数据（标准溶液体积）加入相应二氧化硅、三氧化二铝标准溶液。用除盐水稀释至刻度，即可制备 1、2、3 号人工合成试样。

表 4-25   人工合成试样的制备

| 项目 | 1号试样 | | | 2号试样 | | | 3号试样 | | |
| | 取标准溶液 | | 含量（%） | 取标准溶液 | | 含量(%) | 取标准溶液 | | 含量（%） |
	体积（mL）	溶质质量（mg）		体积（mL）	溶质质量（mg）		体积(mL)	溶质质量（mg）	
Fe_2O_3	100	100	50	120	120	60	20	20	10
Al_2O_3	20	20	10	4	4	2	0	0	0
CuO	50	50	25	2	2	1	10	10	5
CaO	10	10	5	20	20	10	85	85	42.5
MgO	5	5	2.5	2	2	1	20	20	10
SiO_2	50	5	2.5	100	10	5	50	5	2.5
P_2O_5	10	10	5	20	20	10	60	60	30
SO_4^{2-}	0	0	0	22	22	11	0	0	0
合 计	245	200	100	290	200	100	245	200	100

由于热盐酸溶液不能将二氧化硅、三氧化二铝这两种试剂溶解，故用配制好的标准溶液代替固体试剂。若一定要以固体试剂配制，则需用试样分解方法，将人工合成试样熔融分解（硫酸钠熔融时分解，应在熔融后加在提取液中），制备人工合成试样。

2. 测定方法和允许差

（1）测定方法。人工合成试样的测定方法均为前述的试样测定方法。一般情况下，只要掌握了方法，就可以获得较为满意的测定结果。测定时，取一定体积的人工合成试样（容量分析时，取样 10～25mL，比色分析的取样量应在工作曲线的浓度范围内），按照前述有关方法，分别进行铁、铝、铜、钙、镁等氧化物和二氧化硅、磷酸酐、硫酸酐等含量的测定。

（2）允许差。对于人工合成试样的测定，均应进行两次平行试样测定。把两次测定结果的平均值作为测定值。人工合成试样的测定结果的允许差应符合如下要求：

1）各成分测定值（C）的总和应在95%～105%，即

$$\sum C = 100\% \pm 5\% \tag{4-37}$$

2）各成分的测定值（C）与人工合成试样相应成分的含量（B）的差值绝对值（δ）称为测定误差，即

$$\delta = |C - B| \tag{4-38}$$

人工合成试样测定结果的允许差见表 4-26。各成分的测定误差均应小于或者等于表 4-26 中所规定的允许差。若测定误差超过允许差，说明没有掌握方法，测定不符合要求。需要认真地查找原因，反复试验，直到测定值符合要求为止。

表 4-26   人工合成试样测定结果的允许差   %

项 目	1号试样	2号试样	3号试样
Fe_2O_3	1.0	1.1	0.5
Al_2O_3	0.5	0.3	—

项　　目	1 号试样	2 号试样	3 号试样
CuO	0.8	0.3	0.4
CaO	0.4	0.5	1.0
MgO	0.4	0.3	0.6
SiO$_2$	0.4	0.5	0.4
P$_2$O$_5$	0.3	0.6	1.0
SO$_4^{2-}$	—	0.5	—

4.19.3　锅炉炉管结垢量

众所周知，由于不可避免的原因或者某些异常因素，锅炉在运行过程中，在炉管的内壁上总会或多或少沉积一些垢和腐蚀产物。这些沉积物的存在，将妨碍锅炉受热面正常传热，导致管壁超温，甚至使炉管鼓包或爆管。为了防止恶性事故发生，保障锅炉受热面正常工作，必须保持炉管受热面内表面清洁，这就必须保证水、汽品质符合水、汽质量标准的要求。间隔一定时间进行一次锅炉清洗就是重要的措施之一。

锅炉是否需要酸洗是根据"酸洗参照标准"确定的。当炉管结垢量达到某一数值时，应在下次大修时进行酸洗；当化学清洗间隔时间超过规定时，也应对锅炉酸洗。

进行化学清洗之前需计算使用的酸量，选择酸洗工艺，确定酸洗参数，这些工作都应根据锅炉管壁结垢量及垢和腐蚀产物的化学成分进行。因此，锅炉炉管结垢量的测定对化学清洗具有重要意义，应采用统一、规范的方法进行。

酸洗法适应于对水冷壁管、省煤器管和低温过热器管等容易清洗的管样的垢量测量。按规定对管样进行加工处理后，放干燥器中干燥 2h 以上再进行称量。称管样质量 W_1，测量管样内表面面积 S。配置 2 份 5% HCl+0.3%缓蚀剂的清洗溶液中，将其中的第 1 份清洗液加热并恒温 50℃±1℃，并将称量好管样浸入该清洗溶液中，用非金属棒轻轻搅动，如果表面有镀铜现象，就应立即补加 0.5%的硫脲，直至垢全部溶解，记下所用的时间。取出管样，用除盐水冲洗后再在无水乙醇中荡涤取出，电吹风吹干，放入干燥器内干燥 1h 后称量，记录此质量 W_2。然后将第 2 份清洗液加热到同样的温度后，此样管重新浸入，其搅拌强度和浸泡时间与第 1 份相同。按同样的方法处理后称量样管的质量为 W_3。管样的垢量计算如下：

$$管样的垢量 = \frac{(W_1 - W_2) - \dfrac{1}{2}(W_2 - W_3)}{S} = \frac{2W_1 - 3W_2 + W_3}{2S} \quad (4\text{-}39)$$

式中：W_1 为管样的原始质量，g；W_2 为第 1 次清洗后的质量，g；W_3 为第 2 次清洗后的质量，g；S 为管样内表面面积，m^2。

轧管法适用于对高温过热器管和再热器管高温氧化皮的垢量测量。按规定对管样进行加工处理后，放干燥器中干燥 2h 以上再进行称量。然后将管样置于台虎钳上用力挤压，当内部垢层全部脱落后，再进行称量，管样轧管前后质量差值为垢质量，除以内表面积为结垢量。

── 5 ──

样品检测诊断案例

样品检测目的是服务于实际生产。根据样品的各项分析结果通过综合评估得到诊断结果，提出解决措施，以指导电力、化工、环境保护等企业生产实际。本章精选了火力发电厂水、汽样品指标异常，循环水水质诊断，锅炉水冷壁腐蚀诊断，汽轮机化学监督检查诊断，中央空调冷却水系统换热管腐蚀诊断，锅炉水冷壁腐蚀爆管诊断，汽包内有大量黑色沉积物诊断等需要通过化学分析诊断的案例，引导读者通过检测分析结果提出处理措施，模拟解决实际问题。

5.1 水、汽样品指标异常诊断

5.1.1 给水 pH 异常

1. 问题描述

某 600MW 机组正常运行时发现给水 pH 为 8.6，于是运行人员增大加氨量，但 pH 增加不明显，而此时电导率（简称 DD）由 5.7μS/cm 增加到 8.5μS/cm。对在线 pH 表进行重新校准后，经常出现给水 pH 和电导率不稳定，波动很大。

2. 诊断分析及措施

增大加氨量，给水电导率升高，这说明给水加氨系统正常，氨是加进了给水系统的；由于给水加氨后，pH 和电导率会随着加氨量增大而升高，且有很好的相关性，pH 增加不明显，这说明在线 pH 表有问题。

通过对 600MW 机组现场开展给水优化试验，试验测定了不同加氨量给水 pH 与电导率的对应关系，给水不同加氨量 pH 与电导率的关系试验结果见表 5-1。由此可以看出，给水 pH 和电导率有很好的相关性，通过测定给水的电导率可以校核给水的 pH，即 pH=8.57+lgDD，进而实现给水加氨自动控制。该电厂于是立即对给水在线 pH 表进行了校准，使 pH 测量恢复了正常。

表 5-1 　　　　　　　给水不同加氨量 pH 与电导率的关系试验结果

pH	DD（μS/cm）	pH	DD（μS/cm）
9.10	4.03	9.25	5.76
9.15	4.05	9.30	5.80
9.20	5.40	9.35	6.14

pH	DD（μS/cm）	pH	DD（μS/cm）
9.40	6.69	9.50	6.99
9.45	6.87	9.55	8.01

由于 pH 计经重新校准后，经常出现给水 pH 和电导率不稳定、波动很大问题主要是由于每次的配制氨浓度差异较大。故该电厂使用的是液氨瓶，运行人员根据时间计量通入氨溶液箱的氨量，加除盐水到氨溶解箱一定刻度，搅拌均匀即配氨完成，对氨浓度不做测试，实际上液氨瓶里随着氨瓶内压力降低，相同通氨时间加氨量越少，导致了氨配制浓度差异。为解决此问题，对除盐水中不同氨浓度的电导率进行测试，除盐水中氨浓度与电导率关系（小型试验结果）见表 5-2，可以看出除盐水中电导率随着加氨量增大而升高，且有良好的相关性，为此可通过测定氨溶液箱中溶液电导率来监测氨浓度，使氨监测变得简单、易操作，同时可实现在线操作。该电厂通过采用测定氨溶液箱中溶液电导率来监测氨浓度的方法，解决了氨浓度配制的不稳定性问题，给水 pH 一直连续稳定，未出现波动现象。

表 5-2 　　　　　　　　　除盐水中氨浓度与电导率关系（小型试验结果）

氨浓度（%）	0.4	0.5	0.6	0.7	0.8	0.9	1.0	1.1	1.2
电导率（μS/cm）	437	484	528	573	628	658	694	724	747
氨浓度（%）	1.4	1.6	1.8	2.0	2.2	2.4	2.6	2.8	3.0
电导率（μS/cm）	795	824	875	900	940	972	1007	1030	1040

5.1.2　炉水 pH 异常偏高

1. 问题描述

某电厂 300MW 机组的给水品质正常，炉水正常运行且采用平衡磷酸盐处理，由于炉水 pH≥9.8，最高 pH 达到 10.3，电导率在 8.0μS/cm，故停止向炉水加药，7 天后炉水 pH 仍然大于 9.8，超过规程控制值（pH 在 9.0～9.6），电导率测定为 3.0μS/cm。

2. 诊断分析及措施

引起炉水 pH 偏高的主要原因有：炉水加入磷酸三钠、氢氧化钠等药品过多，电导率会偏高；炉水在高负荷时出现磷酸盐隐藏现象，磷酸根含量降低，电导率变化不明显；给水加氨量过高，电导率会增大等。但从该炉水 pH 和电导率对应看，与以上三种引起炉水 pH 升高的因素都不相符。炉水停止加药 7 天，发现炉水 pH 未降低，同时发现炉水电导率明显偏低，特别是测值为 3.0μS/cm，该值远低于炉水 pH（>9.8）对应的理论值。这就要采用实验室用电导率仪和在线 pH 表对炉水进行了比对测定，测试结果为 pH 与在线表基本一致，在线电导率测定结果偏低，电厂对在线电导率仪进行调整和校准，解决了电导率测定问题。

在炉水 7 天不加药的前提下，pH 仍然偏高，主要是由于此时测定的 pH 并不是炉水本身的 pH，因为测定 pH 是在水温为 25℃下进行的，氨在低温下电离出 OH^-，而在炉水温度为 300～400℃时，氨根本不电离，此时 pH 高是一个假象，查询文献可知，此时炉水的真实 pH 应小于 7.0，也就是存在潜在的酸性腐蚀风险。这就要调整炉水氢氧化钠加药量，维持炉水磷酸盐正常加药量，直到炉水 pH 稳定在 9.0～9.6，并按规程进行锅炉排污。8h后，炉水正常，pH 稳定在 9.3～9.5。

5.1.3 炉水 pH 异常下降

1. 问题描述

某电厂 300MW 机组的炉水采用平衡磷酸盐处理，正常运行时，运行人员发现炉水 pH 下降，当炉水下降到 pH<9.0，加大加药量，pH 仍然继续下降，最低时 pH<6.0。

2. 诊断分析及措施

炉水 pH 低的原因：炉水碱化剂（磷酸三钠、氢氧化钠）加药量不够，pH 一般不会低于 8.5；凝汽器泄漏，给水品质会异常；有机物（如离子交换树脂）漏入，在炉内分解，使电导率增加，蒸汽氢电导率明显增大，加大加药量时炉水 pH 下降趋势会消除或放缓；酸性水瞬时漏入会使炉水 pH 持续下降。从该厂炉水 pH 持续下降，即使增大加药量也不能改变下降趋势来看，说明了是由于酸性物质漏入所引起的。给水和凝结水未监测出硬度，钠合格，可排除凝汽器泄漏因素；炉水 pH 下降出现在混床失效后，检查发现是由于混床阴树脂提前失效使得混床出水显酸性，而进入热力系统使炉水 pH 持续下降。

炉水加大氢氧化钠的加药量，加强排污；调整混床阴、阳树脂比例并进行重新调试，保证混床出水合格。

5.1.4 炉水 pH 异常偏低

1. 问题描述

某 300MW 机组的炉水采用平衡磷酸盐处理，运行监测发现炉水 pH 下降，最低达到了 6.8，电导率、二氧化硅和氯离子均合格，凝结水和给水也合格。

2. 诊断分析及措施

由于此现象出现时，机组负荷一直高负荷稳定运行，基本未进行调峰，因此可以排除磷酸盐隐藏现象所致。炉水检验结果即氯离子为 86.7μg/L，硫酸根为 295.5mg/L，显然炉水硫酸根异常、偏大很多，凝结水和给水氢电导率都合格，说明凝结水和给水硫酸根正常，引起此现象是由于离子交换树脂漏入炉水分解所致。对凝结水精处理混床进行检查，发现混床水帽和树脂捕捉器有缺陷，引起凝结水精处理系统树脂泄漏。

立即增加加药量，同时加大排污处理，直到水质合格。同时对凝结水精处理系统进行检查，消除凝结水精处理系统缺陷。

5.1.5 给水和过热蒸汽氢电导率超标

1. 问题描述

对某亚临界 600MW 机组的长期运行监测发现给水氢电导率大于 0.5μs/cm、过热蒸汽氢电导率大于 0.2μs/cm 的现象，而凝结水精处理出水氢电导率一直小于 0.10μs/cm，其他指标也合格且很稳定。

2. 诊断分析及措施

由于凝结水是 100%经过凝结水精处理的，凝结水精处理出水合格。给水氢电导率超标必然是给水中阴离子增加所致，给水主要由凝结水精处理出水和高压加热器疏水组成，监测高压加热器疏水水质为合格，排除凝结水精处理出水和疏水水质不合格的因素。由于对给水进行了加氨处理，若氨水中氯离子过大，则氯离子通过加氨进入给水。该厂采用的是 2.5L 桶装化学纯氨水，该厂相关人员对氨水质量进行了检测，检测结果氯离子为

16.6mg/L，远远大于 GB/T 631《化学试剂　氨水》中对氯离子的规定（氯化物不大于1.0mg/L），检验结果即该氨水不合格。

加强入厂氨水的质量检验，更换了另外一生产厂家的质量合格氨水，给水和蒸汽氢电导率合格。

采用液氨代替氨水，可解决氨水中氯离子和硫酸根含量高的问题；现在大多数电厂脱硝系统都采用液氨法，可直接通过管道将脱硝氨区液氨接入给水加药箱，可有效解决使用液氨钢瓶安全性和不方便问题。

5.1.6　水、汽样品中铁含量异常

1. 问题描述

某电厂为两台 600MW 超临界机组，该厂 2010 年 6 月对机组水、汽进行取样，送样至某电科院采用石墨炉原子吸收法进行铁含量检测，水、汽样品铁含量检测结果见表 5-3。

表 5-3　　　　　　　　　　　　水、汽样品铁含量检测结果

样品名称	铁（$\mu g/L$）	样品名称	铁（$\mu g/L$）
除盐水（除盐水箱出口）	26.13	给水（除氧器出口）	28.43
凝结水（凝结水泵出口）	29.42	给水（省煤器入口）	28.48
精处理混床出水	24.90	主蒸汽	27.26
高压加热器疏水	174.73	再热蒸汽	33.43

分析结果表明，该厂水、汽样品中铁离子含量远远大于国家标准和行业标准要求值（小于 5.0$\mu g/L$）。当将结果告知电厂时，得知电厂日常采用的是分光光度法，结果却处于标准值之内，没有发现偏大现象。

2. 诊断分析及措施

为查明原因，电厂重新取样，加入新购的高纯硝酸进行酸化，重新测试铁，水、汽样品（重新酸化处理）铁含量检测结果见表 5-4。

表 5-4　　　　　　　　　　水、汽样品（重新酸化处理）铁含量检测结果

样品名称	铁（$\mu g/L$）	样品名称	铁（$\mu g/L$）
除盐水（除盐水箱出口）	0.07	给水（除氧器出口）	2.83
凝结水（凝结水泵出口）	0.47	给水（省煤器入口）	2.09
精处理混床出水	0.11	主蒸汽	0.15
高压加热器疏水	90.39	再热蒸汽	33.83

通过分析表 5-4 的结果发现，再热蒸汽铁含量两次测定结果几乎相同，高压加热器疏水约是第一次测量结果一半，其余值则在标准范围之内。

从送检的进行阴离子查定的样品中取出一定量的样品，加入高纯硝酸，用石墨电极原子吸收法进行测试，大部分结果在标准范围之内，而电厂按照对进行铁离子测试的送检样品中同样加入硝酸酸化，两次测量结果相差很大，于是对电厂酸化用硝酸中铁含量进行测试，铁含量远远超标表明该厂硝酸中铁的含量较高，即硝酸质量不合格。

再热蒸汽和高压加热器疏水铁的含量依旧很大，仔细查看发现样品瓶底部有少量的粉

末状沉积物，说明在样品采集过程中不规范致使沉积物随水样一起流入到取样瓶中，致使分析结果异常。

在某电科院相关人员的指导下，电厂重新取样，高压加热器疏水和再热蒸汽铁的检测结果分别为 2.6、4.2μg/L。

5.1.7 疏水铁含量超标

1. 问题描述

某火电厂自投产以来，其 135MW 机组疏水铁含量一直偏高，从而导致整个水系统铁含量偏大，1、2 号机组疏水铁含量分析结果见表 5-5。2009 年 11 月机组水、汽系统铁含量普查结果见表 5-6。

表 5-5 　　　　　　　　**1、2 号机组疏水铁含量分析结果** 　　　　　　　　μg/L

1 号机组			2 号机组		
日期	高压加热器疏水	低压加热器疏水	日期	高压加热器疏水	低压加热器疏水
2008 年 8 月 18 日	无样	400	2009 年 10 月 27 日	无样	212.3
2008 年 8 月 27 日	无样	300	2009 年 10 月 28 日	无样	205.8
2009 年 1 月 6 日	无样	67.8	2008 年 10 月 13 日	180.5	>200
2009 年 1 月 12 日	无样	90.00	2008 年 10 月 20 日	160.40	>200
2009 年 1 月 19 日	无样	112	2008 年 10 月 27 日	120	>200
2009 年 1 月 24 日	无样	122	2009 年 1 月 19 日	43.3	无样
2009 年 10 月 21 日	120	>200	2009 年 10 月 9 日	138.5	无样

表 5-6 　　　　　　　**2009 年 11 月机组水、汽系统铁含量普查结果** 　　　　　　μg/L

项目	凝结水	疏水	给水	炉水	蒸汽	补给水
控制标准		≤50	≤20		≤15	
实测值	45.5	107	39.8	无法取样	49	3.5

2. 诊断分析及措施

从以上分析记录可以看出，整个热力系统含铁量均超过控制标准，其中主要是疏水含铁量大大超标。疏水的铁来源于系统内的腐蚀，其中主要是流动冲刷腐蚀。

在机组大修检查时曾发现疏水门因腐蚀而彻底损坏，腐蚀界面干净，无腐蚀残留物，此为典型冲刷腐蚀。由于加热器内的蒸汽流速较快，当加热器内水位较低时，蒸汽在换热器内高速流动，就会对金属表面产生冲刷，在盘管的弯头处，水流条件恶化，因此产生流动冲刷腐蚀。

由于低压加热器疏水经疏水泵进入凝结水系统，高压加热器疏水进入除氧器，因此疏水中的铁全部进入给水系统。疏水中含铁量长期超标，导致给水中含铁量也长期超标，炉水的含铁量也随之升高，使蒸汽携带铁含量大，同时与减温水叠加，致使蒸汽含铁量也远远超过标准，最后表现在凝结水含铁量也很高。在整个水、汽循环中，除少部分铁经锅炉排污系统排至炉外，一部分在水冷壁管沉积，生成铁垢（在机组大修检查中发现，水冷壁垢量以每年 100g/m² 的速度增加，且垢中铁含量达 70% 以上）；一部分在系统内循环累积。

在运行中要注意控制加热器的水位，尽量避免在低水位运行；通过将加热器的盘管与联箱连接部分更换为合金钢管，以提高耐流动加速腐蚀（FAC）性能。若设备短期内更换有困难，则只有疏水不回收或通过在凝结水系统增加除铁装置，以减少经给水带入炉内的铁。

5.1.8 水、汽中氯离子检测异常

1. 问题描述

在水、汽样品的采集和送检分析过程中，经常发生的问题是样品不能真实反应热力系统水、汽品质的实际情况，即样品不具备代表性。某电厂水、汽样品送至某电科院进行氯离子检测，水、汽样品检测结果见表5-7。从表5-7可以看出，2006年2月27日，该厂两台机组水、汽样品氯离子含量超标。

表5-7　　　　　　　　　　　水、汽样品氯离子检测结果　　　　　　　　　　μg/L

测试时间	取样瓶材质	1号机组凝结水	2号机组凝结水	1号机组过热蒸汽	2号机组过热蒸汽
2006年2月27日	聚氯乙烯	156.9	1093.4	610.8	193.8

2. 诊断分析及措施

2006年3月12日，通过换高密度聚乙烯取样瓶取样，对该厂两台机组水、汽氯离子含量进行检测，更换取样瓶后水、汽样品氯离子检测结果见5-8。

表5-8　　　　　　　更换取样瓶后水、汽样品氯离子检测结果　　　　　　μg/L

测试时间	取样瓶材质	1号机组凝结水	2号机组凝结水	1号机组过热蒸汽	2号机组过热蒸汽
2006年3月12日	高密度聚乙烯	<0.8	<0.8	<0.8	<0.8

对比两次送样，查阅各相同样品在线检测的氢电导率和钠离子等指标都比较接近，但两次测量氯离子的结果相差很大。导致这种分析结果的主要原因是取样瓶选择不当，聚氯乙烯采样瓶不稳定，而高密度聚氯乙烯采样瓶在存储期间性能稳定，没有释放氯离子。

3. 解决措施

更换取样瓶，注意防止取样瓶对水、汽样品的污染。

5.2　循环水水质诊断

5.2.1 问题描述

某厂循环水处理采用投加阻垢缓蚀剂处理（不加酸），根据循环水运行规程，加药量控制如下：在浓缩倍率为3.0～3.5时，循环水有机磷为2.0～3.0mg/L；某厂化学试验班于2014年1月9日对补充水和循环水进行化验，拟对该化验结果和循环水处理效果进行诊断分析，对运行控制提出处理措施。某厂循环水和补充水水质化验结果见表5-9。

表5-9　　　　　　　　　　某厂循环水和补充水水质化验结果

项目	pH	DD (μS/cm)	Cl⁻ (mg/L)	JD (mmol/L)	Ca²⁺ (mg/L)	总磷 (mg/L)	浊度 (NTU)
补充水	7.94	369.0	12.37	1.97	57.31	0.4	2.41
循环水	8.95	1064.0	36.82	4.87	139.22	2.1	21.2

5.2.2 诊断分析

对浊度、浓缩倍率和药剂有效含量（有机磷）等关键指标分析如下：

（1）浊度为 21.2NTU＞20NTU，超标。

（2）浓缩倍率 K=2.98＜3.0，符合要求。

（3）ΔA=2.98–2.47=0.51＞0.2，水质不稳定，有结垢风险。ΔA=循环水氯离子浓度/补充水氯离子浓度–循环水碱度/补充水碱度。

（4）循环水总磷为 2.1mg/L，由于补充水总磷为 0.4mg/L，因此循环水有机磷实际含量小于 0.91mg/L，远小于规程规定值 2.0～3.0mg/L。

5.2.3 处理措施

（1）应进行循环水大排大补处理，尽快降低循环水浊度至小于 20NTU，最好小于 10NTU。同时对循环水浊度超标原因进行分析，循环水浊度超标原因大致有：补充水浊度是否超标；凉水塔周围空气是否受粉尘严重污染；机组长期停用后启动时是否加强了循环水换水处理；工业回水是否符合要求；循环水进行冲击时杀菌灭藻处理后是否进行换水处理。

（2）应采取措施提高循环水中有机磷含量至规定值，主要应从阻垢缓蚀剂质量检验、加药系统及管路严密性检查入手，保证阻垢缓蚀剂正常稳定加入循环水系统。

（3）ΔA＞0.2，表示循环水水质不稳定，有结垢风险；应通过浓缩倍率和加药量调整，提高循环水阻垢效果，使循环水水质稳定，同时应加强凝汽器端差和真空度的监控。

5.3 锅炉水冷壁内壁腐蚀诊断

5.3.1 问题描述

某公司 2013 年 2 月对 31 号锅炉水冷壁管进行了取样，发现炉前从 B 侧往 A 侧数第 2 根水冷壁管内壁有不均匀红色附着物。

5.3.2 诊断分析

该公司对 31 号锅炉水冷壁管内壁附着物的形态、成分、垢量及酸洗后去除的附着物表面形态进行分析，结果如下：

（1）水冷壁内壁附着物形态。水冷壁内壁分布有不均匀红色和灰色附着物，水冷壁外壁未见变形、严重腐蚀等现象。

（2）水冷壁内壁附着物成分分析结果。对水冷壁内壁分布的红色附着物和灰色附着物分别取样，水冷壁内灰色和红色附着物成分分析分析结果（以氧化物表示）见表 5-10。

表 5-10　　水冷壁内灰色和红色附着物成分分析分析结果（以氧化物表示）　　　　%

样品名称	成　　　分								
	Al_2O_3	SiO_2	SO_3	CaO	Fe_2O_3	MnO_2	Na_2O	MgO	K_2O
灰色附着物	31.96	19.87	1.62	4.72	28.56	1.20	2.18	8.90	0.99
红色附着物	2.81	0.60	无	无	96.59	无	无	无	无

（3）水冷壁内壁垢量分析结果。垢量分析结果为 $63.27g/m^2$。

（4）水冷壁内壁酸洗去除附着物后的表面形态。水冷壁内壁酸洗去除附着物后未见点蚀现象。

5.3.3　诊断结果及处理措施

（1）根据水冷壁内壁灰色附着物成分分析可以推断该附着物主要成分与粉尘近似，为停炉时放水后吸附所致或取样后黏附的，不是锅炉运行时腐蚀造成的。

（2）水冷壁内壁红色附着物主要由铁的氧化物组成，根据形态特征可以推断为 Fe_2O_3，形成原因为机组停（备）用氧腐蚀所致。

（3）水冷壁垢量分析结果为 $63.27g/m^2$。

（4）水冷壁酸洗去除附着物后，内壁未见点蚀现象，说明未发生垢下腐蚀现象。

（5）建议加强机组停（备）用的保养工作。

5.4　汽轮机化学监督检查诊断

某公司 61 号机组 C 级检修即对汽轮机高压缸、中压缸、低压缸积盐和腐蚀进行化学监督检查、诊断。

5.4.1　高压缸

1. 问题描述

（1）调速级以及随后数级叶片无机械损伤或坑点情况。

（2）高压缸转子及隔板由第 2 级开始积盐量逐级增加，至第 9 级积盐量最大为 $4.93mg/cm^2$。61 号机组高压缸 9 级动叶片沉积物（以氧化物表示）见表 5-11。

表 5-11　　　　　　　61 号机组高压缸 9 级动叶片沉积物（以氧化物表示）　　　　　%

序　号	检测项目	分析结果
1	Na_2O	19.98
2	Al_2O_3	6.87
3	SiO_2	6.07
4	P_2O_5	8.49
5	SO_3	6.81
6	Fe_2O_3	30.98
7	CuO	20.81

（3）高压缸各级叶片 pH 测量结果见表 5-12。

表 5-12　　　　　　　　　　高压缸各级叶片 pH 测量结果

级数	1	2	3	4	5	6	7	8	9
pH	7	7	8	8～9	8～9	9～10	9～10	11～12	13

2. 诊断分析

根据积盐形态和成分分析结果，高压缸第 9 级沉积物主要成分为氧化铁、氧化铜和磷酸三钠，还含有少量的硅酸钠及硫酸钠。主要问题是氧化铜含量高，即铜沉积多，而整个热力系统为无铜系统（凝汽器、低压加热器、高压加热器等无铜），铜的来源可能为热力系统部分材质基体（比如低压给水管道材质为 15NiCuMoNb5，铜含量为 0.5%～0.8%；屏式过热器、高温过热器、高温再热管道；凝结水泵叶轮、轴套、轴封加热器、阀门阀芯、泵密封材料等）含微量铜溶解，铜离子蒸汽进入蒸汽系统，根据资料显示，铜垢通常沉积的部位在蒸汽压力为 3～6MPa 的部位，故在高压缸最后一级叶片上沉积物中铜含量高。在汽轮机高压缸中最容易沉积的盐类是磷酸三钠，磷酸盐在汽轮机中的沉积主要与锅炉运行压力和汽、水分离效果有关，与给水的处理方式无关。铁的氧化物主要是由停用腐蚀和水、汽系统中铁的沉积所致。各级 pH 都不小于 7.0，说明不会发生酸性腐蚀。

（1）铜盐形成时机分析。为弄清楚铜盐形成时期和分布特征，是基建沉积还是正常运行中均匀沉积，以此来证明其成因和生长趋势，为此对高压缸叶片积盐进行了分层分析，高压缸叶片积盐分层元素分析结果见表 5-13。

表 5-13　　　　　　　　　高压缸叶片积盐分层元素分析结果　　　　　　　%

元素	最表层	内层	最内层
O	23.27	31.0	36.15
Na	14.0	13.4	11.72
Fe	26.99	18.69	15.28
P	10.43	12.85	13.92
Cu	17.2	16.51	15.28
Mn	0.96	0.58	0.38

最表层积盐中含 Fe、Cu、Na、Mn 元素的比例更高，同时积盐内层中含 P 元素的比例高于最表层。这就说明含 Fe、Cu、Na、Mn 的盐主要形成于机组运行过程中，而含 P 元素的盐主要形成于机组启动的初期。同时从比例变化也可以判断，各种杂质在运行过程中的变化情况，如含 Fe、Cu 元素的盐类，在不考虑含 P 元素的盐类所占比例外，在机组运行整个周期中变化幅度很小，即说明这类盐的形成是基建均匀、稳定积累而成的，这与由于长期流动加速腐蚀（FAC）造成的铜盐沉积的原因分析相吻合。

（2）铜盐形成原因分析。

1）热力系统中有管材和部件采用了铜合金材质，如主给水管道（WB36)、凝结水泵叶轮、轴套、轴封加热器、阀门阀芯、泵密封材料等在运行中腐蚀，腐蚀产物含铜。

2）根据水、汽物化特性，以及铜在蒸汽中的溶解沉积特性可知，在整个热力系统中，高压缸是含铜杂质的最终沉积部位。

3）由于整个系统的铜腐蚀产物经过溶解、携带后，几乎全部沉积在高压缸叶片上，因此导致该处铜含量比例被局部放大。

5.4.2　中压缸

1. 问题描述

（1）各级叶片有无机械损伤或坑点情况。

（2）在中压缸 1、2 级转子根部的围带上发现较多的堆积物。

（3）除第 4、5 级叶片外其余各级叶片及隔板积盐较少。

（4）第 4、5 级叶片背部呈红褐色，第 4、5 级叶片在首次检查时为表面干燥，呈红褐色。第三天下午检查时第 4 级叶片表面无变化且仍干燥呈红褐色，第 5 级叶片表面吸潮严重，手感黏稠呈橙红色。中压缸第 5 级叶片上沉积物成分分析结果（以氧化物形式表示）、中压缸 1～4 级叶片上沉积物混合样分析结果、中压缸围带上堆积物成分分析结果（以氧化物形式表示）、中压缸各级叶片 pH 测量结果分别见表 5-14～表 5-17。

表 5-14　　　　中压缸第 5 级叶片上沉积物成分分析结果（以氧化物形式表示）　　　　%

序　　号	检测项目	分析结果
1	Na_2O	35.65
2	Al_2O_3	2.00
3	SiO_2	43.92
4	P_2O_5	1.25
5	SO_3	3.70
6	Fe_2O_3	13.48

表 5-15　　　　　　中压缸 1～4 级叶片上沉积物混合样分析结果　　　　　　%

序　　号	检测项目	分析结果
1	Na_2O	25.99
2	Al_2O_3	5.68
3	SiO_2	7.01
4	P_2O_5	5.51
5	SO_3	17.08
6	CaO	0.94
7	Fe_2O_3	32.30
8	CuO	5.48

表 5-16　　　　中压缸围带上堆积物成分分析结果（以氧化物形式表示）　　　　%

序　　号	检测项目	分析结果
1	Na_2O	5.21
2	Al_2O_3	1.26
3	Cr_2O_3	0.91
4	Fe_2O_3	92.62

表 5-17　　　　　　　　中压缸各级叶片 pH 测量结果

级数	1	2	3	4	5
pH	13	9～10	11	12	13

2. 诊断分析

第 1～4 级叶片上沉积物形态和成分分析结果表明，沉积物主要成分为硫酸钠、硅酸钠和氧化铁，以及少量磷酸盐和氧化铜等。第 5 级叶片上沉积物形态和成分分析结果表明，沉积物主要成分为硅酸钠和氧化铁，以及少量磷酸盐和硫酸钠等。由于第 5 级叶片硅酸钠含量高，沉积物组分表现吸潮性强，因此一天后第 5 级叶片表面湿润，手感黏稠是由于硅酸钠含量高所致。红色为氧化铁的颜色，氧化铁与沉积物混合在干燥状态表现为红褐色，而吸潮后则为橙红色，第 5 级刚好为 4 段抽汽口，氧化铁主要为停用腐蚀和启动过程中大量富氧湿蒸汽进入中压缸内，以及机组低负荷时，在汽封严密性不良的情况下抽入空气造成的腐蚀。去除沉积物后未发现点蚀现象，结合各级 pH 都大于 10.0，可以排除氯离子引起点蚀的可能。

围带上叶根处浅灰色堆积物主要为铁的氧化物，可能为启动时由于启动初期蒸汽进汽量小、流速低，若蒸汽中铁含量高，则可能沉积或附着在该区域；同时在启动过程中大量富氧湿蒸汽进入中压缸内，以及机组在低负荷下，在汽封严密性不良的情况下抽入空气，也会加剧高温腐蚀的发生。由此可以推断，该浅灰色氧化皮的形成与机组启动时蒸汽品质有一定的关系，至少对氧化皮的形成有诱发或提速作用。

5.4.3 低压缸

1. 问题描述

（1）低压缸第 4～6 级叶片积盐较为明显，呈浅黄色，局部显银白色。61 号机组低压缸第 4、5、6 级叶片沉积物分析结果分别见表 5-18～表 5-20，低压缸各级叶片 pH 测量结果见表 5-21。

（2）仅在低压缸第 5 级静叶片的沉积物中检测出 1.48%的氯离子。叶片及隔板有少量积盐，其中第 4、5 级叶片积盐相对较多。

（3）末级叶片存在轻微水蚀现象。

（4）各级叶片无铜垢附着。

表 5-18   61 号机组低压缸第 4 级叶片沉积物分析结果（以氧化物形式表示） %

序　号	检测项目	分析结果
1	Na_2O	1.77
2	Al_2O_3	1.12
3	SiO_2	87.49
4	Fe_2O_3	9.63

表 5-19   61 号机组低压缸第 5 级叶片沉积物分析结果（以氧化物形式表示） %

序　号	检测项目	分析结果
1	Na_2O	19.77
2	Al_2O_3	1.52
3	SiO_2	67.37
4	SO_3	2.19
5	Fe_2O_3	9.15

表 5-20   61 号机组低压缸第 6 级叶片沉积物分析结果（以氧化物形式表示） %

序　号	检测项目	分析结果
1	Al_2O_3	01.29
2	SiO_2	88.91
3	SO_3	1.46
4	Fe_2O_3	8.34

表 5-21　　　　　　　　　　　　低压缸各级叶片 pH 测量结果

级数	1	2	3	4	5	6	7
pH	13	12	11~12	9	7	6~7	6~7

2. 诊断分析

第 4、5、6 级叶片积盐主要成分为二氧化硅，这也符合二氧化硅在汽轮机中的分布规律。二氧化硅主要在汽轮机低压缸中间几级沉积，沉积物中二氧化硅含量越高，则颜色越白，反之则为黄色或褐色；出现银白色则为典型的酸性腐蚀现象，主要表现为受腐蚀金属部件的保护膜全部或局部的破坏，金属晶粒裸露，表现为银白色，类式酸洗后的表面。若这些部位已经有垢附着，则会使垢呈酸性，在机组停运后，由于有空气进入，而这些垢类大都又吸潮性很强，通常仍然会发生酸性腐蚀，并使金属表面的颜色由银灰色变为铁锈红色。酸性腐蚀发生的主要原因是凝结水精处理漏氯所致。

5.4.4　解决措施

（1）给水采用氧化性全挥发处理 AVT（O）、加氧处理（OT）降低给水系统流动加速腐蚀（FAC），减少给水中铜含量，从而减轻蒸汽对铜的携带。

（2）如果给水采用氧化处理，通过评估不能有效减轻蒸汽对铜盐的携带，给水应采用还原性全挥发处理 AVT（R），因为 Cu^+ 比 Cu^{2+} 挥发性小，蒸汽对 Cu^+ 比 Cu^{2+} 携带量小。

（3）对汽轮机动叶片、隔板及围带上沉积物进行有效清理。

（4）加强机组启动期间水、汽品质的控制。

（5）在凝结水精处理系统更换树脂后进行凝结水精处理重新调试，保证凝结水精处理安全、可靠投运。

（6）加强凝结水、给水和蒸汽的铜含量监测，通过铜指标的监测判断热力系统铜的变化趋势，彻底解决铜沉积问题。

（7）严格按照给水和炉水优化试验结果，进行水、汽指标控制。

（8）建议重点对汽包汽水分离装置进行有效清理。

5.5　中央空调冷却水系统换热管腐蚀诊断

5.5.1　问题描述

某大型电厂中央空调冷却水系统铜管腐蚀泄漏情况极其严重，已经不能保证该电厂中央空调正常运行。冷却塔分为 A 塔和 B 塔，各自再分 A 组和 B 组，运行方式为一塔运行另一塔备用。每塔最大制冷量为 1044kW，最大冷却水循环水量为 250m³/h，冷却水进出口温度为 35~30℃，风机电动机功率为 7.5×2kW，水泵电动机功率为 5.5×2kW，喷淋水补水量为 2m³/h，塔采用逆流式结构设计，主钢结构为碳钢油漆防腐处理，底塔及围带、风筒采用玻璃钢材质，配套冷却塔电动机为 11kW，风机直径为 ϕ3400mm；散热单元采用 T2 脱氧紫铜盘管。

在冷却塔投入运行后，因为环境影响，冷却塔主体钢结构腐蚀严重，于 2010 年 8 月 30 日，该厂与某公司达成改造协议，按照该公司提出的方案对冷却塔锈蚀严重的部分：换热器框架、换热器母管、换热器夹板、喷淋水泵泵体及叶片进行更换式改造。其中换热器所有碳钢框架、母管及夹板均更换成不锈钢 316L 材质，外循环系统所有配水管采用 ABS 材质，主换热器因在 4 年运行过程中未出现明显腐蚀及泄漏情况，仍保留铜管方式继续使用（规格为$\phi16\times0.5mm\times4100mm$，数量为 3000 根），实际上在改造过程中对所有换热器铜管进行了全部更换。2011 年 6 月 1、2 号塔相继完成了改造任务并投入运行。

改造后至 2011 年 10 月 31 日，1 号塔 A 组因泄漏极其严重，部分铜管出现腐蚀断裂情况，早已于 2011 年 8 月 16 日隔离；1 号塔 B 组虽已有较多漏点但仍维持运行；2 号塔 A 组有泄漏，但比 1 号塔 B 组情况稍轻，作为备用；2 号塔 B 组因风机振动较大，只能作为短时间的紧急备用。水塔冷却水的每日补水量为 5t 左右（除盐水），1 号塔因投入运行本身的冷却水 3 天需换水、加药各一次才能保持 pH 在 6.0 以上，换一次水量大约在 7t（除盐水）左右，且铜管泄漏情况日渐恶化。

5.5.2 诊断分析

经现场对冷却塔腐蚀情况进行了查看，收集了运行及改造相关资料，并对腐蚀泄漏的铜管、补充水以及冷却水水样进行了取样分析。

1. 补充水和冷却水水质

为分析水质对铜管腐蚀的影响，在现场对冷却塔补充水和冷却水进行了取样，根据诊断需要对水样特征指标进行了实验室分析，空调冷却水和补充水分析结果见表 5-22。

表 5-22　　　　　　　　　　空调冷却水和补充水分析结果

检测项目	冷却水	补充水
pH	6.00	9.83
电导率（µS/cm）	1322	22.0
Na^+（mg/L）	206	0.08
Cl^-（mg/L）	36.0	0.026
SO_4^{2-}（mg/L）	520.2	0.21
酚酞碱度（mmol/L）	0	0.12
总碱度（mmol/L）	0.70	0.54
Ca^{2+}（mg/L）	136	1.1
总硬度（mmol/L）	31.7	0.09
COD_{Mn}（mg/L）	10.8	ND
Cu^{2+}（mg/L）	8.20	—
NH_3（mg/L）	ND	1.2

注　ND 表示低于仪器或方法检测的下限。

从表 5-22 可知补充水和冷却水水质特征：补充水 pH 为 9.83，呈碱性；含盐量很低，水质好；氨含量高；而冷却水氨含量未检出；冷却水腐蚀性离子（Cl^-、SO_4^{2-}）含量很高；冷却水为高含盐量水；硬度和钠离子含量高，其中镁离子含量比钙高很多；pH 为 6.0，呈微酸性；Cu^{2+}含量高；化学耗氧量高。

2. 铜管断裂部位及腐蚀特征

（1）铜管断裂部位主要位于 316L 不锈钢夹板与铜管接触处，现场勘察实际位置距接触处约 1.0cm。

（2）铜管腐蚀特征为沿接触腐蚀面均匀减薄，未见明显机械磨损痕迹。

（3）沿铜管轴向外壁均匀附着有一层绿色沉积物。

5.5.3 诊断结果

（1）冷却水 pH 偏低，偏微酸性，主要源于设计用补充水是凝结水。因为凝结水中氨在经过冷却塔脱气后，氨几乎全部逸出，而冷却水在溶入二氧化碳后呈微酸性，其次受冷却塔周围空气污染（SO_2、HCl）。

（2）冷却水含盐量高，主要是由于冷却塔周围空气污染严重以及冷却水运行中过度浓缩造成的；冷却水中 Cl^-、SO_4^{2-} 和 Mg^{2+} 含量高，主要是由于冷却水加入药品（杂质带入）、灰尘以及冷却水浓缩而引起的。

（3）冷却水中铜离子高，是由于铜管腐蚀所致。

（4）冷却水化学耗氧量高，是由于冷却水系统异氧菌等含量高引起的。

（5）铜管腐蚀部位应是 316L 不锈钢夹板与铜管接触面处。

（6）现场勘察实际位置距接触处约 1.0cm，应为铜管冷却后铜管位移的结果。

（7）铜管检查未见明显机械磨损痕迹，说明铜管泄漏与塔体震荡等因素无关。

（8）铜管腐蚀是由电偶腐蚀引起的。当两种不同的金属或合金材料在腐蚀性介质中直接接触时，有可能导致电偶腐蚀。这种电偶腐蚀将使在介质中电位比较低的金属成为阳极，其腐蚀速度会增大。在该冷却塔原设计为碳钢板与紫铜管配合的情况下，碳钢板的电位比紫铜管的电位低得多，因而碳钢板腐蚀严重；而在将碳钢板更换为 316L 不锈钢板后，紫铜管的电位比 316L 不锈钢板电位低，因此两者接触处紫铜管腐蚀严重，出现腐蚀泄漏。

（9）铜管外壁绿色附着物为微酸性条件下铜管均匀溶解腐蚀所致，附着物主要由碱式碳酸铜、氯化铜和硫酸铜等组成。

5.5.4 处理措施

（1）现在采用"将每台冷却器中间的 5 道夹板全更换为 12mm 厚的玻璃钢板（FRP）、换热器集水母管采用 5.5mm 壁厚碳钢管并在外层糊制两层玻璃钢材料"的措施合理，可有效解决电偶腐蚀的发生。

（2）冷却水不宜采用通过化学加药处理改善冷却水水质的措施。

（3）冷却塔补充水不宜采用凝结水作为补水，宜采用工业水作为补水。

（4）建议将冷却塔排水作为三期循环水凉水塔补水，在不需要加药处理的情况下确保冷却水水质稳定（不腐蚀、不结垢），控制冷却塔补水和排水情况（即冷却水浓缩倍率）。根据水平衡试验结果，实现排水的综合利用。

5.6 锅炉水冷壁腐蚀爆管诊断

5.6.1 问题描述

某电厂 32 号机组锅炉系亚临界、一次中间再热强制循环汽包锅炉，单炉体，负压炉膛，

Ⅱ形布置。炉水采用磷酸盐处理，给水采用氨+联氨处理，凝结水没有精处理。机组于 1991 年 10 月 1 口通过 168h 正式投运。

2006 年 11 月 23 日，在 32 号机组大修后重新投运仅 5 天时间，水冷壁管出现爆管，爆管位置位于 B 墙，从炉前向炉后数第 83 根，标高 29.5m。割管检查 17～31m 标高的各面炉墙水冷壁管，发现水冷壁管向火侧均不同程度有溃疡性腐蚀坑。

5.6.2 诊断分析

从诸多的水冷壁管中选取 5 根有代表性的管子作为本次水冷壁管腐蚀、爆管原因分析的试验管样，对腐蚀爆管样品进行宏观（低倍）分析与观察，对管样的化学成分进行分析，对向火侧管样的金相组织进行光学显微观察、晶粒度测定和非金属夹杂物测定，向火侧内壁垢层扫描电镜能谱分析，测定水冷壁管内表面垢量，对水冷壁管内表面垢样进行元素分析和成分分析，同时对 32 号机组水、汽进行了分析。

1. 腐蚀爆管样品的宏观（低倍）分析

试样管样及编号见表 5-23。

表 5-23　　　　　　　　　　　　　试 验 管 样 及 编 号

试验编号	炉墙	标高（m）	位　　　　置	腐蚀程度
B1	B 墙	20	从前向后数第 74 根，从上向下数第 23 段	严重
B2		23	从前向后数第 74 根，从上向下数第 9 段	严重
B3		29	从前向后数第 82 根，从上向下数第 2 段	严重
H1	后墙	30	从 A 向 B 数第 25 根，从上向下数第 3 段	轻微
Q1	前墙	30	从 A 向 B 数第 120 根，从上向下数第 2 段	较重

发生爆管的水冷壁管位于 B 墙，从炉前向炉后数第 83 根，标高 29.5m，爆口呈鱼嘴状，沿管子纵向撕裂，位于向火面的正中央，爆口处有较小的胀粗，爆口纵向长度约 57mm，最宽处约 15mm。从爆口处管内表面观察，有凹凸不平的腐蚀坑，内壁明显腐蚀减薄，爆口处壁厚 2.5mm，坑上覆盖有灰黑色的腐蚀产物。从爆口处管外表面观察，没有明显磨损减薄迹象，爆口宏观形貌见图 5-1。因此，从爆口的特征判断爆管的原因是由于管内壁腐蚀减薄引发的。

对电厂所割的四面炉墙水冷壁管（已经全部按背火侧和向火侧纵向剖开）进行全面检查，水冷壁割管宏观检查结果见表 5-24。向火侧均有不同程度的溃疡性腐蚀坑，背火侧基本上没有腐蚀坑，管样内表面基本呈暗红色（正常应当为黑色）。管道外壁没有明显的胀粗变形、磨损减薄等现象。

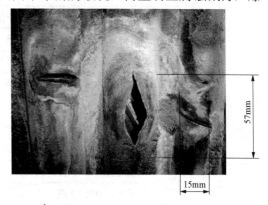

图 5-1　爆口宏观形貌

形、磨损减薄等现象。用滤纸擦去表面的暗红色腐蚀产物，下面是较致密的黑色腐蚀产物，而且这两种腐蚀产物的分层比较明显。从局部腐蚀产物脱落处也可以明显地观察到腐蚀产物呈层状分布。

表 5-24　　　　　　　　　　　　　水冷壁割管宏观检查结果汇总

炉墙	标高	位　　　置	宏观状态
A 墙	20m	从前向后数第 61 根，从上向下数第 1 段	向火侧有蜂窝状腐蚀深坑，严重
		从前向后数第 61 根，从上向下数第 × 段	向火侧有蜂窝状腐蚀深坑，严重
		从前向后数第 61 根，从上向下数第 × 段	向火侧有底部平坦的腐蚀坑，较重
		从前向后数第 61 根，从上向下数第 2 段	向火侧有底部平坦的深坑，严重
	31m	从前向后数第 60 根，从上向下数第 1 段	向火侧有底部平坦的腐蚀坑，严重
		从前向后数第 60 根，从上向下数第 3 段	向火侧有底部平坦的腐蚀坑，较重
B 墙	17m	从前向后数第 74 根，从上向下数第 24 段	向火侧有蜂窝状腐蚀深坑，严重
		从前向后数第 74 根，从上向下数第 25 段	向火侧有蜂窝状腐蚀深坑，严重
		从前向后数第 74 根，从上向下数第 26 段	向火侧有蜂窝状腐蚀深坑，严重
		从前向后数第 74 根，从上向下数第 27 段	向火侧有蜂窝状腐蚀深坑，严重
	20m	从前向后数第 74 根，从上向下数第 16 段	向火侧有底部平坦的腐蚀坑，较重
		从前向后数第 74 根，从上向下数第 17 段	向火侧有底部平坦的腐蚀坑，较重
		从前向后数第 74 根，从上向下数第 18 段	向火侧有底部平坦的腐蚀坑，较重
		从前向后数第 74 根，从上向下数第 19 段	向火侧有底部平坦的腐蚀坑，较重
		从前向后数第 74 根，从上向下数第 20 段	向火侧有底部平坦的腐蚀坑，较重
		从前向后数第 74 根，从上向下数第 21 段	向火侧有底部平坦的深坑，严重
		从前向后数第 74 根，从上向下数第 22 段	向火侧有底部平坦的深坑，严重
		从前向后数第 74 根，从上向下数第 23 段	向火侧有蜂窝状腐蚀深坑，严重
	23m	从前向后数第 74 根，从上向下数第 9 段	向火侧有底部平坦的深坑，严重
		从前向后数第 74 根，从上向下数第 10 段	向火侧有底部平坦的腐蚀坑，较重
		从前向后数第 74 根，从上向下数第 11 段	向火侧有底部平坦的深坑，严重
		从前向后数第 74 根，从上向下数第 12 段	向火侧有底部平坦的深坑，严重
		从前向后数第 74 根，从上向下数第 13 段	向火侧有底部平坦的深坑，严重
		从前向后数第 74 根，从上向下数第 14 段	向火侧有底部平坦的深坑，严重
		从前向后数第 74 根，从上向下数第 15 段	向火侧有蜂窝状腐蚀深坑，严重
	27m	从前向后数第 74 根，从上向下数第 2 段	向火侧有底部平坦的腐蚀坑，较重
		从前向后数第 74 根，从上向下数第 3 段	向火侧有底部平坦的深坑，严重
		从前向后数第 74 根，从上向下数第 5 段	向火侧有底部平坦的深坑，严重
		从前向后数第 74 根，从上向下数第 6 段	向火侧有底部平坦的腐蚀坑，较重
		从前向后数第 74 根，从上向下数第 7 段	向火侧有底部平坦的深坑，严重
		从前向后数第 74 根，从上向下数第 8 段	向火侧有底部平坦的腐蚀坑，较重
		从前向后数第 75 根，从上向下数第 1 段	向火侧有非常浅的腐蚀坑，很轻
		从前向后数第 75 根，从上向下数第 2 段	向火侧有非常浅的腐蚀坑，很轻
	29m	从前向后数第 × 根，从上向下数第 1 段	向火侧有底部平坦的深坑，严重
		从前向后数第 × 根，从上向下数第 2 段	向火侧有底部平坦的深坑，严重

炉墙	标高	位　　置	宏观状态
B 墙	29m	从前向后数第×根，从上向下数第 3 段	向火侧有底部平坦的腐蚀坑，较重
		从前向后数第×根，从上向下数第 1 段	向火侧有底部平坦的腐蚀坑，较重
		从前向后数第×根，从上向下数第 2 段	向火侧有底部平坦的腐蚀坑，较重
	29.5m	从前向后数第 83 根，从上向下数第 2 段	向火侧发生爆管
前墙	16m	从 A 向 B 数第 28 根，从上向下数第 1 段	向火侧基本无腐蚀坑
		从 A 向 B 数第 28 根，从上向下数第 2 段	向火侧有非常浅的腐蚀坑，很轻
	30m	从 A 向 B 数第 120 根，从上向下数第 1 段	向火侧有底部平坦的腐蚀坑，较重
		从 A 向 B 数第 120 根，从上向下数第 2 段	向火侧有蜂窝状腐蚀坑，严重
后墙	26m	从 A 向 B 数第 98 根，从上向下数第 1 段	向火侧有底部平坦的腐蚀坑，较重
		从 A 向 B 数第 98 根，从上向下数第 2 段	向火侧有底部平坦的腐蚀坑，严重
	30m	从 A 向 B 数第 25 根，从上向下数第 1 段	向火侧有非常浅的腐蚀坑，很轻
		从 A 向 B 数第 25 根，从上向下数第 2 段	向火侧有非常浅的腐蚀坑，很轻
		从 A 向 B 数第 25 根，从上向下数第 3 段	向火侧有非常浅的腐蚀坑，很轻

注　"×"表示管样未编号或编号分辨不清。

从统计的角度来看，前后墙腐蚀最轻，A 墙较重，B 墙最重。从腐蚀程度与标高的对应关系来看，两者没有明显的对应关系，B 墙从 17m 标高到 31m 标高的水冷壁管内壁向火侧腐蚀均很严重。

腐蚀的类型主要有两种，一种是腐蚀坑底部比较平坦，坑的直径比较大，基本上连成一片，这种腐蚀类型在四面墙上均有发生；从酸洗后的管样可以明显地看出比较均匀的腐蚀减薄特征，经测量，腐蚀减薄最深 1.2mm 左右，腐蚀深度达到壁厚的 21%。而且也可以明显看出，越靠近向火侧中央，腐蚀越严重。各炉墙不论向火侧腐蚀是否严重，背火侧基本呈正常的均匀腐蚀，而且背火侧腐蚀程度差别不大，这表明腐蚀与管壁的热负荷有密切关系，即热负荷越高，腐蚀越严重。

另一种是腐蚀坑直径较小，呈蜂窝状，腐蚀深度较大，这种腐蚀类型主要发生在 A 墙和 B 墙，B1 管样向火侧内壁，从酸洗后的管样可以明显地看出蜂窝状的腐蚀深坑，经测量，坑深在 1mm 左右，腐蚀深度达到壁厚的 18%。

2. 化学成分分析

32 号锅炉水冷壁管为内螺纹管，规格为 $\phi44.5 \times 5.6$，材质法国牌号为 TU15CD2.05。对 B 侧，标高 27m，从炉前向炉后数第 75 根，第 2 段背火侧管样（记为管样 1）及 B 侧，标高 20m，从炉前向炉后数第 74 根，第 23 段向火侧管样（记为管样 2）做化学成分分析，管样的化学成分分析结果见表 5-25。

表 5-25　　　　　　　　　　管样的化学成分分析结果　　　　　　　　　　%

管样名称	C	Si	Mn	Cr	Mo	S	P
15CD2.05	0.10～0.18	0.10～0.35	0.50～0.90	0.40～0.65	0.45～0.60	≤0.030	≤0.030
管样 1	0.14	0.22	0.56	0.56	0.56	0.010	0.018
管样 2	0.15	0.21	0.55	0.59	0.56	0.023	0.013

分析结果表明水冷壁管的材质符合法国标准对 TU15CD2.05 钢管的要求，化学成分合格。

3. 金相组织分析

按照 GB/T 13298《金属显微组织检验方法》对 B1、B2、B3、H1 向火侧管样的金相组织进行了光学显微观察。从金相组织的显微观察结果来看，均为铁素体+珠光体，组织正常。并且，珠光体没有球化的倾向，表明这些水冷壁管在运行中没有明显的超温。

从管壁的金相分析来看，管壁内表面既没有微裂纹存在，又没脱碳迹象，因此，基本上可以排除氢脆。

4. 晶粒度分析

按照 GB/T 6394《金属平均晶粒度测定方法》对 B1、B2、B3、H1 向火侧管样的晶粒度进行了分析测定，晶粒度均为 8～9 级，正常。

5. 非金属夹杂物显微评定

按照 GB/T 10561《钢中非金属夹杂物含量的测定　标准评级图显微检验法》对 B1、B2、B3、H1 向火侧管样的非金属夹杂物进行了分析测定，夹杂物均属氧化物，级别在 D1～D1.5，正常。

6. 扫描电镜能谱分析

（1）腐蚀最轻的 H1 管样向火侧内壁垢层扫描电镜能谱分析。对 H1 管样向火侧内壁垢层进行扫描电镜检查，H1 向火侧内壁形貌见图 5-2。从扫描电镜检查的结果来看，垢层比较均匀，但不致密，金属表面没有腐蚀坑，腐蚀很轻。

（50倍）　（250倍）

图 5-2　H1 向火侧内壁形貌

由于内壁腐蚀比较均匀，因此随机选取两个不同区域（区域 1、区域 2）进行能谱分析，H1 管样向火侧内表面不同区域能谱分析结果见表 5-26。

表 5-26　　　　　H1 管样向火侧内表面不同区域能谱分析结果　　　　　%

元素名称	Fe	P	Ca
区域 1	76.47	10.60	12.93
区域 2	79.85	9.49	10.66

（2）腐蚀较重的 Q1 管样向火侧内壁垢层扫描电镜能谱分析。对 Q1 管样向火侧内壁垢层进行扫描电镜检查，Q1 向火侧内壁形貌见图 5-3。从扫描电镜检查的结果来看，垢层不均匀，也不致密；金属表面腐蚀坑较浅，腐蚀较严重。

内表面的腐蚀产物主要呈暗红色，暗红色腐蚀产物脱落的区域呈灰黑色。分别对暗红色区域和灰黑色区域进行能谱分析，Q1 管样向火侧内表面不同区域能谱分析结果见表 5-27。

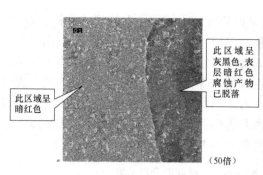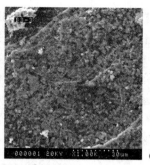

（50倍）　　　　　　　　　　　　　　（250倍）

图 5-3　Q1 向火侧内壁形貌

表 5-27　　　　　　　　　**Q1 管样向火侧内表面不同区域能谱分析结果**　　　　　　　%

元素名称	Fe	P	Ca	Mg	Mn	Si	Al
暗红色区域 1	60.46	13.18	14.35	—	—	4.92	7.08
暗红色区域 2	69.84	9.77	13.27	—	—	3.00	4.12
灰黑色区域 1	24.61	30.98	4.86	29.81	5.50	4.24	—
灰黑色区域 2	16.71	31.32	10.79	27.94	3.96	4.52	4.75

（3）B1 管样向火侧内壁垢层（蜂窝状腐蚀孔）扫描电镜能谱分析结果。对 B1 管样向火侧内壁垢层进行扫描电镜检查。从扫描电镜检查的结果来看，垢层很不均匀，而且疏松；金属表面有蜂窝状腐蚀深坑，腐蚀很严重。

对蜂窝状腐蚀坑外的区域进行能谱分析，随机选取 2 个点，B1 管样向火侧内表面不同区域能谱分析结果见 5-28。

表 5-28　　　　　　　　　**B1 管样向火侧内表面不同区域能谱分析结果**　　　　　　　%

元素名称	Fe	P	Ca	Mn	Cu
坑外 1	76.49	7.05	7.33	2.98	6.15
坑外 2	80.19	5.83	5.89	2.77	5.32

（4）B2 管样向火侧内壁垢层（底部平坦的腐蚀坑）扫描电镜能谱分析结果。对 B2 管样向火侧内壁垢层进行扫描电镜检查。从扫描电镜检查的结果来看，垢层很不均匀，也不致密，金属表面有针孔状腐蚀孔，腐蚀严重。由于内壁腐蚀不均匀，有些区域呈暗红色，有些区域呈灰黑色，暗红色区域与灰黑色区域分界处有明显的台阶；从形貌上观察，灰黑色区域是外层暗红色腐蚀产物脱落后形成的。因此分别对暗红色区域与灰黑色区域进行能谱分析，并且每个区域各扫 2 个点，B2 管样向火侧内表面不同区域能谱分析结果见表 5-29。

表 5-29　　　　　　　　　**B2 管样向火侧内表面不同区域能谱分析结果**　　　　　　　%

元素名称	Fe	P	Ca	Mn	Mg	Si
暗红色区域 1	83.06	6.90	7.98	2.06	—	—
暗红色区域 2	79.34	9.74	8.07	2.84	—	—
灰黑色区域 1	32.98	24.80	10.94	3.45	25.04	2.79
灰黑色区域 2	40.26	22.94	8.84	1.93	24.78	1.26

（5）B3 管样向火侧内壁垢层（底部平坦的腐蚀坑）扫描电镜能谱分析。对 B3 管样向火侧内壁垢层进行扫描电镜检查。从扫描电镜检查的结果来看，垢层很不均匀，表层腐蚀产物比较疏松，内层腐蚀产物比较致密，腐蚀严重。内表面腐蚀产物有些区域呈暗红色，有些区域呈灰黑色，暗红色区域与灰黑色区域分界处有明显的台阶；从形貌上观察，灰黑色区域是外层暗红色腐蚀产物脱落后形成的。因此分别对暗红色区域（相当于表层腐蚀产物）与灰黑色区域（相当于内层腐蚀产物）进行能谱分析，并且每个区域各扫 2 个点，B3 管样向火侧内表面不同区域能谱分析结果见表 5-30。

表 5-30　　　　　　　B3 管样向火侧内表面不同区域能谱分析结果　　　　　　　　%

元素名称	Fe	P	Ca	Mn	Mg	Al	Si
暗红色区域 1	61.91	11.65	10.06	—	—	10.17	6.21
暗红色区域 2	86.11	7.31	6.58	—	—	—	—
灰黑色区域 1	49.37	19.06	10.89	3.52	17.16	—	—
灰黑色区域 2	46.67	20.59	7.80	3.34	21.60	—	—

以上扫描电镜能谱分析结果表明：水冷壁管向火侧内表面腐蚀产物基本分两层，表层呈暗红色，比较疏松；内层呈灰黑色，比较致密。靠近金属基体内层的灰黑色腐蚀产物中 P、Mg 元素的含量明显高于表层暗红色腐蚀产物 P、Mg 元素的含量；表层的 Mg 含量很少，但内层的 Mg 含量很高；内层中 Ca 的含量比表层中 Ca 的含量略有减少。

7. 水冷壁管内表面垢量

分别从 B1、B2、B3、H1、Q1 各段管样上截取 30mm 长的小段通过盐酸酸洗的方法进行垢量测定，水冷壁管垢量测定结果见表 5-31。从垢量测定结果来看，各炉墙向火侧的垢量很高，均已达到 DL/T 794《火力发电厂锅炉化学清洗导则》的清洗要求。

表 5-31　　　　　　　　　水冷壁管垢量测定结果

管样名称	B1	B2	B3	H1	Q1
标高（m）	20	23	29	30	30
向火侧垢量（g/m²）	392	581	449	395	364
背火侧垢量（g/m²）	159	194	183	151	152
向火侧垢量/背火侧垢量	2.46	2.99	2.45	2.61	2.39

垢量测定结果表明，向火侧的垢量达到 350g/m² 以上，并且垢量很不均匀。电厂 2006 年、2004 年 10 月 32 号锅炉大修水冷壁管化学检查情况分别如表 5-32 和表 5-33 所示，这表明 2004 年 10 月、2006 年 10 月水冷壁向火侧的结垢速率最大超过 60g/（m²·a），结垢速率明显偏高。

表 5-32　　　　　　电厂 2006 年 10 月 32 号锅炉大修水冷壁管化学检查情况

割管部位		运行时间（a）	结垢量（g/m²）	结垢速率[g/（m²·a）]	管壁厚度（mm）		腐蚀坑深（mm）
					平均厚	最薄处	
A 侧前→后数第 69 根，标高 27m	向火侧	6	366	61	5.6	5.45	约 0.1
	背火侧	6	161	27	5.6		

割管部位		运行时间（a）	结垢量（g/m²）	结垢速率[g/(m²·a)]	管壁厚度（mm）		腐蚀坑深（mm）
					平均厚	最薄处	
B 侧前→后数第68 根，标高 27m	向火侧	6	247	41	5.6	5.15	约 0.4
	背火侧	6	182	30	5.6		
后墙 A→B 数第118 根，标高 27m	向火侧	6	378	63	5.6	5.42	—
	背火侧	6	187	31	5.6		

表 5-33   **电厂 2004 年 10 月 32 号锅炉大修水冷壁管化学检查情况**

割管部位		运行时间（a）	结垢量（g/m²）	结垢速率[g/(m²·a)]	管壁厚度（mm）		腐蚀坑深（mm）
					平均厚	最薄处	
A 侧前→后数第66 根，标高 35m	向火侧	4	195	49	6.50	6.00	—
	背火侧	4	118	30			
B 侧前→后数第65 根，标高 35m	向火侧	4	130	33	6.70	6.00	
	背火侧	4	130	33			
前墙 A→B 数第108 根，标高 35m	向火侧	4	198	49	6.75	6.00	
	背火侧	4	144	36			
后墙 A→B 数第118 根，标高 35m	向火侧	4	156	39	6.72	6.00	
	背火侧	4	156	39			

8. 水冷壁管内表面垢样元素分析和成分分析

分别对 B1、B2、B3、H1 管样向火侧内表面表层暗红色垢层和内层灰黑色垢层进行元素分析和物相分析，管样向火侧内表面的垢样元素分析见表 5-34。管样内表面的垢样物相分析结果见表 5-35。

元素分析结果表明：表层腐蚀产物中主要含有 Fe、Ca、P 及很少量的 Mg、Mn 等元素；内层腐蚀产物中主要含有 Fe、P、Ca、Mg 及很少量的 Mn、Zn、Na、Cu 等元素。内层腐蚀产物中 P、Mg、Na、Zn、Si、Cu、S 的含量明显高于表层腐蚀产物中这些元素的含量，这表明这些杂质元素在垢下发生了浓缩。腐蚀最轻的 H1 管样向火侧内表面内层腐蚀产物中 Na 的含量比其他 3 根腐蚀严重的管样要低。

表 5-34   **管样向火侧内表面的垢样元素分析**   %

元素名称	管样名称							
	B1 向火侧		B2 向火侧		B3 向火侧		II1 向火侧	
	表层	内层	表层	内层	表层	内层	表层	内层
Fe	54.2	44.1	55.3	42.7	48.1	42.0	51.5	38.6
O	32.2	34.5	32.2	34.9	39.5	35.1	33.9	36.1
Ca	7.71	4.54	6.31	5.60	5.20	5.96	8.29	6.47
P	3.76	6.07	3.18	6.99	3.23	7.51	4.28	7.60
Mg	0.50	3.98	0.75	4.59	1.08	5.17	0.82	5.74
Mn	0.51	1.25	0.50	1.32	0.68	1.39	0.56	1.53

元素名称	管样名称							
	B1 向火侧		B2 向火侧		B3 向火侧		H1 向火侧	
	表层	内层	表层	内层	表层	内层	表层	内层
Cr	0.35	0.18	0.32	0.20	0.41	0.20	0.32	0.16
Zn	0.29	1.14	0.32	0.93	0.44	0.84	0.27	0.57
Si	0.10	0.45	0.31	0.27	0.22	0.16	0.37	1.27
Cu	0.16	0.81	0.18	0.64	0.33	0.54	0.11	0.51
S	0.07	0.57	0.14	0.20	0.10	0.08	0.10	0.16
Al	0.06	0.29	0.27	0.25	0.23	0.17	0.22	0.15
Mo	0.07	0.06	0.07	0.05	0.05	—	0.10	—
Ni	0.08	—	—	—	0.06	—	—	—
Na	—	1.06	0.14	1.11	0.24	0.84	—	0.20
Pb	—	0.53	—	0.09	0.07	—	—	—
Sn	—	0.19	—	—	—	—	—	—
Ti	—	0.11	0.06	0.06	—	—	0.18	0.93
Ge	—	0.10	—	—	—	—	—	—
Ba	—	0.10	—	0.11	—	—	—	—

表 5-35 管样内表面的垢样物相分析结果 %

垢样名称		物 相				
		Fe_3O_4	$MgFe_2O_4$	$Ca_5(PO_4)_3OH$	FeO	Fe_2O_3
B1	表层	20.62	4.14	16.01	—	59.23
	内层	30.99	33.15	10.0	—	25.86
B2	表层	48.45	6.25	13.37	—	54.70
	内层	30.77	38.25	8.53	—	22.45
B3	表层	28.14	9.60	12.40	—	49.86
	内层	18.79	43.05	14.86	—	23.31
H1	表层	28.53	6.85	17.11	4.92	42.60
	内层	32.07	47.8	13.10	5.83	0.97

　　物相分析结果表明，4 根管样的垢层中均含有 $Ca_5(PO_4)_3OH$、$MgFe_2O_4$，这表明炉水中有生水进入，生水中的 Ca^{2+} 与炉水处理所加入的磷酸盐反应，生成 $Ca_5(PO_4)_3OH$；Mg^{2+} 与铁的氧化物发生反应最终生成类似 Fe_3O_4 结构的物质 $MgFe_2O_4$ 沉积在水冷壁内表面。B1、B2、H1 管样向火侧内表面表层的 $Ca_5(PO_4)_3OH$ 含量均高于内层 $Ca_5(PO_4)_3OH$ 含量，B3 管样向火侧内表面表层的 $Ca_5(PO_4)_3OH$ 含量低于内层 $Ca_5(PO_4)_3OH$ 含量，Mg^{2+} 主要以 $MgFe_2O_4$ 形式存在于垢层的内层。

　　从腐蚀产物的构成来看，内层腐蚀产物比表层腐蚀产物复杂；元素分析结果表明表层腐蚀产物中 P 的含量低于内层腐蚀产物中 P 的含量，表层腐蚀产物中 Ca 的含量高于内层腐蚀产物中 Ca 的含量；但物相分析的结果表明，表层腐蚀产物中 $Ca_5(PO_4)_3OH$ 的含量高

于内层腐蚀产物中 $Ca_5(PO_4)_3OH$ 的含量，这表明内层腐蚀产物中的部分 P 元素与 Mg、Mn、Zn、Na、Cu 等元素结合生成更为复杂的物质，这些物质的量较少，在 X 衍射物相分析中没有测出来。

内层腐蚀产物中 P、Mg、Na、Zn、Si、Cu、S 的含量明显高于表层腐蚀产物中这些元素的含量，表明这些杂质元素在垢下发生了浓缩。

9. 水、汽分析

2006 年 12 月 15 日 16:00 对 32 号机组水、汽系统的凝结水、除氧器出口及省煤器入口给水、炉水、饱和蒸汽、过热蒸汽以及混床出水、除盐水箱出水，采用离子色谱对水样中的主要阴、阳离子进行了全面检测，32 号机组水、汽检测结果见表 5-36。

表 5-36　　　　　　　　　　32 号机组水、汽检测结果　　　　　　　　　　μg/L

水样名称	阴 离 子							阳 离 子			
	Cl^-	SO_4^{2-}	PO_4^{3-}	F^-	NO_3^-	甲酸根	乙酸根	Mg^{2+}	Ca^{2+}	Na^+	NH_4^+
混床出水	4.73	<0.2	<0.3	<0.1	<0.2	<0.2	<0.3	<0.1	<0.2	3.13	0.8
除盐水箱	0.94	<0.2	<0.3	<0.1	<0.2	<0.2	<0.3	0.16	2.6	1.05	84.3
凝结水	2.00	8.48	<0.3	1.14	<0.2	<0.2	<0.3	2.55	11.2	1.68	336.3
给水 1	1.61	7.57	<0.3	1.32	<0.2	<0.2	<0.3	2.58	7.33	1.63	347.4
给水 2	1.34	10.33	<0.3	1.24	<0.2	<0.2	1.0	3.00	13.43	1.63	345.3
炉水	89.4	3000	47.6	<0.3	<0.2	<0.2	<0.3	<0.1	<0.2	2239	524.1
饱和蒸汽	0.39	15.93	<0.3	1.27	<0.2	<0.2	1.32	<0.1	<0.2	12.03	338.4
过热蒸汽	0.63	6.50	<0.3	1.21	<0.2	<0.2	1.59	0.82	<0.2	3.41	339.0

注　1. 给水 1 为除氧器出水取样、给水 2 为省煤器入口取样。

　　2. 阴离子检测不包括 OH^-、HCO_3^-，阳离子检测不包括 H^+。

　　3. 取样时，机组负荷为 325MW，锅炉蒸发量为 956t/h，汽包压力为 19.5MPa，汽包水位在 -233mm。

从检测结果可以看出，炉水中的主要阴离子为 SO_4^{2-}，主要阳离子为 Na^+。炉水中的 PO_4^{3-} 非常低，这主要是由于给水有硬度，炉水中所加的 PO_4^{3-} 与 Ca^{2+} 反应生成碱式磷酸钙，少量 Mg^{2+} 则与炉水中的硅酸根生成蛇纹石，其反应如下：

$$10Ca^{2+} + 6PO_4^{3-} + 2OH^- \longrightarrow Ca_{10}(OH)_2(PO_4)_6 \downarrow$$

$$3Mg^{2+} + 2SiO_3^{2-} + 2OH^- + H_2O \longrightarrow 3MgO \cdot 2SiO_2 \cdot 2H_2O \downarrow$$

碱式磷酸钙和蛇纹石均属于难溶化合物，在炉水中呈分散、松软状水渣，易随锅炉排污排出锅炉，如果控制适当的排污率，一般不会黏附在受热面形成二次水垢。

炉水中 SO_4^{2-} 等杂质离子主要是由于凝汽器泄漏产生的，引起锅炉炉水水质差的主要原因是凝汽器存在泄漏。

炉水中的 NH_3 含量为 524μg/L，PO_4^{3-} 的含量为 47.6μg/L，它们只能将炉水的 pH 提高到 9.2 左右。但通过对阴、阳离子平衡计算，缺少部分用 OH^- 或 H^+ 补添，得出炉水的 pH 大约为 9.8，这表明炉水中其余 OH^- 主要是由于凝汽器所漏生水中的 HCO_3^- 水解产生的或者磷酸盐"隐藏"产生的 NaOH 所致。具体分析如下：

（1）由于凝汽器的泄漏，循环冷却水中的碳酸盐进入给水中，这些碳酸盐进入锅炉后，由于炉水温度高，会发生下列反应：

$$2HCO_3^- \longrightarrow CO_2 \uparrow + OH^-$$

（2）当 Na_3PO_4 发生暂时消失现象时，在高热负荷的炉管管壁上会形成 $Na_{2.85}H_{0.15}PO_4$ 的固相易溶盐附着物，其析出过程的化学反应为

$$Na_3PO_4 + 0.15H_2O \longrightarrow Na_{2.85}H_{0.15}PO_4 \downarrow + 0.15NaOH$$

这个反应式表明，当 $Na_{2.85}H_{0.15}PO_4$ 的固相物从 Na_3PO_4 溶液中析出时，在炉管管壁边界层的液相中，有游离 NaOH 产生。

上述反应所生成的 NaOH 是炉水中游离 NaOH 的重要来源，含有游离 NaOH 的炉水局部高度浓缩时会引起炉管金属的碱性腐蚀。

5.6.3 检测结果

（1）从爆口特征及金相组织判断，具有延性腐蚀爆管的特征。因为爆口附近有凹凸不平的腐蚀坑，爆口部位管子内壁腐蚀减薄严重，爆口部位有一定程度的胀粗。水冷壁管向火侧和背火侧金相组织均正常，未发现珠光体球化和脱碳现象，表明爆管不是由于氢脆。

（2）从扫描电镜能谱分析结果表明垢层中含有较多的 P、Ca、Mg、Na 等杂质元素，X衍射能谱分析结果表明垢层中含有较多的 $Ca_5(PO_4)_3OH$ 和 $MgFe_2O_4$。表层和内层腐蚀产物成分的对比表明 P、Mg、Na、Zn、Si、Cu、S 元素在垢下发生了浓缩。扫描电镜的分析结果表明表层的垢很疏松，内层较致密。

（3）垢量测定结果表明向火侧的垢量达到 $350g/m^2$ 以上，甚至达到 $581g/m^2$，表明垢层较厚。从该电厂 2004 年大修化学检查记录及 1998 年 1 月～2007 年 1 月 32 号锅炉水冷壁管爆漏及处理情况统计分析，爆管与 2004 年 10 月以后水冷壁管向火侧腐蚀结垢速率增加有密切关联。

（4）对给水及炉水水质的离子色谱分析结果表明凝汽器有泄漏，这为垢下腐蚀提供了侵蚀性离子。因凝汽器泄漏，冷却水中的碳酸盐进入给水中，这些碳酸盐进入锅炉后，由于炉水温度高，会水解产生 OH^-，这是锅炉炉水中游离 NaOH 的一个主要由来。另外，在锅炉水冷壁结垢严重时，容易发生磷酸盐"隐藏"现象，炉管管壁边界层的液相中，也会有游离 NaOH 产生。

炉水中游离 NaOH 可能引起水冷壁管的碱性腐蚀而导致锅炉的爆管事故。高参数锅炉水冷壁管局部热负荷一般都较高，水冷壁管管内近壁层炉水急剧汽化，管壁上若有沉积物，沉积物下面的炉水会高度浓缩，炉水中游离 NaOH 仅仅为 1～5mg/L，而管壁沉积物下 NaOH 浓度可达 5%～10%。浓缩态的 NaOH 在高温条件下破坏管壁上的磁性氧化铁保护膜（磁性Fe_3O_4），于是，金属基体就被浓缩的 NaOH 侵蚀。其反应式如下：

$$4NaOH+Fe_3O_4 \longrightarrow Na_2FeO_2+2NaFeO_2+2H_2O$$
$$2NaOH+Fe \longrightarrow Na_2FeO_2+H_2 \uparrow$$

其产物亚铁酸钠在高 pH 溶液中是可溶的，受到浓碱溶液腐蚀的金属管子表面有槽形凹凸不平腐蚀坑，常称为"槽蚀"。金属管子腐蚀后仍未失去延展性，因此这种腐蚀又称延性腐蚀。当腐蚀坑槽不断扩大且达到一定的深度以后，就会导致管子的爆管损坏。

扫描电镜观察结果表明，表面层的垢疏松多孔，这与碱性腐蚀常发生在多孔沉积物下

面的特征相吻合。

炉水中的 $CaCl_2$、$MgCl_2$、$MgSO_4$ 等物质也会在垢下水解产生 H^+，从而发生垢下的酸腐蚀，由于酸浓度不高或垢层疏松多孔而没有发展到氢脆的程度，只是使管壁腐蚀减薄，当管壁腐蚀减薄到一定深度以后，也会导致管子的爆管损坏。

综合以上分析结果，锅炉水冷壁管爆管的直接原因：水冷壁向火侧内表面发生垢下腐蚀导致管壁减薄，同时较厚的腐蚀产物和垢增加了热阻，使该部位水冷壁管向火侧金属壁温升高，降低了金属的强度。当管壁腐蚀减薄到一定程度时，此部位经受不住运行温度下锅炉压力所产生的应力而突然爆管。锅炉水冷壁管爆管的根本原因：一方面水冷壁向火侧的垢比较厚且疏松，产生垢下浓缩的条件；另一方面凝汽器经常性泄漏导致锅炉炉水水质变差，加之由于煤质原因近两年机组启停频繁，每次启动时锅炉水质不合格甚至非常差。水质较差的炉水在垢下蒸发浓缩产生较强的腐蚀条件，导致了锅炉水冷壁管腐蚀结垢加剧。

5.7 汽包内有大量黑色沉积物诊断

5.7.1 问题描述

某电厂装机容量为 2×600MW。该厂 62 号机组于 2007 年 9 月投入生产，2011 年 6～7 月机组检修期间，对水、汽系统相关设备进行检查时发现，汽包两端下部沉积有大量黑色沉积物（约 55kg），汽包内壁及旋风分离器等汽包内装置表面也附着有大量灰黑色沉积物。

5.7.2 检测分析

首先对机组的水、汽系统进行检查，然后对系统某些部位的沉积物取样进行成分分析，测试水冷壁垢量，统计运行情况及水、汽质量。

1. 水、汽系统检查

（1）汽包。底部无积水情况，汽包两端有大量黑灰色粉末状沉积物，收集后称重约为 55kg，金属表面呈钢灰颜色；内壁汽侧金属表面呈钢灰色、有少量不均匀锈块，无盐垢。水侧金属表面呈钢灰色、无锈蚀和盐垢；水、汽分界线明显、平整；旋风筒无倾斜、脱落情况，百叶窗波纹板有四个脱落、无积盐；加药管无短路现象，排污管、给水分配槽、给水洗汽等装置无结垢、污堵等缺陷；汽包内衬无沙眼、裂纹。

（2）水冷壁下联箱。割除下联箱手孔封头，对下联箱进行检查。下联箱内部基本干净，无明显沉积物，在手孔附近区域存在明显的停运腐蚀。

（3）除氧器。除氧水箱内壁颜色为红色，内壁光滑干净，未见明显腐蚀现象，水位线明显，底部无沉积物堆积。对表面铁红色附着物进行擦拭后，底部为较均匀的深灰色。

由于在停机前进行过含氮的杂环有机化合物（BW）法停运保养，故除氧器内壁仍表现为一定的憎水性。

（4）高压加热器。1 号高压加热器水室内壁及换热管呈深灰色，其中换热管内沉积物厚度约为 0.5mm，形态较疏松。2 号高压加热器水室内壁及换热管呈暗红色，其中换热管内沉积物厚度约为 0.3mm，形态较疏松。3 号高压加热器内部总体呈锈红色，并有少量沉积物，水室换热管端无冲刷腐蚀，管口无腐蚀产物的附着。

（5）低压加热器。5 号低压加热器换热管底部有焊渣等沉积物堆积，另外在出水室发现有大量白色沉积物残留；6 号低压加热器未发现异常情况。

（6）凝汽器。最外层凝汽器管无受损情况；最外层管隔板处的磨损不明显，未见隔板间因振动引起的裂纹情况出现；凝汽器管外壁局部有少量橙红色浮锈；凝汽器壳体内壁局部有轻微的锈蚀现象；凝汽器底部沉积物有少量焊条及小的金属块。

2. 沉积物成分分析

分别对汽包、水冷壁、高压加热器换热管、凝汽器汽侧等部位的沉积物取样进行了元素分析和物相分析，系统沉积物分析结果、系统沉积物物相分析结果分别见表 5-37 和表 5-38。

表 5-37　　　　　　　　　　系统沉积物分析结果（以氧化物表示）　　　　　　　%

样品名称	成　分									
	Al_2O_3	SiO_2	SO_3	CaO	Fe_2O_3	MnO_2	Cr_2O_3	NiO	K_2O	TiO_2
水冷壁管	7.3	8.7	1.5	3.4	76.3	—	—	—	1.1	1.9
1 号高压加热器	—	—	—	—	99.8	—	—	—	—	—
2 号高压加热器	—	—	—	—	99.6	—	—	—	—	—
汽包底部	—	—	—	—	98.8	1.1	—	—	—	—
汽包内壁汽侧	—	0.4	0.7	—	94.4	2.4	1.3	0.8	—	—
汽包内壁水侧	—	—	—	—	97.7	1.2	1.1	—	—	—
凝汽器汽侧	1.8	2.1	—	—	94.6	—	—	—	—	—

表 5-38　　　　　　　　　　　系统沉积物物相分析结果

部位	物相分析结果
汽包	FeM_2O_4 占 95.40%；Fe_2O_3 占 4.60%
水冷壁	Fe_3O_4 占 79.49%；FeO 占 11.36%；Fe_2O_3 占 9.14%
1 号高压加热器	Fe_3O_4 占 99.9%
2 号高压加热器	Fe_3O_4 占 99%；Fe_2O_3 占 1%
凝汽器	FeM_2O_4（主要为 Fe_3O_4，少量 $FeCr_2O_4$）大于 90.56%；Fe_2O_3 占 9.44%

由以上数据可以看出，系统中的沉积物主要以铁的氧化物为主（主要为 Fe_3O_4）。

3. 水冷壁垢量测试

对本次检修所取水冷壁管样进行了结垢量测试，水冷壁垢量测试结果如表 5-39 所示。机组 2010 年 7 月与 2010 年 6 月大修时的水冷壁垢量比较结果如表 5-40 所示。

表 5-39　　　　　　　　　　　水冷壁垢量测试结果

管样名称	部位	垢量（g/m^2）
水冷壁	向火侧	179.73
	背火侧	96.69

表 5-40　　机组 2010 年 7 月与 2010 年 6 月大修时的水冷壁垢量比较结果

时间	2010 年 6 月		2010 年 7 月	
	结垢量（g/m²）	结垢速率 [g/（m²·a）]	结垢量（g/m²）	结垢速率 [g/（m²·a）]
向火侧	128.95	46.89	179.73	47.93
背火侧	115.33	41.94	96.69	25.78

通过分析表 5-39 和表 5-40 中数据可以看出，水冷壁的结垢速率基本与 2010 年 6 月大修时的数据接近。

4. 62 号机组运行情况及水、汽质量统计

查阅 62 号机组运行情况及水、汽质量统计，62 号机组运行情况见表 5-41，62 号机组自上次大修以来的水、汽质量统计见表 5-42。

表 5-41　　　　　　　　62 号机组运行情况

机组负荷（MW）	最大	610
	平均	470
锅炉补水率（%）	最大	2.37
	平均	2.16
停备用小时数（h）		578.13
启停次数（次）		20
锅炉停备用保护	方法	BW 法，热炉放水法
	保护率（%）	100
	合格率（%）	100
上次大修以来其他检修情况		小修一次
与化学监督有关的异常或障碍		无

表 5-42　　　　　　　62 号机组自上次大修以来的水、汽质量统计

项　　目		单位	最大值	最小值	合格率
补给水	SiO₂	μg/L	8.9	8.1	100%
	电导率	μS/cm	0.20	0.08	100%
凝结水	溶解氧	μg/L	80	7	99.16%
	氢电导率	μS/cm	0.83	0.08	95.7%
	Na	μg/L	3.2	1.4	
	硬度	μmol/L	0	0	100%
给水	溶解氧	μg/L	7	7	100%
	pH	—	9.73	9.01	99.96%
	N₂H₄	μg/L	20	10	100%
	Cu	μg/L	1.2	0.9	100%
	Fe	μg/L	23.4	4.6	97.6%

187

项　　目		单位	最大值	最小值	合格率
炉水	pH	—	9.63	9.12	
	PO_4^{3-}	mg/L	3.01	0.2	99.2%
	电导率	μS/cm	42.9	8.42	98.5%
主蒸汽	SiO_2	μg/kg	2.38	20.0	100%
	Na	μg/kg	3.4	1.9	
	氢电导率	μS/cm	1.08	0.06	100%
发电机内冷却水	电导率	μS/cm	0.63	0.91	99.7%
	Cu	μg/L	47.8	3.5	97.6%
	pH	—	6.44	7.90	99.8%

5.7.3　诊断结论

（1）沉积物成分及物相分析除汽包内沉积物外，系统中的沉积物主要以铁的氧化物为主（主要为 Fe_3O_4），汽包内堆积的黑色沉积物为：FeM_2O_4 占 95.40%，Fe_2O_3 占 4.60%。这说明汽包内沉积物非汽、水系统正常运行电化学腐蚀产物，而是合金钢（铁粉末）固态的转移沉积所致。

（2）机组启停次数多，经常调峰运行，正常运行水、汽品质合格率高，凝结水溶解氧和给水铁有超标现象，说明汽、水系统沉积物除汽包外，沉积物为运行铁腐蚀所致。同时发现锅炉热炉放水控制工作有待加强。

（3）通过查看该厂机组运行记录，发现该厂机组启动期间水、汽品质合格率低。机组启动频繁，启动初期水质差，凝结水未完全合格就回收，引起了炉水水质恶化。虽加强加药及排污处理，但仍存在炉水水质和蒸汽品质不合格现象，一般均需 24h 后才能合格（导则要求：机组启动并网后 8h，水质应达到运行控制标准）。

（4）从水冷壁结垢量和结垢量在合格范围内，结垢速率与上一周期基本一致。如果给水系统腐蚀严重，铁腐蚀产物首先会在热负荷高的水冷壁内壁沉积，而不是在汽包内沉积。

（5）凝汽器汽侧特别是热水井底部有大量铁粉末沉积，该粉末的沉积正是上次大修清理不彻底后遗症的表现。机组检修后曾出现未按要求进行蒸汽彻底吹管，致使系统大量固态铁粉末存在，随着机组启动进入水系统，最后在汽包两端沉积，而底部联箱由于排污很难聚集。这是汽包两端沉积物堆积多的主要原因。这种现象也在很多基建机组首次大修检查时被发现，而后面大修时检查汽包内再未发现大量沉积物。这主要是基建阶段为了工期，对启动期间水、汽品质监督不够所致。

（6）目前采用的给水处理方式是氨+联氨的 AVT（R）方式。这种给水处理方式存在的问题主要为：由于给水添加了除氧剂联氨，水、汽系统处于还原性氛围，碳钢表面是双层磁性四氧化三铁保护膜，保护膜内层为薄的致密层，外层为较厚的多孔疏松层。这种磁性四氧化三铁在高温纯水中有较高的溶解度，特别在高速流动的纯净给水中磁性四氧化三铁容易被溶解，从而使碳钢制高压加热器、给水管、省煤器和疏水系统发生流动加速腐蚀现象，使给水以及高、低压加热器疏水含铁量的较高。

5.7.4 解决措施

（1）大修期间对整个凝汽器、低压加热器、高压加热器及汽包等容器内沉积物进行彻底清除。

（2）在机组启动过程中应按要求冲洗，加强机组启动期间水、汽品质的化学监督，保证机组启动期间水、汽品质。

（3）进行给水优化处理试验。对于给水 AVT（R）工况下的流动加速腐蚀问题，目前较好的解决方法是给水氧化（OT）处理，其原理是当水的纯度达到一定要求后，向给水中加入一定浓度的氧，这样不但不会造成碳钢的腐蚀，反而能使碳钢表面形成一层均匀、致密的三氧化二铁+四氧化三铁保护膜，从而有效抑制给水系统发生流动加速腐蚀。由于 OT 处理方式对水质纯度有特殊要求，因此要求给水的氢电导率能小于 $0.15\mu S/cm$ 且机组必须要有 100% 的凝结水精处理系统。

目前该电厂的给水水质由于凝结水精处理的问题不能达到 OT 处理的要求，必须尽快对凝结水精处理的运行和再生工艺进行优化处理。根据目前机组的条件，可先对实施给水进行弱氧化 AVT（O）处理，即只进行热力除氧，而不再加除氧剂进行化学除氧的处理方式，其实质就是在一定程度上提高水的氧化还原电位（ORP），使金属表面所生成的氧化膜主要为 $\alpha\text{-}Fe_2O_3$ 和 Fe_3O_4，溶解度相对较低。但给水处理方式的变化需要通过相应的试验进行。通过优化处理方式、给水加药控制指标及控制方式，可以减轻或减缓相关水、汽系统的流动加速腐蚀，从而降低系统铁的沉积。

（4）炉水优化处理试验。炉水继续采用平衡磷酸盐处理，待凝结水精处理投入正常，给水品质能得到保证情况下，可进行炉水优化处理试验。对锅炉炉水处理方式进行优化，包括处理方式、排污控制以及适宜的炉水控制指标等，以提高蒸汽品质。

（5）对凝结水精处理系统进行优化，包括更换阴树脂再生用碱、优化混脂条件以及树脂的分离控制方式，以提高树脂再生度；优化运行方式及混床失效控制标准，以提高系统的出水水质。

（6）加强化学在线仪表的维护及改造工作。特别是关系到凝结水、给水、炉水质量监测的电导率表、在线 pH 表，确保投入率和准确率为 100%。并对水、汽系统化学仪表进行全面检验和校对，以提高水、汽品质监督的准确性。

（7）在凝汽器热井加装强磁除铁装置，以除去凝结水中的悬浮铁，降低凝结水的含铁量，减轻铁对凝结水精处理树脂的污染，从而提高其使用寿命。

（8）加强机组停（备）用保养工作，应重视锅炉热炉放水参数的控制，可在采用机组滑停后继续用凝汽器抽真空法除去蒸汽通流部分的水分。

5.8 循环水系统化学监督检查诊断

5.8.1 问题描述

对某公司 600MW 机组凝汽器进行了现场检查，检查包括 A 凝汽器（高压汽室）不锈钢换热管内、凝汽器进出水室端板；B 凝汽器（低压汽室）不锈钢换热管内、凝汽器进出水室端板；A、B 凝汽器水室内壁及凉水塔水柱等部位。根据循环冷却水系统各部位沉积物附着物的物理状态、化学成分分析结果和循环水运行控制情况对该循环水系统进行诊断。

5.8.2 诊断分析

1. B 凝汽器外环进水室和出水室

B 凝汽器外环进水室端板和不锈钢管内干净、光滑，未见沉积物附着；B 凝汽器外环出水室端板和不锈钢管内有少量疏松灰色沉积物附着且手感有滑腻，同时水室内壁防腐层有明显鼓泡现象，B 凝汽器出水室沉积物成分分析结果见表 5-43。

表 5-43　　　　B 凝汽器出水室沉积物成分分析结果（以氧化物形式表示）　　　　%

序号	检测项目	端板沉积物	不锈钢管内壁沉积物
1	Al_2O_3	9.83	12.49
2	SiO_2	10.32	14.78
3	SO_3	1.52	1.38
4	K_2O	0.43	0.53
5	CaO	21.15	18.57
6	P_2O_5	16.81	14.78
7	MgO	2.21	2.52
8	Fe_2O_3	1.80	3.69
9	MnO	0.43	0.52
10	TiO_2	0.28	0.60
11	450℃灼烧减（增）量	25.03	22.02
12	900℃灼烧减（增）量	10.19	8.12

从沉积物的物理形态和化学成分分析结果可以推断，该沉积物主要由有机物黏泥、粉尘、磷酸盐和碳酸钙组成。

2. A 凝汽器外环出水室

A 凝汽器外环进水室端板和不锈钢管内有少量疏松灰色沉积物附着且手感滑腻，沉积物成分与 B 凝汽器外环出水室端板沉积物成分分析结果一致；水室内壁防腐层未见鼓泡现象。

A 凝汽器外环出水室端板、水室内壁及不锈钢管内附着有一层致密的灰色沉积物；水室内壁的附着物局部有脱落现象，脱落的附着物呈块状，厚度约 0.5mm，水室内壁防腐层未见鼓泡现象；端板上附着物较疏松，约 0.3mm，可轻易刮除；不锈钢管内附着物较疏松，约 0.2mm，可轻易刮除；水室内支撑构件表面附着有一层致密的灰色沉积物。A 凝汽器外环出水室端板和不锈钢管内沉积物成分分析结果见表 5-44，A 凝汽器外环出水室内壁和支撑构件表面沉积物成分分析结果见表 5-45。

表 5-44　A 凝汽器外环出水室端板和不锈钢管内沉积物成分分析结果（以氧化物形式表示）　%

序号	检测项目	端板沉积物	不锈钢管内壁沉积物
1	Al_2O_3	4.07	3.75
2	SiO_2	4.76	3.93
3	SO_3	1.58	1.64

序号	检测项目	端板沉积物	不锈钢管内壁沉积物
4	CaO	33.82	33.73
5	P_2O_5	12.02	12.93
6	MgO	1.81	2.13
7	Fe_2O_3	1.06	1.01
8	K_2O	0.18	—
9	450℃灼烧减（增）量	3.69	1.84
10	900℃灼烧减（增）量	37.01	39.03

表 5-45　A 凝汽器外环出水室内壁和支撑构件表面沉积物成分分析结果（以氧化物形式表示）%

序号	检测项目	支撑构件表面沉积物	不锈钢管内壁沉积物
1	Al_2O_3	4.45	3.99
2	SiO_2	5.85	4.74
3	SO_3	1.51	1.84
4	K_2O	0.24	0.18
5	CaO	36.70	38.28
6	P_2O_5	5.36	7.35
7	MgO	1.68	1.82
8	Fe_2O_3	0.67	0.68
9	450℃灼烧减（增）量	7.45	4.12
10	900℃灼烧减（增）量	36.09	36.99

　　A 凝汽器外环出水室端板、内壁、支撑构件表面及不锈钢管内附着的沉积物成分基本一致，沉积物主要由碳酸钙、磷酸盐和粉尘组成。

　　3. 凉水塔

　　凉水塔水池底部藻类沉积明显，凉水塔外围水泥柱上有少量藻类或灰白色沉积物附着，凉水塔内围水泥柱表明未见异常。凉水塔水泥柱表面沉积物成分分析结果见表 5-46。

表 5-46　　　　　　凉水塔水泥柱表面沉积物成分分析结果（以氧化物形式表示）　　　　　　%

序号	检测项目	检测结果
1	Al_2O_3	1.33
2	SiO_2	6.67
3	SO_3	1.31
4	CaO	45.64
5	P_2O_5	1.30
6	MgO	1.13
7	450℃灼烧减（增）量	2.31
8	900℃灼烧减（增）量	40.30

凉水塔水泥柱表明附着物主要由碳酸钙、粉尘及少量有机物组成。

5.8.3 诊断结果

1. 附着物组分及原因分析

（1）B凝汽器出水室附着物主要由有机物黏泥、粉尘、磷酸盐和碳酸钙组成。这说明循环水的杀菌灭藻处理不够，致使循环水微生物滋生未能得到有效抑制，微生物黏泥首先在B凝汽器出水室不锈钢管内和端板上沉积，当循环水出现浊度瞬时超标时，吸附循环水中悬浮物在不锈钢管内和端板上沉积。

（2）A凝汽器出水室端板、水室内壁及不锈钢管内附着的沉积物成分基本一致，沉积物主要由碳酸钙、磷酸盐和粉尘组成。沉积物附着厚度由大到小在水室内壁、端板和不锈钢管内，说明沉积物的附着首先是物理沉积而非化学吸附沉积；因A凝汽器循环水温度最高，按照结垢机理推论凝汽器结垢附着厚度由大到小应为不锈钢管内、端板和水室内壁，而现场检查刚好相反，当循环水出现浊度瞬时超标时，悬浮物首先物理沉积在水室内壁、端板和不锈钢管内，然后吸附水中碳酸钙晶粒，因水力影响出现附着厚度大小分布的现象。同时垢物能轻易刮除，更能说明垢物沉积物的附着首先是物理沉积而非化学吸附沉积。

（3）根据沉积物的组分和形态特征推断其形成过程如下：循环水中在出现瞬时或短时间浊度超标，有机物、悬浮物或粉尘等在凝汽器循环水出口端板、水室内壁及不锈钢管内附着，同时加入的阻垢缓蚀剂中磷酸盐或磷酸盐不稳定结晶析出或离解生成的磷酸根与水中钙、镁等成垢离子结合形成磷酸盐垢首先沉积，形成了碳酸钙活性吸附点，然后吸附水中碳酸钙晶体（或晶粒），加速结晶物长大，形成沉积物。

2. 循环水浊度瞬时超标原因分析

由于空气中粉尘浓度大，在停机时，粉尘在凉水塔构筑物上附着，启机时，循环水淋洗凉水塔，使附着在凉水塔构筑物上的粉尘进入循环水中，引起循环水浊度增大；而循环水在启机间断，为了在短时间提高循环水浓缩倍率，一般规程要求在启机间断是不排污，这就是循环水启动期间循环水浊度超标的原因。正常运行中，如果遇雨天，雨水冲刷凉水塔外表面，清洗凉水塔外表面使粉尘进入循环水；若干灰输送密封不严，使凉水塔周围空气粉尘污染，则高粉尘浓度的空气进入凉水塔与循环水接触，粉尘进入循环水中，导致正常运行时循环水浊度出现"无规律"超标或"泛白"现象。此问题已在国内多个电厂出现。

5.8.4 解决措施及建议

（1）利用检修时机，采用高压水射流物理清洗法对凝汽器水侧沉积物进行彻底清除。

（2）对凉水塔水泥柱上藻类和凉水塔水池底部淤泥进行人工清理。

（3）加强机组启动和正常运行期间循环水浊度控制。特别是启动期间如果发现循环水浊度超标应及时通过大流量补水和大流量排污，使循环水在短期内浊度达到合格。

（4）减少或降低凉水塔周围粉尘浓度，防止大气中的粉尘进入循环水系统。

（5）正常运行期间应加强循环水浊度的巡视，发现异常及时处理。正常运行时以控制循环水浊度小于10NTU为宜，力求使循环水浊度合格率达到100%。

（6）循环水运行控制中浓缩倍率是关键，应避免循环水浓缩倍率超标运行。

（7）建议重视循环水微生物滋生问题，加强循环水杀菌灭藻处理。通过优化试验，适当加大循环水处理用阻垢缓蚀剂用量。

参 考 文 献

［1］武汉大学. 分析化学实验［M］. 5 版. 北京：高等教育出版社，2011.

［2］武汉大学. 分析化学［M］. 6 版. 北京：高等教育出版社，2016.

［3］朱明华，胡坪. 仪器分析［M］. 4 版. 北京：高等教育出版社，2014.

［4］濮文虹，刘光虹，喻俊芳，等. 水分析化学［M］. 武汉：华中科技大学出版社，2004.

［5］火电厂水处理和水分析人员资格考核委员会. 电力系统水分析培训教材［M］. 北京：中国电力出版社，2009.

［6］曹长武，宋丽莎，罗竹杰. 火力发电厂化学监督技术［M］. 北京：中国电力出版社，2005.

［7］李建平. 高等分析化学术［M］. 北京：化学工业出版社，2018.

［8］谢学军，龚洵洁，许崇武，等. 热力设备的腐蚀与防护［M］. 北京：中国电力出版社，2011.

［9］张芳. 电厂水处理技术［M］. 北京：中国电力出版社，2014.